BIG DATA ANALYSIS
USING PYTHON:
AN APPLICATION
IN LABOR SCIENCE

Python大数据分析

在劳动科学中的应用

葛玉好 —— 著

中国人民大学出版社
· 北 京 ·

　　我是中国人民大学劳动人事学院的一名教师。我们学院设有劳动经济学、人力资源管理、社会保障和劳动关系等专业,这些专业的研究内容都与劳动者相关,简而言之,我们学院就是一个专门从事劳动科学相关研究的学院。劳动、土地、资本是社会生产的三个基本要素,劳动在社会生产中越来越重要,劳动科学的发展也越来越快。

　　对劳动科学的研究而言,数据发挥着极其重要的作用,用"数据为王,得数据者得天下"来形容劳动科学的研究一点也不为过。国内已有一些高质量的公共数据库,例如中国健康与养老追踪调查(CHARLS)、中国家庭追踪调查(CFPS)、中国综合社会调查(CGSS)等等。基于上述数据,劳动科学领域已经涌现出很多高质量的研究成果。不过,上述公共数据库对劳动科学的研究而言,还存在一些不尽如人意之处。首先,这些数据大都是基于家庭层面的调查数据,无法研究劳动需求等问题。劳动需求涉及企业层面的数据,相对家庭层面,企业层面的数据非常稀缺。与此相对应,劳动供给方面的研究远多于劳动需求方面的研究。其次,由于全国劳动科学研究者人数众多,上述数据能做的研究主题已经被"挖掘"得比较充分,研究者之间很容易出现研究题目"撞车"的现象。再次,上述数据在时效性方面的表现不太完美。数据从采集到公开,基本需要两年左右的时间,数据公开以后,有些时效性很强的研究题目已经过时了。最后,上述数据的采集成本都比较高。每条完整数据的采集成本动辄几百元以上,有些数据还需要跟踪调查,成本更高。

　　进入大数据和人工智能时代,大数据对人们工作和生活的影响越来越大。在新冠疫情防控中,大家对大数据发挥的巨大作用深有体会。大数据对科学研究的重要性也逐渐显现。科学研究,特别是劳动科学方面的研究,由于保护个人隐私和商业秘密等原因,很难使用通信、交通出行方面的大数据,也很难使用阿里巴巴、蚂蚁金服等平台类企业的大数据。但是,互联网还有很多不敏感的公开数据可用于劳动科学方面的研究,高校教师数据便是一个典型例子。各高校下属学院的官方网站上,基本上都会有该学院教师的详细介绍,例如教育经历、工作经历、职称、职务等信息。把上述信息分类整理后,便可建设高校教师信息数据库。此外，我们可以把中国知网上教师的论文发表信息、国家社科基金项目数据库网站和科学基金网络信息系统上的公开信息，匹配到高校教师信息数据库。通过上述数据采集流程，可以采集一所高校的数据，也可以采集所有"双一流"高校的数据，甚至国内全部高校的数据。上述过程，就是建设高校教师信息大数据的基本过程。大数据，不仅指静态的数据库的样本数量大，还包含更广泛的动态含义：数据库的变量信息可动态增加、数据的样本数量也可动态增加，横纵两个方面都有无限扩展的高度自由性。除了高校教师信息大数据以外，还可以建设国内企业招聘岗位信息大数据等等。

虽然互联网上的信息为建设各种各样的大数据提供了可能，但是手动采集数据的工作量太大，显然不太现实。实践中，我们通常需要借助爬虫技术来快速地采集互联网上的信息。很多编程语言（例如C++、Java 等）都能制作爬虫（也称为网络爬虫），本书使用的是 Python，主要基于以下几点考虑：第一，本书面向的群体大多是文科生，他们不一定都擅长编程，因此选择的编程语言越简单越好。Python 就是这样一种编程语言，学习难度较小，有一定的计算机基础和英语基础就可以。第二，Python 的代码非常精练，它的 1 行代码相当于 C 语言的 5 行代码，甚至 10 行代码。第三，学习 Python 有强大的社区支持。开源是 Python 语言非常重要的一个特点，我们想要实现的功能，大多数情况下都能在网络上找到免费的代码块。开源这种思想令人敬佩，在我们刚开始学习的时候，享有前辈的无私帮助，等我们学成以后再去帮助后来人。第四，使用 Python 可完成数据采集、数据清理、理论建模、结果呈现等整套任务，而一般的科学处理软件只是在某些功能上比较强大，在其他功能上或多或少存在一些缺陷。第五，Python 语言与机器学习方法非常契合。劳动科学研究也会使用机器学习方法，学习 Python 可以实现从经典计量经济学到机器学习的顺利过渡。

本书介绍的是如何使用 Python 的爬虫技术采集网络上的数据，包括四个部分的内容。第一部分介绍 Python 基础知识，第二部分介绍 Python 数据处理，第三部分介绍爬虫基础知识，第四部分介绍爬虫技术应用的具体例子。

Python 基础知识部分共八章。第 1 章介绍如何安装 Anaconda3 和 PyCharm。Anaconda3 不仅内置了 Python，还附带了很多有用的模块。PyCharm 是一款编写 Python 代码的编辑器。第 2 章介绍 print() 和 input() 两个内置函数的使用，以及变量的作用和使用 Python 编程的常见错误等。第 3 章介绍数值型数据和字符串型数据。第 4 章介绍 Python 语言的条件语句和循环语句。第 5 章介绍 Python 的三种数据组织形式：列表、元组和字典。第 6 章重点介绍如何定义和调用函数。第 7 章介绍如何定义类以及如何基于类创建实例。第 8 章介绍 OS 模块，以及如何基于此新建文件夹、读取文件等。

Python 数据处理部分主要介绍了三个数据处理模块的使用，共四章。第 9 章介绍 Numpy 模块的使用。Numpy 模块的功能是科学计算，主要用于处理数值型数据。第 10 章介绍 Pandas 模块的使用。Pandas 模块不仅可处理数值型数据还可处理字符串型数据，在数据清理时经常使用。第 11 章介绍 Matplotlib 模块的使用。Matplotlib 模块的功能是呈现结果，例如绘制各种各样的图形。第 12 章介绍如何使用 Python 实现最小二乘估计。

爬虫基础知识部分介绍了如何获取网页和如何解析网页，共五章。第 13 章介绍爬虫和大数据采集的基础知识。第 14 章介绍 Requests 模块。Requests 模块用于普通网页内容的获取。第 15 章介绍 BeautifulSoup 类和 Xpath 语法，它们的主要功能是解析网页内容。第 16 章介绍正则表达式，其功能也是解析网页内容，但应用范围更广。第 17 章介绍 Selenium 模块，它通过控制 Chrome 浏览器获取一些复杂网页的内容。

本书的最后一部分通过三个具体的例子来说明爬虫技术的使用，共三章。第 18 章介绍如何提取具体学院网页上的教师信息。第 19 章介绍如何爬取百度百科上的个人信息。第 20 章以某招聘网页发布的招聘信息为例，介绍如何爬取岗位需求数据。虽然我们在这部分介绍的是爬取和解析某个页面的方法，但是这些方法稍做调整就可以爬取大量相似页面的信息，并在此基础上建设真正意义上的大数据。

本书有配套的视频教程，大家可以在 B 站上搜索"E 校挺好"来获取。"E 校挺好"是我的个人公众号，本书的一些配套资料也会放在公众号上。我自己还组建了一些学习 Python 相关知识的微信群，对此感兴趣的，可以在公众号上留言入群。

感谢王雨、董晓语、陈超三位同学在本书撰写过程中给予的大力帮助。刘璇和胡江越两位同学对本书进行了仔细校对，赵艺婷、陈伟鸿、方灏琪、石睿尧和潘满等同学也对本书提出了很好的修改意见。本书为"中国人民大学研究生精品教材建设项目"成果，并获得了中国人民大学"中央高校建设世界一流大学（学科）和特色发展引导专项资金"支持。

葛玉好

目 录
CONTENTS

第一部分　Python 基础知识

第 1 章　软件安装和相关学习资源 ································· **3**

1.1　Anaconda3 的安装 ······························ 3

1.2　PyCharm 的安装 ······························· 5

第 2 章　内置函数、变量、注释和常见错误 ························· **9**

2.1　Python 内置函数 ······························ 9

2.2　变　量 ·································· 10

2.3　Python 的注释 ······························· 11

2.4　使用 Python 编程的常见错误 ························ 12

2.5　一个 Python 程序文件的例子：猜数字.py ··················· 14

第 3 章　基本的数据类型 ······························· **16**

3.1　数值型 ·································· 16

3.2　字符串型 ································· 20

第 4 章　条件语句和循环语句 ···························· **30**

4.1　条件语句 ································· 30

4.2　循环语句 ································· 33

第 5 章　列表、元组和字典 ····························· **38**

5.1　列　表 ·································· 38

5.2　元　组 ·································· 51

5.3　字　典 ·································· 53

第 6 章　函　数 ………………………………………………………… **59**

6.1　函数的定义 ………………………………………………… 59

6.2　函数的调用 ………………………………………………… 60

6.3　函数的参数 ………………………………………………… 60

6.4　函数的返回值 ……………………………………………… 63

6.5　函数的嵌套 ………………………………………………… 65

6.6　函数名和匿名函数 ………………………………………… 66

6.7　高阶函数 …………………………………………………… 67

6.8　局部变量和全局变量 ……………………………………… 68

6.9　参数传递的其他方式 ……………………………………… 70

第 7 章　类 ……………………………………………………………… **76**

7.1　类的创建和实例 …………………………………………… 76

7.2　实例内部的信息传递 ……………………………………… 79

7.3　使用外部变量作参数 ……………………………………… 80

7.4　实例属性的修改 …………………………………………… 82

7.5　私有属性和私有方法 ……………………………………… 83

7.6　封　装 ……………………………………………………… 85

7.7　继　承 ……………………………………………………… 85

7.8　多　态 ……………………………………………………… 88

7.9　＿str＿（）方法 …………………………………………… 90

7.10　类的属性 …………………………………………………… 91

7.11　类的方法 …………………………………………………… 92

7.12　模　块 ……………………………………………………… 92

第 8 章　OS 模块、文件操作和异常处理 …………………………… **97**

8.1　OS 模块 …………………………………………………… 97

8.2　文件操作 …………………………………………………… 98

8.3　异常处理 …………………………………………………… 103

第二部分　Python 数据处理

第 9 章　Numpy 模块的使用 ………………………………………… **109**

9.1　Numpy 模块的安装 ……………………………………… 109

9.2　数组的创建 ………………………………………………… 110

9.3　数组的引用 ………………………………………………… 118

9.4　数组的编辑 ………………………………………………… 122

9.5　数组的运算 ………………………………………………… 138

9.6　统计功能 …………………………………………………… 148

第 10 章　Pandas 模块的使用 ·························· **151**

　　10.1　Pandas 模块的简介和安装 ·············· 151

　　10.2　序列的创建和引用 ···················· 152

　　10.3　数据框的创建 ······················ 154

　　10.4　数据框的引用 ······················ 159

　　10.5　数据框的编辑 ······················ 167

　　10.6　数据框的统计 ······················ 187

第 11 章　Matplotlib 模块的使用 ···················· **192**

　　11.1　Matplotlib 模块的简介和安装 ············ 192

　　11.2　使用 Matplotlib 绘图的基本流程 ·········· 193

　　11.3　改变线条的粗细 ····················· 194

　　11.4　添加图形标题 ······················ 195

　　11.5　调整图形的尺寸 ····················· 196

　　11.6　调整坐标轴的范围和设置标签 ············· 197

　　11.7　设置坐标轴的刻度和刻度标签 ············· 198

　　11.8　设置网格线 ······················· 199

　　11.9　同时画两条折线 ····················· 199

　　11.10　标注图例、线条格式和标记样式 ··········· 200

　　11.11　绘制散点图 ······················· 202

　　11.12　绘制柱形图 ······················· 203

　　11.13　绘制饼状图 ······················· 204

　　11.14　绘制三维图 ······················· 205

第 12 章　使用 Python 实现最小二乘估计 ··············· **208**

　　12.1　数据准备 ························· 208

　　12.2　矩阵的构建 ······················· 210

　　12.3　系数的估计 ······················· 211

　　12.4　系数方差的估计 ····················· 212

　　12.5　使用 Stata 软件进行验证 ··············· 213

　　12.6　全部代码 ························· 214

第三部分　爬虫基础知识

第 13 章　爬虫与大数据采集 ······················ **221**

　　13.1　网络爬虫简介 ······················ 221

　　13.2　网络爬虫常见术语 ···················· 222

第 14 章　Requests 模块的使用 ···················· **227**

　　14.1　Requests 模块的安装和简介 ············· 227

　　14.2　get() 函数的使用 ···················· 228

　　14.3　post() 函数的使用 ··················· 234

第 15 章　BeautifulSoup 类和 Xpath 语法 ································ **236**

15.1　BeautifulSoup 的安装和简介 ································ 236

15.2　使用 BeautifulSoup 类创建实例 ································ 236

15.3　BeautifulSoup 实例对象的 select() 方法 ················ 238

15.4　从标签对象提取信息 ································ 240

15.5　Xpath 的简介和安装 ································ 242

15.6　使用 HTML 类创建实例 ································ 242

15.7　xpath() 方法的使用 ································ 243

15.8　Xpath 语法 ································ 244

15.9　提取节点里面的内容 ································ 246

第 16 章　正则表达式 ································ **249**

16.1　Re 模块的函数 ································ 249

16.2　正则表达式的匹配规则 ································ 253

16.3　使用正则表达式的常见例子 ································ 258

16.4　从 html 字符串提取信息 ································ 260

第 17 章　Selenium 模块的使用 ································ **263**

17.1　Selenium 模块的安装 ································ 263

17.2　Selenium 模块的使用 ································ 264

第四部分　爬虫技术应用的具体例子

第 18 章　提取劳动人事学院教师信息 ································ **273**

18.1　提取的信息 ································ 273

18.2　第一层次信息的提取 ································ 274

18.3　第二层次信息的提取 ································ 278

18.4　合并第一层次和第二层次的全部信息 ················ 284

第 19 章　爬取百度百科上的个人信息 ································ **291**

19.1　确定目标网页 ································ 293

19.2　请求网页 ································ 294

19.3　解析网页 ································ 295

19.4　保存爬取结果 ································ 298

19.5　使用类改写程序 ································ 298

第 20 章　使用 Scrapy 框架爬取信息 ································ **307**

20.1　Scrapy 的工作原理 ································ 307

20.2　Scrapy 框架的安装 ································ 309

20.3　Scrapy 框架的应用 ································ 309

第一部分

Python 基础知识

本部分为 Python 基础知识，相关内容按照从简单到复杂的顺序介绍。从基本数据类型出发，依次介绍单条指令行、条件语句、循环语句、函数和类、模块等相关知识。单条指令行以 print() 和 input() 两个内置函数为基础，它们会使用基本的数据类型；条件语句和循环语句由多条指令行构成；函数和类由多个条件语句或循环语句构成；模块由多个函数或类构成。类是 Python 语言的一大特色内容，需要熟练掌握，因为在 Python 编程中，我们经常会调用别人编写的模块，它们大多是使用类进行编写的，如果对类不熟悉，使用上述模块时就会遇到困难。

第 1 章

软件安装和相关学习资源

学习本书需要安装两个软件：Anaconda3 和 PyCharm。本书介绍 Python，为什么不安装 Python？实际上，Anaconda3 就是一个开源的 Python 发行版本，并且已经预安装了很多有用的模块，使用起来更加方便。PyCharm 是一款用于计算机编程的编辑器，编写 Python 代码非常高效，它具有自动补全、智能缩进等功能，PyCharm 的快捷键使用起来也非常方便。本章介绍如何安装 Anaconda3 和 PyCharm，以及如何把这两个软件联系在一起搭建 Python 工作环境。

1.1 Anaconda3 的安装

首先需要下载 Anaconda3 软件，推荐的下载地址为：https://mirrors.tuna.tsinghua.edu.cn/。进入该网页后，点击右上方的"获取下载链接"，再依次点击"应用软件""Conda"，只要电脑硬件允许，我们一般选择 Anaconda3，尽量不要选择 Miniconda3。最后结合自己电脑中安装的操作系统选择合适的软件版本。如果电脑中安装的是 64 位的 Windows 操作系统，就选择 Anaconda3（Windows/X86 _ 64,exe）；如果电脑中安装的是 32 位的 Windows 操作系统，就选择 Anaconda3（Windows/X86,exe）。这个网页为 Mac 操作系统提供了两个版本，一个是 sh 版本，一个是 pkg 版本。sh 版本需要使用终端命令行的方式进行安装，pkg 版本使用一种可视化的安装方式，与 Windows 操作系统的安装方式非常类似。

成功下载 Anaconda3 软件后，下一步就是安装。安装的时候，一定要记住安装路径，本章后面会用到这个安装路径。使用 Mac 系统的读者更应注意这个安装路径，因为 Mac 操作系统的使用者对路径（或文件夹）的敏感度往往不如 Windows 操作系统的使用者那么强。在安装到图 1 - 1 所示的步骤时，建议勾选"Add Anaconda to my PATH environment variable"这个选项，否则后面可能会出现诸如 pip install 之类命令不能使用的情况。其他的安装步骤根据提示操作即可。

如何判断在自己的电脑上是否已经成功安装了 Anaconda3 呢？第一种方法是点击电

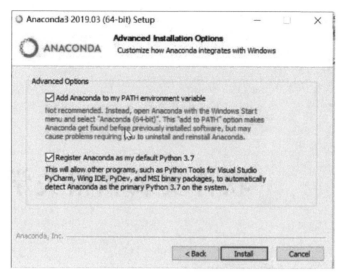

图 1 - 1　Anaconda3 的安装

脑桌面左下方的"开始"菜单，检查是否已经存在 Spyder、Anaconda Prompt、Jupyter Notebook 和 Anaconda Navigator 四个功能块，如果存在，说明 Anaconda3 已经成功安装。第二种方法是点击电脑桌面左下方的"开始"菜单，在搜索框里输入"cmd"，打开命令行窗口，然后在命令行窗口里输入命令"conda list"，如果出现各种模块的名称就说明 Anaconda3 已经成功安装。第三种方法是在命令行（cmd）窗口里输入命令"python"或"ipython"，只要能顺利运行，就说明 Anaconda3 已经成功安装。

安装好 Anaconda3 以后，我们就可以把它设置为 PyCharm 的项目解释器，从而使用 Python 编写各种程序，这是我们安装 Anaconda3 的主要目的。不过，Anaconda3 自带的四个功能块的功能也非常强大，下面对它们逐一介绍。

Spyder 是 Anaconda3 自带的一个编辑器，可以用它来编写 Python 代码。Spyder 可作为 PyCharm 的替代品，不想安装 PyCharm 的话也可使用 Spyder。使用 Spyder 编写 Python 程序前，需要对 Spyder 做一些设置，主要是关于解释器和自动补全等方面的设置。解释器的设置可通过点击 tools—preference—Python Interpreter 等各级菜单来实现，大多数情况下都会选择"default"，也就是选择 Anaconda3 自带的 Python 作为解释器。如果电脑上安装了其他来源的 Python，也可以将其设置为 Spyder 的解释器，但是我们不建议在同一台电脑上安装两个不同版本的 Python，因为在安装外部模块时可能会出现问题。自动补全的设置可通过点击 tools—preference—IPython console—Advanced Settings 等菜单，然后勾选"Use greedy completion in the IPython console"，并且把 Autocall 设置为"Full"来实现。不过，Spyder 的自动补全功能在最新版本中经常出现问题，而且 Spyder 自身运行也不太稳定，所以我们建议大家使用 PyCharm 编写 Python 代码。

Anaconda Prompt 的功能与 cmd 命令窗口类似，它主要负责 Anaconda3 各个模块的安装和卸载。虽然 Anaconda3 自带了很多模块，但有时候我们还是要安装其他外部模块，例如爬虫技术部分要使用的 Selenium 模块，这时在 Anaconda Prompt 窗口输入"pip install selenium"便可安装该模块。不再需要的模块，可通过在 Anaconda Prompt 窗口输入"pip uninstall 模块名"进行卸载。

　　Jupyter Notebook 也是编写 Python 代码的编辑工具。用 Jupyter Notebook 编写 Python 代码时，通常是编写好一条指令后就立即执行该指令，即交互式执行指令。用 PyCharm 编写 Python 代码时，一般是编写若干条指令后批量执行。Jupyter Notebook 在展示每一条指令的效果时比较方便，在机器学习的教学中使用较多。缺省情况时，使用 Jupyter Notebook 编写的代码文件以".ipynb"作为后缀名，也可保存为以".py"为后缀名的代码文件，后者便可以在 PyCharm 中进行编辑了。

　　Anaconda Navigator 是 Anaconda3 的桌面图形用户界面，在上面可以很方便地安装、启动各个功能块。Anaconda Navigator 还提供了各种各样的学习资料，比我们自己在百度上搜索帮助信息要便捷得多。

1.2　PyCharm 的安装

　　我们要到 PyCharm 的官方网站（https：//www.jetbrains.com/pycharm/）上下载 PyCharm 软件。官方网站上提供了两个版本：professional 和 community。就本书的学习内容而言，免费的 community 版本就足够了。不同的操作系统有不同的 PyCharm 版本，使用 download 右边的那个按钮可选择不同的版本。如果下载速度太慢，读者也可以到本书所提供的网盘资料上下载。双击下载得到的文件，按照提示便可完成 PyCharm 的安装。

　　安装完成以后，第一次启动时出现的界面如图 1-2 所示。这里需要对项目（project）这个概念稍做解释。我们可以把项目理解为一个文件夹，这个文件夹里面会有若干 Python 代码文件，它们联合起来就能完成某个具体任务（或项目）。新建项目（Create New Project）就是新建一个文件夹，打开（Open）项目就是打开一个文件夹。

图 1-2　初次启动 PyCharm 时的界面

　　点击新建项目会进入图 1-3 所示的界面。Location 给出了新建项目所在的位置和名字，缺省名字为 untitled，可对其进行修改。最重要的步骤是设置项目的解释器，选择

"Existing interpreter"然后点击"…"按钮，便可弹出图1-4所示的对话框。选择"System Interpreter"后再次点击"…"按钮，找到上面安装 Anaconda3 的那个文件夹，该文件夹里面会有一个名为 python. exe 的文件，选择该文件作为项目的解释器。最后，点击"OK""Create"按钮即可。通过这一步，我们就把 PyCharm 和 Anaconda3 "捆绑"在一起了。此时，在 Location 所指示的文件夹下面就会生成一个名为 untitled 的子文件夹，它就是新创建的项目。

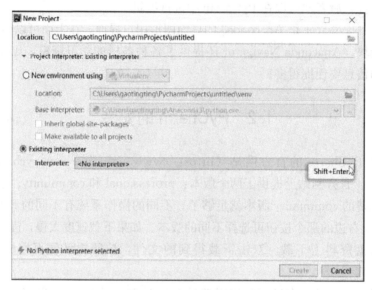

图1-3　新建项目界面

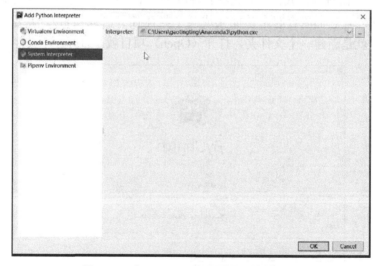

图1-4　在 PyCharm 中设置项目的解释器

此时可能会出现加载时间过长的问题，可通过将 Anaconda3 所在的文件夹排除在外的方法来加快速度，依次点击 File—Settings—Project untitled—Project Structure—Add Content Root 等各级菜单，然后选择安装 Anaconda3 的那个文件夹（如图1-5所示），再点击 Excluded 即可。

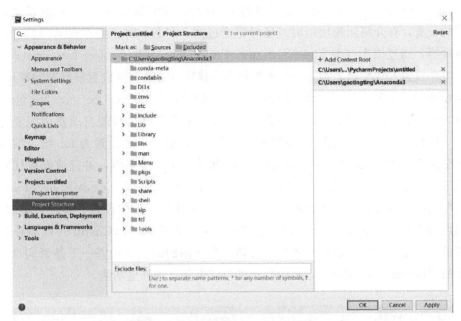

图 1-5　缩短 PyCharm 加载时间的方法

图 1-6 是 PyCharm 加载结束后的页面。页面左上方名为 untitled 的文件夹就是我们刚刚建立的项目。右键点击 untitled 文件夹，在弹出的菜单中依次选择"New""Python File"后，按照提示输入文件名（例如 check）、点击"OK"后，我们就在 untitled 文件夹下面生成了一个名为 check.py 的 Python 代码文件，并且可以在 PyCharm 右边的大窗口中编辑这个代码文件。下面介绍的 Python 的相关知识，基本都是在这样的代码文件中练习的，不过我们很少提及 check.py 这个代码文件的名字，重点关注的是该文件里具体的指令。这一步完成后，我们就可以在 PyCharm 中编写 Python 代码了。代码文件编辑完成以后，便可点击 Run 菜单，选中想要运行的代码文件，双击运行该代码文件，在 PyCharm 下面的窗口中可看到程序运行结果。

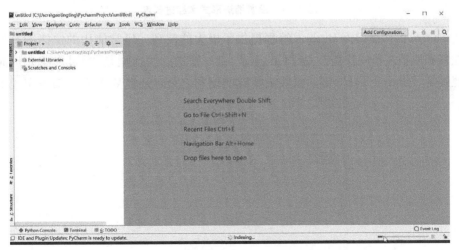

图 1-6　加载结束后的 PyCharm 页面

与 Spyder 类似，PyCharm 也需要进行一些设置。PyCharm 最重要的设置就是关于解释器的设置，在介绍新建项目时，已经讨论过这个问题。对已经存在的项目，也可以更改解释器，通过依次点击 File—Settings—Project untitled—Project Interpreter 等相关菜单即可，设置方式类似。如果我们不想每次新建项目时都重复设置解释器的操作，PyCharm 也提供了一种为新项目设置缺省解释器的做法，点击 File—Settings for New Project—Project Interpreter 等相关菜单即可，以后再创建新项目时便自动使用配置的解释器。另一项重要的设置是缩进形式和缩进长度，一般缩进形式设置为 tab 键，缩进长度为 4 个空格键。换言之，按一次 tab 键，光标就前进 4 个空格键，并且该操作代表了一次缩进过程。缩进形式设置可通过点击 File—Settings—Editor—Code Style—Python 等相关菜单实现，最后打开的页面如图 1-7 所示。字体和字号的设置、颜色方案的设置，可通过点击 File—Settings—Appearance 等相关菜单来实现。PyCharm 的自动补全功能在缺省情况下是打开的，如果不能使用自动补全功能的话，请检查一下是否勾选了 File 菜单下的 "Power Save Mode"，去掉勾选就可以恢复自动补全功能。

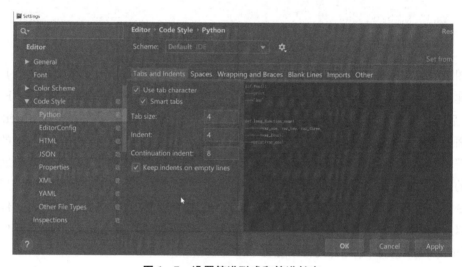

图 1-7   设置缩进形式和缩进长度

PyCharm 的快捷键为 Python 编程提供了极大的便利。经常使用的快捷键有如下几个：注释和取消注释的快捷键是 "Ctrl+/" 键；缩进的快捷键是 "Tab" 键；反向缩进的快捷键是 "Shift+Tab" 键。这些快捷键的便利之处，还需要大家在编程实践中慢慢体会。

第 2 章

内置函数、变量、注释和常见错误

本书第 1 章介绍了如何安装 Anaconda3 和 PyCharm，以及如何在 PyCharm 里把 Anaconda3 中的 python. exe 设置为解释器等内容，还介绍了如何在 PyCharm 里新建（或打开）一个项目，如何在该项目下新建一个 Python 程序文件（. py 结尾）。掌握上述内容以后，我们便可在程序文件里编辑指令、运行指令。以上便是本书推荐的学习 Python 编程的一个基本流程。

实际上，还有其他编辑 Python 指令的方式。例如，可以在 cmd 命令窗口输入 python，在＞＞＞提示符出现后，我们就可以编辑 Python 指令了，退出时需要输入 exit()。还有一种编辑 Python 指令的方式是在 cmd 命令窗口输入 ipython，在出现"In [1]："这个提示符后，也可以编辑 Python 代码。但是，这两种方式编辑 Python 代码的效率都不如 PyCharm 高，所以很少使用。如果不做特殊说明，本书均使用 PyCharm 编辑 Python 代码。

2.1 Python 内置函数

函数是能够独立完成某项功能的多条指令的集合，具体内容会在第 6 章详细介绍。内置函数指的是 Python 语言已经编写好的函数，编程时经常会调用这些内置函数。无论是本章讲的内置函数，还是以后我们自己编写的函数，调用这些函数时都要使用函数名加一对小括号的形式，大多数情况下，小括号里要输入一些内容。本章主要介绍两个内置函数：print() 函数和 input() 函数，print 和 input 是函数名。

2.1.1 print () 函数

通过函数名，我们便可大体猜测出函数的功能，print() 函数会把一些提示性信息打印在屏幕上，这些提示性信息一般要放入一对半角状态下的双引号的内部，然后放在小括号里面。在调试程序时，也经常使用 print() 函数。

代码示例如下：

```
print("Hello,Python World!")
```

程序运行结果如下：

```
Hello,Python World!
```

细心的读者会发现，当我们在 PyCharm 编辑器中输入上述代码时，代码的不同部分会显示出不同的颜色[①]。例如，print 显示为蓝色，"Hello，Python World!"显示为绿色。如果你不喜欢这种颜色配置，可通过修改 PyCharm 编辑器的颜色方案来更改颜色配置。这个功能叫作语法突出，在刚开始编写程序时很有帮助。此外，PyCharm 的自动补全功能也大大提高了编程效率。例如，我们输入 pr 两个字母时，下方就会出现 print 选项，用鼠标点击该选项，或者使用下选键"↓"选上该选项并按回车键，就能看到 PyCharm 自动为我们补全了 print，还补上了一对小括号；在小括号里面输入左双引号时，PyCharm 会自动补全右双引号。PyCharm 的自动补全功能为我们编程做了一个很好的示范，如果是小括号、双引号之类成对使用的符号，我们一般先把左右两部分都补充完整，然后通过左选键"←"移动光标输入其他代码。如果从左到右逐个输入符号和字母，很容易出现字符配对错误的情况。

2.1.2　input（）函数

input()函数能让程序暂停运行，等待用户通过键盘输入一些文本，获得用户输入的文本后，Python 将其存储在内存的某个地方，以便后续使用。通过 input()函数，可以实现程序员和电脑的"交流"，括号里面可加入一些提示性信息，提示性信息要加双引号。

代码示例如下：

```
input("Tell me something,and I will repeat it back to you ")
```

程序运行结果如下：

```
Tell me something,and I will repeat it back to you
```

程序在用户输入信息按回车键后继续运行。提示性信息不是必需的，但有了提示性信息，我们可以快速了解下面输入的内容，所以一般情况下还是需要相关的提示性信息。

Python 里共有 60 多个内置函数，除了 print()函数和 input()函数以外，abs()、dir()、int()、len()、set()、str()、type()等内置函数在实际编程中使用得也比较多，在使用到这些函数时，我们再对它们进行详细介绍。

2.2　变　量

Python 里面的变量与计量经济学和 Stata 里面的变量含义完全不同。Python 里面的

---

① 本书是单色印刷，无法显示不同的颜色效果。建议读者自己运行代码，观看不同颜色的配置效果。

变量暂时可用与数学里"变量"类似的思路去理解，在第 5 章介绍列表时会更详细地解释变量的含义。Python 编程为什么要使用变量呢？以 input（）函数为例，我们可以把从键盘输入的信息保存为一个变量，通过该变量可使用键盘输入的信息。例如：

```
message = input("Tell me something, and I will repeat it back to you ")
print(message)
```

上述代码中，message 就是一个变量。程序执行后，如果我们从键盘输入的是 Hello，那么 Hello 这条信息就会被打印到屏幕上。注意，print 函数小括号里面的 message 没有加双引号，意思是打印 message 这个变量的内容。为了明确变量内容和提示信息的区别，大家可以试一下如下代码：

```
print("message")
```

程序运行结果如下：

```
message
```

此时程序的运行结果就是把 message 这几个字母打印到屏幕上。使用变量的另外一个原因是减少代码编写的工作量。例如，在编写程序时，需要多次打印"欢迎来到中国人民大学劳动人事学院！"，就可把这条信息保存为某个变量（如 slhr）。代码示例如下：

```
slhr = "欢迎来到中国人民大学劳动人事学院！"
print(slhr)
```

程序运行结果如下：

```
欢迎来到中国人民大学劳动人事学院！
```

以后每次想打印上述信息时，只需再输入一次 print(slhr) 即可。使用变量时，需要注意的一个问题是变量的命名规则。变量命名规则包含以下几条：（1）变量名要能被 Python 理解，所以不要以数字开头，不能含有空格，不能使用关键字和函数名，一般使用数字、英文字母和下划线的各种组合。（2）为了提高程序的可阅读性，变量名最好有比较清楚的字面含义，不要使用 a、b、c、one、two、three 之类的名字。（3）慎用小写字母 i 和大写字母 O，它们很容易被错看成数字 1 和 0。（4）我们给变量赋值使用的是"="号，要注意它跟逻辑运算符"=="的区别。本书第 4 章讨论条件语句时会介绍逻辑运算符的使用。

2.3　Python 的注释

每种编程语言都会有自己的注释方式，注释可以让我们在程序中添加说明性文字，例如代码怎么使用以及想实现的目标是什么。在实际编程时，如果把一条指令变为注释，这条指令就不再被执行；如果把注释重新变为指令，它可被执行。换言之，注释可以让我们控制执行哪些指令，不执行哪些指令。Python 的注释方式有两种：使用♯和使用一对三引号"""。♯右边的内容不执行，可以在某条指令的上边使用♯，也可在某条指令的右边使用♯。例如：

```
♯ 向大家问好!
print("Hello Everyone!")    ♯还是向大家问好!
```

程序运行结果如下：

```
Hello Everyone!
```

我们可以看到，"向大家问好!"以及"还是向大家问好!"都没有出现在屏幕上，因为 Python 解释器看到♯以后，就把它右边的内容跳过去了，不再执行。一对三引号"""的注释方式适用于注释信息比较长、需要跨行的情况。在编写函数时，我们通常会在函数体里面的开始位置使用这种注释方式说明该函数的功能和调用方式等。

2.4　使用 Python 编程的常见错误

2.4.1　在全角状态下输入文字时产生的错误

正确：

```
number = int(10 * random. random())
```

错误：

```
number = int (10 * random。random ())
```

错误提示：

```
SyntaxError:invalid character in identifier
```

分析：Python 指令需要在半角状态下输入，所以输入完中文以后，最好赶紧切换到英文输入状态，全角状态下输入的括号是个非常隐蔽的错误。在注释语句中，不会出现此类错误，因为注释语句根本就不会被执行。

2.4.2　对齐方面的错误

正确：

```
number = int(10 * random. random())
```

错误：

```
number = int(10 * random.random())
```

错误提示：

```
IndentationError:unexpected indent
```

或者

```
IndentationError:expected an indented block
```

分析：在 Python 语言中，缩进表示一条指令的作用范围。Python 语言对缩进的要求非常严格，不该使用缩进的时候使用了缩进，或者应该使用缩进时没有使用缩进，都会报错。

2.4.3 小括号或中括号没有配对的错误

正确：

```
number = int(10 * random.random())
```

错误：

```
number = int(10 * random.random()
```

错误提示：

```
SyntaxError:invalid syntax
```

分析：在 Python 编程中，要求小括号、中括号、大括号、单引号、双引号、三引号等配对使用，否则会报错。这个错误有时很隐蔽，错误发生在某一行，却提示下一行指令出现了"SyntaxError：unexpected EOF while parsing"，把我们的注意力错误地引至下一行。

2.4.4 数据类型错误

正确：

```
print(int(guess_num) + 5)
```

错误：

```
print(guess_num + 5)
```

错误提示：

```
TypeError:must be str,not int
```

分析：guess_num 的内容是字符串格式的 6，在进行数学运算时，需要把它转化为数值型。

2.4.5 变量没有定义的错误

正确：

```
print(guess_num)
```

错误：

```
print(gues_num)
```

错误提示：

```
NameError:name'gues_num'is not defined
```

分析：guess_num 是我们已经定义的一个变量，gues_num 是个输入错误，漏掉了一个 s，我们从未在前面定义过 gues_num 这样的变量。如果变量名含有 0 和 O，1 和 i 这两对组合，也很容易出现该类错误。

2.4.6 编码格式错误

Python 的编码格式错误种类非常多，我们会在每章涉及此类错误时介绍。

2.4.7 函数的形参和实参的匹配错误

函数的形参个数和实参个数要一致，我们会在第 6 章介绍这一内容。

2.5 一个 Python 程序文件的例子：猜数字.py

猜数字.py 的详细内容如下：

```
# 引入 random 模块
import random
number = int(10 * random. random()) # 生成一个 0~10 的随机数.
print("\n 计算机生成了一个 0 到 10 的数,请您猜一下这个数是多少?")
guess_num = input("请输入您的选择(输入 q 来结束程序):\n")
while True:
    if guess_num = = "q":
        break
    else:
```

```
    if int(guess_num) = = number:
      print("你太聪明了")
      break
    elif int(guess_num)<number:
      print("哈哈,太小了!")
      guess_num = input("\n 请继续输入:\n")
    elif int(guess_num)>number:
      print("哈哈,太大了!")
      guess_num = input("\n 请继续输入:\n")
```

　　请大家逐个字母、逐条指令输入上述内容，然后点击 Run 菜单看是否能够顺利运行。上面的很多指令还没有介绍，大家对它们具体的功能先不要细究。这个程序文件的目的是让大家看一下在实际编写程序时，可能会出现哪些错误。学习 Python，就要多编写指令，不要怕犯错。犯错以后，对相关内容的理解会更加深刻。

第 3 章

基本的数据类型

　　大家回忆一下学习汉语的过程。我们依次学习的是偏旁部首、字、词、句子、段落和文章，是一个从小集合逐渐发展到大集合的学习过程，偏旁部首组成字，字组成词，词又组成句子，依此类推。学习 Python 的过程与学习汉语的过程非常类似，我们会依次学习基本数据类型、指令、语句、函数、模块和框架等相关知识。这些知识的界限并不是绝对固定的，只是一个大体的分类而已，这种分类方式有利于大家掌握 Python 的知识体系。一条指令通常需要使用函数，同时函数又是别人写的很多条指令的集合。汉语也存在这种现象，字是由偏旁部首构成的，但有些偏旁部首本身也是字。第 2 章介绍的内置函数大体可归于指令层次，因为我们没有编写函数，只是调用了函数。本章我们要学习的是更基本的数据类型。

　　我们学习各种编程语言的根本目的是批量地、更有效率地处理各种数据。数据的类型很多，除了数值型数据以外，文本、图形、音频、视频都可以视为不同的数据类型。在 Python 中，基本数据类型包括数值型（整数型、浮点数型）和字符串型两大类。

3.1　数值型

　　数值型数据分为两大类：整数型（integer）和浮点数型（float），分别对应数学里面的整数和小数。

　　整数型数据可做加、减、乘、除、取商、取余、指数运算。相应的程序如下：

```
print(3 + 2)   ♯ 加法
print(3 - 2)   ♯ 减法
print(3 * 2)   ♯ 乘法
print(3/2)     ♯ 除法
print(5//2)    ♯ 取商
print(5 % 2)   ♯ 取余
print(5 ** 2)  ♯ 指数
```

程序运行结果如下：

```
5
1
6
1.5
2
1
25
```

加、减、乘、除的表示方法，在不同的编程语言中基本都是相同的，Python 编程也使用了同样的表示方法。取商、取余、指数运算的表示方法，不同的编程语言可能会有所不同，大家需要留意。

内置函数 int（）可以把浮点数和符合条件的字符串转化为整数型，int 就是 integer 这个英文单词的简写。使用该函数的代码示例如下：

```
print(int(1.5))
print(int(-3.1))
print(int('23'))
print(int('23',base=8))
```

程序运行结果如下：

```
1
-3
23
19
```

前面两条指令是把浮点数转化为整数，后面两条指令是把字符串转化为整数，因为 23 外面有一对单引号，所以它是一个字符串。把字符串转化为整数时，括号里面可以加逗号，逗号的前面是要转化为整数的字符串，逗号的后面指出了以几进制进行转化，如果不加逗号，缺省的就是十进制。学习完第 6 章的内容以后，我们就知道函数名后小括号里面的内容是参数，逗号前面的是第一个参数，逗号后面的是第二个参数。上面最后一条指令的意思是，把 23 以八进制的形式转化为整数，所以结果为 19。

2.1.2 小节介绍过 input（）函数接收从键盘输入的内容。无论输入的是数字还是英文字母，input（）函数全部以字符串的形式接收。在做数学运算的时候，需要使用 int（）函数把相应的字符串转化为整数。指令如下：

```
number1 = input("请输入第一个数字:")
number2 = input("请输入第二个数字:")
sum1 = number1 + number2
print(sum1)
```

```
sum2 = int(number1) + int(number2)
print(sum2)
```

　　对第一个输入提示，我们输入数字 5，对第二个输入提示，我们输入数字 2，最后得到的运行结果为 52 和 7。为什么 sum1 得到的结果是 52 呢？它是字符串"5"和字符串"2"相加得到的结果，这个内容我们会在字符串数据部分进行介绍。sum2 使用了 int（）函数后，执行的是数值型数据 5 和 2 的相加，结果为数值型数据 7。

　　浮点数就是我们通常所说的小数。浮点数和整数在计算机内部存储的方式是不同的，整数永远是精确的，而浮点数可能是四舍五入后的结果。与整数类似，浮点数可做加、减、乘、除、取商、取余、指数运算。相关代码示例如下：

```
print(3.1 + 2.1)
print(3.1 - 2.1)
print(3.1 * 2.1)
print(3.1/2.1)
print(5.1//2.1)
print(5.1 % 2.1)
print(5.1 ** 2.1)
```

　　程序运行结果如下：

```
5.2
1.0
6.510000000000001
1.4761904761904763
2.0
0.8999999999999995
30.612399320407246
```

　　从上面第 3、4、6、7 条指令，就能看出浮点数不精确的特点。内置函数 float（）可以把整数和符合条件的字符串转化为浮点数。例如：

```
print(float(3))
print(float( - 3))
print(float('23.1'))
```

　　程序运行结果如下：

```
3.0
- 3.0
23.1
```

　　Python 还提供了实现数值型数据其他运算的内置函数，如 abs（）函数和 round（）

函数。abs（）函数可对数据实现取绝对值运算，round（）函数可对数据实现四舍五入运算。例如：

```
print(abs(-2))
print(round(1.5))
print(round(2.5))
```

程序运行结果如下：

```
2
2
2
```

从运行结果可看出，round（）函数与普通的四舍五入还有一些不同，碰到".5"的情况，如果整数位是奇数，则进位；如果整数位是偶数，则不进位。要想实现数值型数据更复杂的运算，需要使用 Python 内置的 math 模块。使用 math 模块时，首先要使用 import math 这条指令引入 math 模块。在 math 模块中，可以引用数学里面的很多常数，如 π、e 等。在把浮点数转换为整数方面，math 模块提供了三个功能更加灵活的函数：trunc（）函数、floor（）函数和 ceil（）函数，从三个函数名的英文就可看出它们在功能上的区别。trunc（）函数截断当前数值小数点后的数字，仅保留整数部分的有效数字。floor（）函数是获取小于当前数值的最大整数。与 floor（）函数相反，ceil（）函数是获取大于当前数值的最小整数。math 模块还提供了阶乘、取对数之类运算的函数。代码示例如下：

```
import math
print(math.pi)
print(math.e)
print(math.trunc(-3.5))
print(math.floor(-3.5))
print(math.ceil(-3.5))
print(math.factorial(3))
print(math.log(8,2))
```

程序运行结果如下：

```
3.141592653589793
2.718281828459045
-3
-4
-3
6
3.0
```

通过上述指令及运行结果，我们可以发现使用 math 模块的常数和函数，需要在前面加上"math."，这里的小圆点表示一种隶属关系，大体可理解为"来自"的意思，例如来自 math 模块的 pi，来自 math 模块的 floor（）函数等。调用 math. log（）函数需要使用两个参数，第一个参数是对数的真数，第二个参数是对数的底数。

3.2   字符串型

Python 语言中的字符串是指用一对单引号或一对双引号括起来的字符，比如'abc'"xyz"等等。请注意，单引号或双引号只是一种表示方式，本身不是字符串的组成部分，因此字符串'abc'只有 a、b、c 这 3 个字符。如果单引号本身是一个字符，那么就使用一对双引号把它括起来，譬如字符串"I'm OK"包含了 I、'、m、空格、O、K 这 6 个字符。同样，如果双引号本身也是一个字符，那么就使用一对单引号括起来。譬如'"你好"'这个字符串包含了"、你、好、"4 个字符。

3.2.1   字符串的大写和小写

通过 Python 指令，可以实现字符串全部大写、全部小写、首字母大写等相关操作。代码示例如下：

```
message = "jAmes heckman"
print(message. upper())
print(message. lower())
print(message. title())
```

程序运行结果如下：

```
JAMES HECKMAN
james heckman
James Heckman
```

lower()方法和 upper()方法的功能很好理解，从名字的英文就可以看出。回想一下劳动科学普通文献的题目，就能比较容易地理解 title()方法的功能，文献题目（title）大多采用首字母大写的形式。大家可能比较奇怪，title()、lower()、upper()看上去就是函数，为什么称它们为方法？这跟第 7 章"类"的知识有关，暂且把它们视为函数也没问题。实际上，字符串加小圆点的用法，如"message."，也跟类的知识有关。

如果我们的目标不只是把"JAMES HECKMAN"打印在屏幕上，还想把它保存下来以便将来使用，这就需要下面的指令：

```
message = "jAmes heckman"
message_1 = message. upper()
print(message_1)
print(message)
```

程序运行结果如下：

```
JAMES HECKMAN
jAmes heckman
```

分析上述结果，我们可以看出，message. upper() 执行后，message 变量包含的内容并没有改变，所以我们不能通过使用 message 得到 JAMES HECKMAN。要想使用字符串操作（大写、小写）之后的字符串，需要定义一个新的变量来保存字符串操作之后的内容。我们通过使用新变量便可得到字符串操作之后的内容，例如 JAMES HECK-MAN。

3.2.2　字符串的运算

字符串可以做加法运算和乘法运算。和数值型数据相同，加法用"＋"表示，乘法用"＊"表示。例如：

```
print("我在"+"中国人民大学"+"工作!")
print("*"*5)
```

程序运行结果如下：

```
我在中国人民大学工作!
*****
```

上面第一条指令是字符串加法，即把各个小字符串合并成一个大字符串。在 3.1 节，我们曾得到一个令人意外的结果"5＋2＝52"，现在学习了字符串加法的知识就理解了。在这个式子中，字符串 5 与字符串 2 相加得到字符串 52。上面第二条指令中出现了两个＊，它们有不同的含义。第一个＊表示字符串里面的一个字符，第二个＊表示乘法。字符串不能做减法运算和除法运算，大家可以尝试输入以下指令：

```
print("中国人民大学"-"大学")
print("中国人民大学中国人民大学"/2)
```

运行时，程序会报错。虽然字符串没有减法运算和除法运算，但我们可以使用字符串的其他方法来达到同样的目标，例如 replace() 方法。

3.2.3　转义字符

前面我们提到过如何处理字符串中含有单引号或双引号的问题。如果一个字符串中既包含单引号又包含双引号，我们应该如何处理？转义字符"\"可以解决这个问题。例如：

```
print('I\'m \"OK\"!')
```

程序运行结果如下：

```
I'm"OK"!
```

　　一般而言，Python 解释器看到单引号或双引号，会把它们理解为字符串的表示形式，如果单引号或双引号前面有转义字符"\"，Python 解释器就知道单引号或双引号的意义转变了，它们已经转变为普通的字符，不再是字符串的表示形式了，这就是"转义"的含义。经常使用的转义字符有"\n""\t""\\"。\n 表示 n 不再是一个普通字符，而是转义为回车键；\t 表示 t 不再是普通字符，而是转义为 tab 键；\\ 表示斜线不再是 Python 语法中用到的斜线，而是转义为普通字符中的斜线。使用 \n 的代码示例如下：

```
print("1. 载入游戏\n2. 保存游戏\n3. 游戏设置\n4. 退出游戏")
```

　　程序运行结果如下：

```
1. 载入游戏
2. 保存游戏
3. 游戏设置
4. 退出游戏
```

　　转义字符有时候也会给我们带来意想不到的麻烦。假设我们使用的是 Windows 操作系统，D 盘上有个名为 name 的文件夹，我们想把这个文件夹的名字打印到屏幕上。首先，我们使用指令：

```
print("D:\name")
```

　　程序运行结果如下：

```
D:
ame
```

　　这显然跟我们的预期不一样，我们只是想把 D：\name 这个文件夹（或路径）打印出来，但 Python 解释器把 \n 理解成了回车键的意思，所以出现了上面的结果。知道了原因后，我们把代码修改为：

```
print("D:\\name")
```

　　程序运行结果如下：

```
D:\name
```

　　该结果才是我们想要的结果。但是，如果 name 文件夹下面还有一个子文件夹 table 呢？我们需要在很多地方进行修改，很容易出错。Python 提供的原始字符串可解决此类问题。在普通字符串前面加上字母 r（raw 的首字母），就变成了一个原始字符串。原始的意思是字符串中的所有字符都是纯粹的字符，不需要任何转义。例如：

```
print(r'D:\name')
print(r'D:\\name')
print(r'D:\name\table')
print(r'D:\\name\\table')
```

程序运行结果如下：

```
D:\name
D:\\name
D:\name\table
D:\\name\\table
```

根据上述结果，请大家仔细体会一下"原始"的含义。在原始字符串中，不恰当地使用转义字符"\"，可能会导致错误，是一种画蛇添足的做法。

3.2.4　字符串去空格

在数据处理任务中，多余的空格很烦人。大家想象一下如下的场景。某个班级的语文成绩在一张表格里面，数学成绩在另外一张表格里面。我们想计算语文成绩加上数学成绩的总分，就需要把两张表格中姓名相同的人找到，并把他们各自的语文成绩和数学成绩相加。如果在第一张表格里面的名字是"张三　"（不小心多加一个空格），在第二张表格里面的名字是"张三"，此时成绩加总就会出现问题。所幸的是，在 Python 语言中，删除字符串左右两侧的空格非常容易，主要用到 rstrip()、lstrip() 和 strip() 三种方法。这几种方法很好记，strip 指除掉空格，r 是 right 的首字母，l 是 left 的首字母。相关代码示例如下：

```
favorite_language = "  python 3   "
print(favorite_language. rstrip())
print(favorite_language. lstrip())
print(favorite_language. strip())
```

程序运行结果如下：

```
  python 3
python 3
python 3
```

为显示空格，上述运行结果添加了下划线。第一行中，字符串" python 3 "右侧的空格被移除了；第二行中，左侧的空格被移除了；第三行中，左右的空格都被移除了。但这三种方法都没有移除 python 与 3 之间的空格。要想删除字符串内部的空格，我们可以使用后文中的 replace() 方法。

3.2.5　str（）函数、type（）函数和 len（）函数

str() 这个内置函数的功能类似于前面的 int() 函数和 float() 函数，它可以把整数型数据、浮点数型数据，以及稍后要学习的列表、元组和字典等内容转换为字符串型数据。例如：

```
number1 = 23
print(str(number1))
number2 = 3.51
print(str(number2))
```

程序运行结果如下：

```
23
3.51
```

单从上面的运行结果来看，我们很难判断 23 是整数型数据还是字符串型数据，换言之很难判断 str() 是否实现了它的功能。要想判断一个变量的类型，需要使用 type() 函数。type() 函数也是 Python 的内置函数，通过英文单词的含义就很容易理解它的功能：判断变量的类型。相关代码示例如下：

```
number1 = 23
number2 = str(number1)
print(type(number1))
print(type(number2))
```

程序运行结果如下：

```
<class'int'>
<class'str'>
```

通过运行结果，我们现在可确认 str() 函数确实把一个整数型数据转换为一个字符串型数据。和字符串相关的另一个重要的内置函数是 len() 函数，len 是 length（长度）的简写，通过 len() 函数可得到一个字符串的长度。例如：

```
str1 = "RUC"
print(len(str1))
str2 = "中国人民大学"
print(len(str2))
```

程序运行结果如下：

```
3
6
```

　　这里需要注意一个问题。在很多编程语言里，都会提到"英文字符占一个字节，中文字符占两个字节"，中文字符更长一些。但是，len（）函数返回的数值指的不是多少个字节，而是多少个字符。一个英文字符是一个字符，一个中文字符也是一个字符。在 len（）函数里面，不存在中文字符的长度是英文字符两倍的说法。

3.2.6　字符串的引用和切片

　　字符串的引用指的是通过字符串下标来获取字符串的某个字符，下标计数从 0 开始。字符串引用的格式是：字符串名［下标数值］，下标数值使用一对中括号括起来。相关代码示例如下：

```
depart = "中国人民大学劳动人事学院"
print(depart[0])
print(depart[2])
```

　　程序运行结果如下：

```
中
人
```

　　除了可以获取字符串的某个字符以外，我们还可以获取一个字符串中相连的若干个字符，这便是字符串的切片操作。字符串切片的格式是：字符串名［起始位置：结束位置］，起始位置和结束位置指的都是字符串下标。例如：

```
depart = "中国人民大学劳动人事学院"
university = depart[0:6]
print(university)
school = depart[6:]
print(school)
last_two = depart[-2:]
print(last_two)
```

　　程序运行结果如下：

```
中国人民大学
劳动人事学院
学院
```

　　请大家注意，university 的内容不是"中国人民大学劳"，下标 6 对应位置上的字符，或者说第 7 个字符，并没有被切片取到。使用数学的语言来说，切片操作是一个半闭合区间，它能获取起始位置的字符，但获取不到结束位置的字符。通过观察 school 的内容，我们可以看出，当不明确指定结束位置时，切片会获取从起始位置开始到字符串末尾的所有字符。last_two 的内容提示我们，字符串的下标可以取负数，此时意味着从字符串的末尾开始计数，所以，在大多数情况下，下标 -1 所指代的字符要在下标 1 所指代字符的后面，看上去好像是 -1 反而大于 1。

字符串的引用和切片操作有如下几个要点：（1）使用中括号；（2）第一个下标从零开始；（3）半闭合区间，结束位置对应的字符取不到。本书后面讲述的列表，也有引用和切片操作，其要点与字符串的引用和切片操作类似。

3.2.7　字符串的编码

字符串编码这部分内容比较难，建议作为选读内容，或者以后编程遇到编码错误后，再回头看这部分内容。

计算机只能处理二进制数字，因此要处理字符的话，就必须先把字符转换为二进制数字，这个过程叫作字符的编码。计算机通常采用 8 个比特（bit）作为 1 个字节（byte），所以，1 个字节能表示的最大的整数就是 255（二进制 11111111＝十进制 255），换言之，1 个字节最多能表示 256 个不同的字符（00000000 也可以用于编码）。如果想表示更多的字符数量，就必须用更多的字节。

ASCII 编码是被提到最多的编码方式，它是使用 1 个字节的编码。在这套编码系统里面，256 个位置被 256 个字符全部占满，除了我们常见的大小写英文字母、数字等字符以外，还包含了一些不太常见的字符。ASCII 编码的缺陷显而易见。表示一个中文，至少需要 2 个字节，ASCII 编码无能为力，所以中国制定了 GB2312 编码，专门用于表示中文字符。与中国类似，其他国家也有自己的编码标准，用以表示自己国家的文字，结果就是出现严重的乱码问题，影响信息交流。

于是，Unicode 字符集应运而生。Unicode 把所有语言都统一到一套编码里，这样就不会再有乱码问题了。现代操作系统和大多数编程语言都直接支持 Unicode 字符集。为了表示不同国家的所有字符，可能要使用 4 个字节。乱码问题从此消失了，但出了一个新的问题：浪费电脑存储空间。如果字符全部是英文的话，用 Unicode 编码比 ASCII 编码需要多三倍的存储空间。所以，为了节省存储空间，又把 Unicode 编码转化为长度可变的 UTF - 8 编码。UTF - 8 编码根据表示一个 Unicode 字符需要的最少字节数量，把字符编码成 1~6 个字节，常用的英文字母编码成 1 个字节，汉字通常是 3 个字节，只有很生僻的字符才会编码成 4~6 个字节。如果某个文档大多数是英文字符，少数是中文字符，使用 UTF - 8 编码就能处理该文档，并且与 Unicode 编码相比，还能节省很多存储空间。

Python 语言使用 encode() 函数进行编码，即把字符串转化为二进制；使用 decode() 函数进行解码，即把二进制转化为字符串。编码方式和解码方式要一致，才能正确显示字符串。字符串在内存里面的编码方式为 unicode-escape。字符串离开内存向硬盘存储时就要使用其他的编码方式，例如 UTF - 8、GB2312 等。相关代码示例如下：

```
char1 = "中"
code1 = char1. encode("unicode-escape")
print(code1)
code2 = char1. encode("utf - 8")
```

```
print(code2)
print(code1.decode("unicode-escape"))
print(code2.decode("utf-8"))
print(code1.decode("utf-8"))
print(code2.decode("unicode-escape"))
```

程序运行结果如下：

```
b'\\u4e2d'
b'\xe4\xb8\xad'
中
中
\u4e2d
ä‚(乱码)
```

后面两个指令出现了问题，没能打印出"中"字。出现问题的原因就是编码方式和解码方式不一致。code1 的编码方式是 unicode-escape，但解码方式为 utf - 8。code2 的编码方式是 utf - 8，但解码方式为 unicode-escape。解码方式要和编码方式相同，才能打印出原来的字符。

Python 语言中，与字符串编码相关的函数还有 ord() 函数和 chr() 函数。ord() 函数是把一个字符转化成一个十进制数的编码。而 chr() 函数是把一个十进制数的编码转化为一个字符。unicode-escape 和 utf - 8 都是使用十六进制数来表示的，使用"\u"或"\x"开头。十六进制转换为二进制还是比较方便的，但十六进制和十进制的转换就不是非常直接，需要使用 hex() 函数。hex() 函数可以把一个十进制数转换为一个十六进制数。相关代码示例如下：

```
code10 = ord('中')
print(code10)
print(hex(code10))
print("中".encode("unicode-escape"))
print(chr(20013))
```

程序运行结果如下：

```
20013
0x4e2d
b'\\u4e2d'
中
```

从运行结果可以看出"中"这个字符如何使用 unicode-escape 这种编码方式，就是十六进制的 4e2d，也就是十进制的 20013。chr() 函数可把十进制的编码（20013）转化为对应的字符，使用的解码方式也是 unicode-escape。

3.2.8　字符串的格式化

在日常生活中，我们的手机上经常会收到类似"亲爱的×××，您好！您××月的话费是××，余额是××"之类的消息。这些消息的大框架是相同的，只要把里面的××、×××替换为不同的内容，就可以发给不同的人。此类信息实际上就是字符串格式化的具体应用。Python 提供了两类方法来实现字符串的格式化。

第一类方法是使用格式化操作符％。经常使用的格式化操作符有两种：％s 和％d。％s 表示用字符串格式进行填充，％d 表示用整数格式进行填充。％s 和％d 操作符只是在字符串的某些位置挖了个坑、占了个位，具体内容要由％后面所跟的变量来决定。前面有多少个％s（或％d），后面就需要有多少个变量与之相对应，两个变量以上要使用小括号括起来，一个变量的话可以略去小括号。相关代码示例如下：

```
name = '张三'
age = 40
print("我的名字是 % s" % name)
print(" % s 就是我啊" % name)
print(" % s is % d years old" % (name,age))
```

程序运行结果如下：

```
我的名字是张三
张三就是我啊
张三 is 40 years old
```

第二类方法是字符串的 format() 方法。首先要有一个待格式化的字符串，然后使用字符串.format() 的形式。在这个字符串中需要被格式化的位置预先使用占位符 {0}、{1} 等表示出来，占位符的作用类似于上面的％s、％d，具体内容也要由占位符后面的变量来决定，这些变量需要放入 format() 方法的小括号里面。例如：

```
print("{0} is {1} years old".format(name,age))
```

程序运行结果是：

```
张三 is 40 years old
```

3.2.9　字符串的其他方法

接下来我们再介绍几个常用的字符串方法：find() 方法、split() 方法、join() 方法和 replace() 方法。find() 方法是在一个大字符串中寻找一个小字符串，如果找到，则返回小字符串所在的位置；split() 方法把一个大字符串按照固定格式拆分；join() 方法把一些小的字符串拼接成一个大的字符串；replace() 方法用于替换字符串的部分内容。使用上述方法的代码示例如下：

```
str1 = "merge"
print(str1.find('r'))
str2 = "m e r g e"
inter = str2.split(" ")
print(inter)
print(''.join(inter))
str3 = "house"
print(str3.replace("u","r"))
```

程序运行结果为：

```
2
['m','e','r','g','e']
merge
horse
```

从结果可以看出，split()方法会得到一个列表，join()方法把一个列表的各个元素重新拼成一个字符串，小圆点前面是拼接符。关于列表的相关内容会在第 5 章介绍。

本章介绍了 Python 的两类基本数据：数值型数据和字符串型数据，还介绍了两类数据的基本处理方法。对于数值型数据，主要的处理方式就是数学运算，可以利用内置函数做一些基本运算，更复杂的运算需要使用 math 模块。对于字符串型数据，可以对其进行大小写转换、删除空格、格式化等操作，一般需要使用内置函数和字符串对象等各种方法。高质量的数据是劳动科学研究的重要基石，对通过爬虫技术获取的数据进行处理时，也会用到本章的相关知识。

第4章

条件语句和循环语句

任何编程语言基本上都要介绍条件语句和循环语句。在没有条件语句和循环语句以前，指令都是从上到下一条条依次执行的。有了条件语句和循环语句以后，我们可以根据情况跳过某些指令，或者对某些指令重复执行多次，指令执行的次序更加多样。无论是条件语句还是循环语句，它们都对一组（很多条）指令发挥作用，所以一定要界定清楚它们的作用范围。在 Python 语言中，我们通过冒号"："和缩进的配合来指定条件语句和循环语句的作用范围，冒号提醒我们作用范围的开始，缩进多少条指令，作用范围就包含多少条指令。

4.1 条件语句

4.1.1 条件表达式

条件表达式指的是只有 True 或者 False 两种结果的表达式。如果条件成立，输出结果就为 True；如果条件不成立，输出结果就为 False。条件表达式一般都要用到关系运算符。数值型数据使用的关系运算符有：

＝＝：判断是否相等

！＝：判断是否不相等

＞：判断是否大于

＞＝：判断是否大于等于

＜：判断是否小于

＜＝：判断是否小于等于

字符串型数据使用的关系运算符主要有：

＝＝

！＝

使用关系运算符的相关代码示例如下：

```
print(3 = = 3)
print(3! = 3)
print(3＞= 2)
print("你" = = "你")
print("你"! = "人")
print("3" = = 3)
```

程序运行结果如下：

```
True
False
True
True
True
False
```

从最后一条指令可以看出，内容为数字的字符串同真正的数字进行比较时，一般要使用 int() 函数把数字型字符串转化为数字，否则比较结果永远为 False。input() 函数接收的通过键盘输入的内容，都是字符串格式的，所以在第 2 章末的猜数字 . py 的例子里面，我们使用了诸如 int(guess _ num) = = number 之类的指令，因为 guess _ num 是从 input() 函数得到的，是字符串格式，而 number 是数值型数据。

字符之间做关系运算时，会区分大小写，如 "Tom" = = "tom" 的输出结果为 False，如果大小写无关紧要，只想检查变量的值，可以使用 . lower() 将变量转换为小写，再进行比较。此外当赋值运算符 "=" 和关系运算符 "= =" 在一起时，关系运算符的优先级别更高。例如：

```
condition_exp = "Tom". lower() = = "tom"
print(condition_exp)
```

程序运行结果如下：

```
True
```

多个条件表达式之间可以使用逻辑运算符进行逻辑运算，运算的结果也为 True 或 False。Python 语言中的逻辑运算符有三个：and、or 和 not。它们的运算规则如下：

```
True and True = True
True and False = False
True or True = True
True or False = True
not True = False
not False = True
```

4.1.2　条件语句及其表达式

最简单的条件语句是 if 语句，其格式为：

if 条件表达式：
　　　指令 1
　　　指令 2
指令 3

如果条件表达式为 True，则执行指令 1 和指令 2。需要注意的是，if 所在行的末尾要加上半角状态下输入的冒号，if 后面的指令行要缩进，缩进要对齐（例如指令 1 和指令 2 对齐），用来表示 if 的作用范围。PyCharm 有自动缩进、自动对齐功能。如果想跳出 if 的作用范围，可以用 shift＋Tab 键反向缩进。从这以后输入的指令将和 if 开头的那条指令对齐，它不再是 if 语句的作用范围，例如指令 3。

最常见的条件语句是 if-else 形式的条件语句，其格式为：

if 条件表达式：
　　　指令 1
　　　指令 2
else：
　　　指令 3

条件表达式值为 True 时，执行指令 1 和指令 2；否则，执行指令 3。需要注意的是else 后面没有任何条件表达式，直接加半角状态下的冒号，else 下面的指令行也要缩进，缩进也要对齐。if 和 else 的地位是平等的，所以，以它们开头的两条指令要对齐。每个 if 后面只能跟一个 else 对应，不能出现其他的 else。

如果分类多于两种情况，就需要使用 if-elif-else 形式的条件语句。elif 可以看作 else和 if 的结合，并且可在该种形式的条件语句中出现多次。每个 elif 后面都要跟一个条件表达式，else 下面的指令行也要缩进，缩进也要对齐。if、elif 和 else 开头的指令行要对齐。具体的格式示例如下：

if 条件表达式：
　　　指令 1
　　　指令 2
elif 条件表达式：
　　　指令 3
　　　指令 4
else：
　　　指令 5

条件语句可以相互嵌套。例如，if 指令行下面（它的作用范围内）可以嵌套 if 语句、if-else 语句、if-elif-else 语句等；else 指令行下面也可以嵌套 if 语句、if-else 语句、if-elif-else 语句等。if、else 指令行下面还可以嵌套循环语句。使用嵌套语句时，更应该注意每条指令的作用范围，也就是每条指令下面的缩进。嵌套的深度一般不要超过三层，否则逻辑结构会比较混乱。

条件语句还有一种特殊用法。请看下面的指令示例：

```
a = 1
if a:
print("条件语句还能这样用?")
else:
print("命令没有执行")
```

程序运行结果为：

条件语句还能这样用?

在上面的例子中，if 后面并非通常的条件表达式，而是数字 1，此时 if 把数字 1 也视为 True，所以 if 下面的指令会执行，这是条件语句的一种特殊用法。当 a＝0、a＝""或者 a＝None 时，就相当于条件不成立，会执行 else 下面的指令行。所有其他数值、非空字符串都相当于条件成立，都会执行 if 下面的指令行。

虽然条件语句很简单，但有时候也会出现错误。在使用条件语句，特别是复杂的条件语句时，一定要注意相关条件的饱和性，尽可能考虑到所有的情况。在条件分叉情况较多的时候，建议加上 else，这样基本能够保证程序的运行。即便如此，如果 if、elif 后面的条件表达式设置得不合理，也会得到我们意料之外的结果，因为有些我们没有考虑的情况都被归到 else 里面了。第 2 章编写的猜数字 .py 的程序文件就存在这个问题，我们编写程序时以为大家会输入 1，2，3 之类的数字或者 q 这个字符，如果运行程序者输入一个字符 m 呢？程序的运行结果会是什么呢？大家可以试一下。

4.2　循环语句

计算 1＋2＋3 的值，我们可以直接使用普通的 Python 指令来实现，但是如果要计算 1＋2＋…＋1 000 的值，我们不太可能直接把这个表达式放在指令行里面，因为指令行太长了。上述情况使用循环语句来处理就非常方便，循序语句可以让计算机重复执行某些指令。循环语句可分为两大类：for 循环和 while 循环。

4.2.1　for 循环

for 循环对某个集合里的所有元素，依次执行同样的指令，它的基本格式如下：

for each _ element in 集合：

　　指令 1

　　指令 2

需要注意的是，for…in…是固定用法，不能改变。each _ element 是我们自己命名的暂时名字，for 循环实际上就是把集合中每个元素代入变量 each _ element，然后执行循环体里面的各条指令。集合是已经存在的集合，例如前面介绍过的字符串，后面要介绍的列表、元组、字典等。for…in… 所在行的末尾需要加半角状态下的冒号，跟条件语句类似，下面的指令要缩进，表示 for 循环的作用范围。例如：

```
for each_element in(3,4):
    print(each_element)
for number in range(1,5):
    print(number)
for number in range(5):
    print(number)
depart = "中国人民"
for each_char in depart:
    print(each_char)
```

程序运行结果如下：

```
3
4
1
2
3
4
0
1
2
3
4
中
国
人
民
```

通过上述运行结果，我们可以看出 range() 函数加一个参数和两个参数的区别，加一个参数时从 0 开始计数，加两个参数时从第一个参数开始计数，仍然是半闭合区间，取不到右端点。用一对小括号把两个数值括起来，例如（3，4）实际上就是本书下面要介绍的元组，它也可视为一种集合。

range() 函数的结果、字符串及将要学习的列表和元组等，都可以使用 for 循环。单个数值不能使用 for 循环。那么什么内容可以使用 for 循环呢？我们可以使用 isinstance() 函数和 collections 模块的 Iterable 类型来判断。具体代码如下：

```
from collections.abc import Iterable
print((3,4),Iterable)
```

```
print(range(5),Iterable)
print(isinstance("中国人民",Iterable))
print(isinstance(123,Iterable))
```

运行结果如下：

```
(3,4)<class 'collections.abc.Iterable'>
range(0,5)<class'collections.abc.Iterable'>
True
False
```

结果为 True 的内容都可使用 for 循环，结果为 False 的内容不能使用 for 循环。当我们不知道某个变量内容的数据类型时，都可以使用 isinstance（）函数去判断，代码示例如下：

```
x = 'abc'
y = 123
print(isinstance(x,str))
print(isinstance(y,str))
```

运行结果为：

```
True
False
```

从结果可以判断，变量 x 是字符串型数据，变量 y 不是字符串型数据。

4.2.2　while 循环

与 for 循环不同，while 循环指的是只要满足某个条件，就一直重复运行某些指令，条件不满足时退出循环。while 循环的格式如下：

while 条件表达式：
　　指令 1
　　指令 2

其中 while 是固定用法，必须保留，while 条件表达式与条件语句部分介绍的条件表达式是一个意思。while 所在行的末尾也要加半角状态下的冒号，下面的指令要缩进，表示 while 循环的作用范围。如果我们要计算 100 以内所有奇数之和，可以用下面的 while 循环实现：

```
sum = 0
n = 99
while n>0:
    sum = sum + n
    n = n - 2
print(sum)
```

运行结果为：

```
2500
```

使用 while 循环特别需要注意的一个问题是，不能让它成为一个死循环（无限循环）。一般而言，避免成为死循环有两种方法。第一种方法是，while 后面的条件表达式有某个变量，并且循环内的指令可以修改这个变量的值，能够让 while 后面的条件表达式取值为 False，从而跳出循环。第二种方法是，在循环内编写指令，让程序在满足一定条件后强行跳出循环，通常使用 break 指令来实现这一功能。break 指令很容易与 exit 指令、continue 指令混淆。显示上述三条指令区别的代码示例如下：

```
for n in range(1,11):
    if n > 5 and n < 8:
        # break  # break 语句会结束当前整个的 while 循环
        # continue # continue 只是跳过当前的这次循环,继续执行下面的循环
        # exit() # 跳出整个程序的执行
    print("此次循环的 n 为:%d" % n)
print('END')
```

在执行上面的指令时，为了看到 break 指令的效果，我们把 continue 指令、exit 指令加了注释符号（即不执行）；为了看 continue 指令的效果，把 break 指令、exit 指令加了注释符号；同理，为了看 exit 指令的效果，把 break 指令、continue 指令加了注释符号。

break 指令的运行结果为：

```
此次循环的 n 为:1
此次循环的 n 为:2
此次循环的 n 为:3
此次循环的 n 为:4
此次循环的 n 为:5
END
```

continue 指令的运行结果为：

```
此次循环的 n 为:1
此次循环的 n 为:2
此次循环的 n 为:3
此次循环的 n 为:4
此次循环的 n 为:5
此次循环的 n 为:8
此次循环的 n 为:9
此次循环的 n 为:10
END
```

exit 指令的运行结果为：

```
此次循环的 n 为:1
此次循环的 n 为:2
此次循环的 n 为:3
此次循环的 n 为:4
此次循环的 n 为:5
```

当 n＝6 时，break 指令跳出整个 while 循环，不再执行 n＝6，7，8，9，10 时的指令，但仍然要执行 print（'END'）这条指令。当 n＝6 时，continue 指令跳过了该次循环，同理跳过 n＝7 的那次循环，但在 n＝8，n＝9，n＝10 时会继续执行 print（"此次循环的 n 为:%d"%n）这条指令，执行完整个 for 循环后，会继续执行 print（'END'）。当 n＝6 时，exit 指令直接中断整个程序，不仅不执行以后的 for 循环，后面的 print（'END'）也不再执行。

在编写 while 循环时，有时会遇到死循环的情况，此时，可以用 ctrl＋c 组合键强行退出整个程序的执行。

本章介绍了编程中常用的条件语句和循环语句，它们可以改变指令执行的次序。条件语句通过条件表达式的结果判断某些语句块是否执行，条件语句可以多重嵌套。循环语句能够实现某些语句块的重复执行，分为 for 循环和 while 循环两大类。编写循环语句时，可以使用 break 指令中断循环，避免出现死循环。

第 5 章

列表、元组和字典

第 3 章介绍了两类基本数据：数值型数据和字符串型数据。接下来，如何把多个数据按照一定的方式组织在一起就是本章要介绍的内容。Python 有三种数据组织方式：列表、元组和字典，都可视为数学意义上的集合。这三种数据组织方式有什么不同呢？下面我们举一个日常生活中的例子。想象一个学校整体搬迁、学生需要打包行李的场面。打包形式可以有哪几种呢？第一种，把同类物品打包在一起。例如，把同宿舍所有同学的书放在一起，把同宿舍所有同学的脸盆放在一起，把同宿舍所有同学的被褥放在一起，等等，类似地，这种数据组织形式叫作列表。第二种，把某位同学所有的物品打包在一起。例如，把张三的书、脸盆、被褥打包在一起，把李四的书、脸盆、被褥打包在一起，类似地，这种数据组织形式叫作字典。第三种，也是把同类物品打包在一起，但在包裹外面贴上封皮，中途不能拆开，例如把同宿舍所有同学的现金打包在一起，类似地，这种数据组织形式叫作元组。元组与列表都是同类数据的集合，区别在于元组不可以修改，而列表可以修改。

5.1 列　表

把很多数据（数值型或字符串型）按照特定顺序排列在一起，就构成了一个列表。Python 使用一对中括号 [] 表示列表。列表里面的某项数据叫作列表的元素，元素与元素之间使用逗号隔开，元素可以是数值型，也可以是字符串型，还可以混搭（既有数值型也有字符串型）。我们不推荐混搭方式，列表内所有的元素最好是同一种数据类型，这样使用 for 循环处理数据会比较方便。列表里面的元素可以重复。本节有一部分内容专门讨论如何去除列表中的重复元素。列表是讲顺序的，如果两个列表包含的元素内容完全相同，但顺序不同，我们也把它们视为两个不同的列表。

5.1.1 列表的创建

列表可以通过直接输入元素来创建，例如：

```
names = ['张三','李四','王五','老王']
print(names)
```

程序运行结果如下：

```
['张三','李四','王五','老王']
```

我们还可以使用 list() 函数来生成列表，例如：

```
list_1 = list((5,6))
print(list_1)
```

程序运行结果如下：

```
[5,6]
```

需要注意的是，list() 函数只接收一个参数，（5，6）就是下面要介绍的元组，它是一个参数。此外，在理解 list() 函数时，可以结合前面介绍的 int() 函数、float() 函数和 str() 函数去理解，它们都是把符合条件的表达式强制转化成目标形式。

数值型列表还可以借用 range() 函数来生成。例如：

```
range1 = range(4)
print(type(range1))
numbers = list(range1)
print(numbers)
```

程序运行结果如下：

```
<class'range'>
[0,1,2,3]
```

当 range() 函数中只有一个参数时，可以生成小于这个参数的非负整数。从运行结果来看，range() 函数返回的也是一个对象，关于对象的详细内容会在第 7 章介绍，这里我们只要知道这个对象也可以视作满足生成列表的一种表达式即可。range() 函数也可以传入两个参数或三个参数，此时生成的是大于等于第一个参数、小于第二个参数的整数，第三个参数表示步长，即等差序列中相邻两数的差值。相关代码示例如下：

```
numbers1 = list(range(-1,6))
print(numbers1)
numbers2 = list(range(-1,6,2))
print(numbers2)
```

运行结果为：

```
[-1,0,1,2,3,4,5]
[-1,1,3,5]
```

我们可以对数值型列表进行一些简单的数学运算。例如：

```
digits = [1,2,3,4,5,6,7,8,9,0]
number = min(digits)
print(number)
number = max(digits)
print(number)
number = sum(digits)
print(number)
```

程序运行结果如下：

```
0
9
45
```

我们还可以使用列表生成器生成列表，这是生成列表的高级方式。列表生成器外层需要使用中括号 [] 括起来，里面有点像 for 循环。代码示例如下：

```
squares = [value ** 2 for value in range(1,5)]
print(squares)
```

程序运行结果如下：

```
[1,4,9,16]
```

有时，我们还需要生成空列表。生成空列表的代码示例如下：

```
names = []
print(names)
```

程序运行结果如下：

```
[]
```

生成空列表后，一般还需要使用相关指令为它添加元素，如使用 append() 方法。

5.1.2 列表的引用

列表的引用指的是通过列表的下标来提取对应位置的某个元素或某些元素，具体格式为：列表名 [下标]。列表的下标从 0 开始，下标 0 表示提取的是第一个元素，下标 1 表示提取的是第二个元素，之后依此类推，列表的长度可以使用 len() 函数查看。也可能从列表的末尾反向提取，下标−1表示提取的是最后一个元素，下标−2表示提取的是倒数第二个元素。相关代码示例如下：

```
names = ['张三','李四','王五']
print(len(names))
print(names[0])
print(names[2])
print(names[ - 1])
print(names[ - 2])
```

程序运行结果如下：

```
张三
王五
王五
李四
```

列表的引用需要注意下标的取值不能超出列表的长度。请看下面的代码：

```
names = ['张三','李四','王五']
print(names[3])
```

运行结果为：

```
IndexError:list index out of range
```

这也是一个典型的 Python 错误。names [3] 本意是提取 names 这个列表的第四个元素，但是 names 这个列表的长度仅为 3，根本就没有第四个元素，所以报错。

由于列表也是集合的一种，所以我们可以使用 for 循环把列表的所有元素依次提取出来，有些教材把这部分内容称为列表的遍历。例如：

```
names = ['张三','李四','王五']
for name in names:
    print(name)
```

程序运行结果如下：

```
张三
李四
王五
```

大家回想一下字符串引用那部分内容，可以看出，列表的引用与字符串在很多方面是类似的，字符串也有长度的概念，也可通过类似于列表引用的方式得某个具体字符，例如：

```
university = "中国人民大学"
print(university[1])
print(university[ - 1])
```

运行结果如下：

```
国
学
```

理解了列表的引用和字符串的引用以后，就很容易理解下面的双引用问题了。请看下面的代码：

```
names = ['张三','李四','王五']
print(names[1][1])
```

运行结果为：

```
四
```

第一个下标 1 指的是李四这个元素，第二个下标指的是四这个字符。

通过列表的下标还可以提取多个列表元素。格式为：列表名［起始下标：终止下标］，有些教材称这部分内容为列表的切片，代码示例如下：

```
names = ['张三','李四','王五','赵大']
slice1 = names[0:2]
print(slice1)
slice2 = names[ - 2:]
print(slice2)
```

运行结果为：

```
['张三','李四']
['王五','赵大']
```

从运行结果可以看出，下标［0：2］的用法也类似半闭合区间，可以提取起始下标，但不能提取终止下标。此外，当不给出终止下标时，意味着提取到最后一个元素。

我们在 Python 的数据处理部分，还会介绍类似于列表引用之类的内容，例如 ndar-ray 的引用等。引用时，都要使用中括号［］，下标的含义也大体相同。

5.1.3　列表的排序

有时，我们希望以特定的顺序呈现列表中的所有元素，这便是列表的排序。如果列表中的元素都是数值，我们可以对这些元素从小到大排序，或者从大到小排序。如果列表中的元素都是字符串，我们也可以把这些元素按照首字母顺序进行正向或逆向排序。

但是，如果列表中既有数字又有字符串，排序就可能存在问题。实现列表排序的方法是 sort（）方法。数值型列表排序的代码示例如下：

```
numbers = [3,1,6,9,5,2]
numbers1 = numbers.sort()
print(numbers1)
```

运行结果为：

```
None
```

为什么运行结果会是 None 呢？学习完函数和类的相关知识以后，会对这个问题有比较透彻的理解，这里先大体解释一下机制。numbers.sort（）改变了 numbers 自己，所以就没有必要再把结果通过 numbers1 给出来了，结果已经通过 numbers 自己显现出来了。所以，正确的代码如下：

```
numbers = [3,1,6,9,5,2]
numbers.sort()
print(numbers)
```

程序运行结果如下：

```
[1,2,3,5,6,9]
```

从上述结果可以看出，缺省的情况下，sort（）方法得到的是从小到大的排序。如果想得到从大到小的排序，需要加 reverse＝True 这个参数，代码示例如下：

```
numbers = [3,1,6,9,5,2]
numbers.sort(reverse = True)
print(numbers)
```

程序运行结果如下：

```
[9,6,5,3,2,1]
```

sorted（）函数也可以对列表进行排序，但是它不改变原列表的次序，所以在使用的时候要把排序后的结果及时保存到变量中。细心的读者可能已经发现我们表述的不同，sort（）方法和 sorted（）函数的区别会在第 7 章介绍。使用 sorted（）函数的代码示例如下：

```
numbers = [3,1,6,9,5,2]
numbers1 = sorted(numbers)
print(numbers1)
print(numbers)
```

程序运行结果如下：

```
[1,2,3,5,6,9]
[3,1,6,9,5,2]
```

从结果可以看出，使用 sorted() 函数以后，numbers 这个列表没有发生改变。这是一个普遍规律，当自身发生变化了，就不需要返回变化后的结果；如果自身没有发生变化，则需要返回变化后的结果，否则无法使用这些结果。

字符串型列表也可以排序，它按列表各元素首字母的次序进行排序。例如：

```
names = ['Lich', 'Mike', 'Trace', 'Ace', 'Boy']
names. sort()
print(names)
names. sort(reverse = True)
print(names)
```

程序运行结果如下：

```
['Ace', 'Boy', 'Lich', 'Mike', 'Trace']
['Trace', 'Mike', 'Lich', 'Boy', 'Ace']
```

如果一个列表既包含数值型数据，又包含字符串数据，排序时可能出现问题。代码示例如下：

```
list1 = ['becker', 'adam', 10, 20]
list1. sort()
print(list1)
```

程序运行结果如下：

```
TypeError:'<' not supported between instances of 'int' and 'str'
```

从程序运行结果，我们可以看出数值型数据和字符串型数据不能比较大小，不能排序。如果一个列表既包含数值型数据又包含字符串数据，那就不能对它使用 sort() 方法。这也是我们前面所建议的，列表里面的元素应尽量都是同一种类型的数据，否则会出现一些意料之外的问题。

5.1.4　列表的编辑

列表的编辑可用四个字概括：增、删、查、改，即增加元素、删除元素、查找元素和修改元素。后面还会介绍很多内容的编辑，例如字典的编辑、ndarray 的编辑、dataframe 的编辑等等，基本上也包含增、删、查、改四个方面的内容。

5.1.4.1　增加元素

给列表增加元素的第一种方式是使用 append() 方法，该方法可在列表的最后面增加一个元素，小括号里面是要增加的元素内容。代码示例如下：

```
names = ['张三','李四','王五']
names. append('老赵')
print(names)
```

程序运行结果如下：

```
['张三','李四','王五','老赵']
```

给列表增加元素的第二种方式是使用 insert（）方法，该方法可在列表中间的某个位置增加一个元素。insert（）方法和 append（）方法的区别可从它们的英文含义去理解，insert 是插入的意思，append 是附在后面的意思。insert（）方法的小括号内接收两个参数，第一个参数是列表的下标（即插入的位置），第二个参数是插入的内容。使用 insert（）方法的代码示例如下：

```
names = ['张三','李四','王五']
names. insert(1,'老赵')
print(names)
```

程序运行结果如下：

```
['张三','老赵','李四','王五']
```

给列表增加元素的第三种方式是使用 extend（）方法，该方法可把一个完整的列表（很多元素）追加到原列表的后面。例如：

```
names = ['张三','李四','王五']
new_friend = ["老曹","老高"]
names_new = names. extend(new_friend)
print(names)
```

程序运行结果如下：

```
['张三','李四','王五','老曹','老高']
```

在实际编程时，我们一般不使用 extend（）方法，因为两个列表直接相加，也能达到同样的效果，例如：

```
names = ['张三','李四','王五']
new_friend = ["老曹","老高"]
names1 = names + new_friend
print(names1)
```

程序运行结果如下：

['张三','李四','王五','老曹','老高']

5.1.4.2　删除元素

删除列表元素的第一种方式是使用 pop() 方法。如果小括号里面没有任何参数，pop() 方法会删除列表中最后一个元素；如果小括号内有一个整数型参数，pop() 方法会删除对应位置的元素。代码示例如下：

```
names = ['张三','李四','王五','老曹','老高']
names.pop()
print(names)
names.pop(2)
print(names)
```

程序运行结果如下：

```
['张三','李四','王五','老曹']
['张三','李四','老曹']
```

删除列表元素的第二种方式是使用 del 命令。该命令通过列表下标（或位置）来删除元素，使用该命令的格式为：del 列表名 [下标]，示例代码如下：

```
names = ['张三','李四','王五','老曹','老高']
del names[0]
print(names)
```

程序运行结果如下：

```
['李四','王五','老曹','老高']
```

虽然 del 命令和 pop() 方法都是通过列表下标来删除元素，但它们也存在区别。pop() 方法从列表中删除某元素的同时，还把该元素作为结果返回，因此我们可以保存和使用该元素。del 命令只是从列表中删除某元素，不会把元素作为结果返回。编程时，如果再也不会使用某一个元素，建议使用 del 语句；如果在删除元素后还想继续使用它，建议使用 pop() 方法，代码示例如下：

```
names = ['张三','李四','王五','老曹','老高']
first_name = names.pop(0)
print(names)
print(first_name)
```

程序运行结果如下：

```
['李四','王五','老曹','老高']
张三
```

删除列表元素的第三种方式是使用 remove() 方法。pop() 方法和 del 命令都是通过列表下标来删除元素的，如果我们只知道元素的内容，不知道该元素的下标（位置），上述两种方式就不合适了，此时就要用到 remove() 方法。remove() 方法基于元素内容进行删除，小括号里面就是要删除元素的内容，代码示例如下：

```
names = ['张三','李四','王五','老曹','老高']
names. remove("老曹")
print(names)
```

程序运行结果如下：

```
['张三','李四','王五','老高']
```

5.1.4.3　查找元素

列表是有序集合，如果想访问或使用列表的某个元素，只需将该元素的下标（或位置）告诉 Python 即可，相关内容见 5.1.2 小节列表的引用部分。但是，有时候我们只知道元素的内容，不知道元素的下标，此时我们就要通过元素内容查找元素下标，这就是查找元素。查找元素需要使用 index() 方法，小括号内是要查找元素的内容。相关代码示例如下：

```
names = ['张三','李四','王五','老曹','老高']
position1 = names. index('王五')
print(position1)
print(type(position1))
```

程序运行结果如下：

```
2
<class'int'>
```

返回的结果是一个整数，它就是下标。index() 方法和 if 语句相结合，可以实现更强大的功能，请看下面的代码：

```
names = ['张三','李四','王五','老曹','老高']
name = "王五"
if name in names:
print(" % s 的位置是 % d" % (name,names. index(name)))
else:
    print("列表中没有该人的信息!")
```

程序运行结果如下：

```
王五的位置是 2
```

5.1.4.4　修改元素

修改列表元素的语法与查找列表元素的语法类似，也要指定列表名和下标（或位置），通过下标定位要修改的元素，然后使用新的内容覆盖旧的内容。例如：

```
names = ['张三','李四','王五','老曹','老高']
names[1] = '老冯'
print(names)
```

程序运行结果如下：

```
['张三','老冯','王五','老曹','老高']
```

如果只知道元素的内容，不知道元素的下标，也可以使用新内容替换该元素原有内容。这需要先使用查找元素的知识得到元素在列表中的下标。代码示例如下：

```
names = ['张三','李四','王五','老曹','老高']
name = '王五'
index1 = names. index(name)
names[index1] = "老冯"
print(names)
```

程序运行结果如下：

```
['张三','李四','老冯','老曹','老高']
```

5.1.5　列表的嵌套

列表里面可以嵌套列表，即列表的元素可以是另外一个列表。嵌套列表时，引用元素要小心，可能会遇到双重引用的情况，例如：

```
languages = ['python3','C + +',['Java','php'],'Basic']
print(languages[2][1])
```

程序运行结果如下：

```
php
```

在上述列表中，第一个中括号里面的 2 表示 languages 这个列表的第 3 个元素，即列表［'Java'，'php'］，第二个中括号里面的 1 表示的是新得到列表的第 2 个元素，即 php。

append（）方法可以把一个元素添加到某个列表的末尾。如果该元素自身就是一个列表呢？这时候就会出现列表嵌套的情况，代码示例如下：

```
names = ['张三','李四','王五']
new_friend = ["老曹","老高"]
```

```
names_new = names.append(new_friend)
print(names)
```

程序运行结果如下：

```
['张三','李四','王五',['老曹','老高']]
```

基于上述运行结果，大家可以观察一下 append() 方法和 extend() 方法的区别。ap-pend() 方法是将列表作为一个元素添加到另一列表中，而 extend() 方法是将列表中的所有元素添加到另一个列表中，两种方法添加元素的个数是不同的。

5.1.6 列表的复制

列表的复制就是把某列表的所有元素复制给另外一个元素。实现列表复制的第一种方式是使用 copy() 方法，例如：

```
names = ['张三','李四','王五']
names_1 = names.copy()
print(names_1)
```

程序运行结果如下：

```
['张三','李四','王五']
```

实现列表复制的第二种方式是使用 for 循环和 append() 方法，代码示例如下：

```
names = ['张三','李四','王五']
names_1 = []
for name in names:
names_1.append(name)
print(names_1)
```

程序运行结果如下：

```
['张三','李四','王五']
```

实现列表复制的第三种方式是使用列表生成器，代码示例如下：

```
names = ['张三','李四','王五']
names_1 = [x for x in names]
print(names_1)
```

程序运行结果如下：

```
['张三','李四','王五']
```

实现列表复制的第四种方式是使用列表的切片，代码示例如下：

```
names = ['张三','李四','王五']
names_1 = names[:]
print(names_1)
```

程序运行结果如下：

```
['张三','李四','王五']
```

有些读者可能会想到一种更简单的方法，即将列表赋值给另外一个列表，例如：

```
names = ['张三','李四','王五']
names_1 = names
print(names_1)
```

运行结果也是［'张三'，'李四'，'王五'］。看上去，它的功能跟前面四种复制方式相同，但是这种赋值式的方法有问题，请看如下代码：

```
names = ['张三','李四','王五']
names_1 = names
print(names_1)
names.pop()
print(names_1)
```

程序运行结果为：

```
['张三','李四']
```

这是一个很奇怪的结果，我们删除的是名为 names 列表的最后一个元素，没有删除 names_1 这个列表的任何元素，但是打印 names_1 时，却发现它的内容已经改变。这与我们的预期不同，我们想让 names 和 names_1 是两个独立的变量，否则根本没有必要复制了，直接使用一个变量即可。为什么会出现上述问题呢？这与 Python 变量名的含义有关。在 Python 中，变量名类似于一个名签。根据这个名签，我们可以顺藤摸瓜找到真实内容的内存地址并把相关内容读取出来。names_1＝names 这条指令只是加了一个额外名签而已，两个名签都指向同一个内存地址。这种做法可以节省内存空间，但也会带来问题。当我们操作某个名签改变内存里面的内容时，另外一个名签所指向的内容也就改变了，因为两个名签指向的是同一个内容。

5.1.7　删除列表的重复元素

列表中的重复元素可能会对某些工作任务造成麻烦，有时我们需要删除列表中的重复元素。删除重复元素的第一种方法是使用 for 循环和 if 语句，代码示例如下：

```
pets = ['dog','cat','dog','goldfish','cat','rabbit','cat']
pets_1 = [ ]
for pet in pets:
if pet not in pets_1:
pets_1. append(pet)
print(pets_1)
```

程序运行结果如下：

```
['dog','cat','goldfish','rabbit']
```

在新的列表中，只保留了一个 cat 和一个 dog，重复的都被删除了。

删除重复元素的第二种方法是使用 set() 函数，例如：

```
pets = ['dog','cat','dog','goldfish','cat','rabbit','cat']
pets_1 = set(pets)
print(pets_1)
```

程序运行结果如下：

```
{'cat','goldfish','dog','rabbit'}
```

从运行结果来看，虽然 set() 函数也能删除重复元素，但它返回的结果是用大括号 {} 括起来的，不是列表类型，而是集合类型。

5.2　元　组

与列表类似，元组（tuple）也是把很多数据（数值型或字符串型）按照特定顺序排列在一起的集合。元组与列表的区别是，列表的元素是可以随意修改的，而元组的元素是不能修改的。Python 语言使用一对小括号（）表示元组。元组的很多内容如元组的引用都跟列表的相关操作相同，例如：

```
names = ('张三','李四','王五')
print(names[1])
for name in names:
    print(name)
```

程序运行结果如下：

```
李四
张三
李四
王五
```

因为不能修改元素，元组的编辑没有增、删、改，只有查。代码示例如下：

```
names = ('张三','李四','王五')
names. append('老赵')
names. pop( )
names[0] = '老冯'
```

除第一条指令外，其他三条指令都会报错。查找元素位置的 index（）方法，在元组中还可以继续使用，代码如下：

```
names = ('张三','李四','王五')
print(names. index('李四'))
```

程序运行结果是 1。虽然元组的元素不能改变，但有时候我们会遇到元组元素看起来改变的情况，这是怎么回事呢？请大家看下面的代码：

```
tuple1 = ('a','b',['A','B'])
tuple1[2][0] = 'X'
tuple1[2][1] = 'Y'
print(tuple1)
```

程序运行结果为：

```
('a','b',['X','Y'])
```

从结果来看，元组的第三个元素由［'A'，'B'］变为［'X'，'Y'］，看上去跟元组的元素不能改变有矛盾。我们可以这样理解这一问题。'a'，'b'，［'A'，'B'］是三块内容，电脑为不同的内容分配了不同的内存地址，元组设置了三个名签指向三块内容的内存地址，元组元素的不可改变性意味着这三个名签不能再指向别的内存地址了。假设第一个内容由 'a' 变为 '中'，电脑会为 '中' 安排不同的内存地址，但由于元组元素的不可改变性，指向 'a' 的名签不可能再指向 '中'，所以元组的第一个元素不能修改。但是，当［'A'，'B'］变为［'X'，'Y'］时，电脑没有为［'X'，'Y'］新分配一个不同的内存地址，内存地址没变，只有内存地址对应的内容变了。所以，当［'A'，'B'］变为［'X'，'Y'］时，没有要求名签指向别的内存地址，所以与元组元素的不可改变性并不矛盾。上述内容有点复杂，初次学习时，可以跳过该内容。

如果元组只有一个元素，并且是数值（例如 1），应该如何表示该元组？看上去，应该使用（1）的形式，但这种形式会让 Python 迷惑，它搞不清楚（1）表示作为参数的整数 1，还是只有一个整数元素的数组。所以 Python 使用（1,）的形式来表示只有一个整数的元组，代码示例如下：

```
t1 = (1)
print(t1)
print(type(t1))
```

```
t2 = (1,)
print(t2)
print(type(t2))
```

程序运行结果如下：

```
1
<class 'int'>
(1,)
<class 'tuple'>
```

从程序运行结果可看出，Python 把（1）视为整数 1 进行处理。

5.3 字 典

字典也是组织数据的一种集合形式。大家回想一下本章开头打包行李的例子，把某位同学的书、脸盆、被褥打包在一起的方式就类似于字典这种组织数据的方式。大家还可以想象一下另外一个例子，如果我们想把一名学生的姓名、性别、语文成绩、数学成绩组织在一起的话，应该怎么办？这也需要字典这种数据组织方式。Python 使用 {} 表示字典这种数据组织方式。字典也有很多元素，不同元素也使用半角状态下的逗号隔开。每个元素是一个键值对，键和值使用冒号隔开，键在前，值在后，键通常是字符串格式，值可以是各种数据格式。值就是真实内容，键的作用类似于列表的下标，通过键就能访问值。我们在查字典的时候，首先要找到某字所在的页码，然后在该页码上查找该字的具体内容。键可理解为页码，值可理解为具体内容，这种数据组织方式因此被称为字典。与列表、元组不同，字典不强调元素的位置，因为通过键就能访问值，无论值在哪个位置。

5.3.1 字典的创建

创建字典的第一种方式是直接手动输入。例如：

```
person = {"name":"张三","age":43,"gender":"男"}
print(person)
```

程序运行结果如下：

```
{'name':'张三','age':43,'gender':'男'}
```

创建字典的第二种方式是先创建一个空字典，然后向里面添加元素（键值对），例如：

```
person = {}
person['name'] = "李四"
```

```
person['age'] = 41
person['gender'] = "女"
print(person)
```

程序运行结果如下：

```
{'name':'李四','age':41,'gender':'女'}
```

创建字典的第三种方式是从其他文件读取数据，例如从 json 文件读取，我们将在文件操作相关内容中详细介绍这种方式。

5.3.2　字典的引用

字典的引用是把字典元素的内容读取出来，也要使用中括号 []。但是，与列表、元组不同，字典不能通过下标（或位置）来读取元素内容，而是通过字典的键来读取，因为在字典中位置不重要。代码示例如下：

```
person = {"name":"张三","age":43,"gender":"男"}
print(person['name'])
```

程序运行结果如下：

```
张三
```

可以使用 for 循环和 values() 方法读取字典所有元素的值，有的教材称之为字典的遍历，代码示例如下：

```
person = {"name":"张三","age":43,"gender":"男"}
for each_value in person.values():
print(each_value)
print(type(person.values()))
```

程序运行结果如下：

```
张三
43
男
<class'dict_values'>
```

person.values() 是一个对象，里面存储着字典所有的值，目前我们可以把它视为一个列表来使用。类似地，可以使用 for 循环和 keys() 方法读取字典所有元素的键，例如：

```
person = {"name":"张三","age":43,"gender":"男"}
for each_key in person3.keys():
print(each_key)
```

程序运行结果如下：

```
name
age
gender
```

通过 items（）方法，可以得到字典所有元素的键和值。例如：

```
person = {"name":"张三","age":43,"gender":"男"}
for each_key,each_value in person.items():
print('Key:' + each_key)
print('Value:' + str(each_value))
```

程序运行结果如下：

```
Key:name
Value:张三
Key:age
Value:43
Key:gender
Value:男
```

也可以使用 print（type(person. items（)））指令查看一下 items（）方法返回结果的对象类型，该对象包含了所有的键和值。

5.3.3 字典的编辑

字典的编辑也包含增、删、查、改四个方面的内容。

5.3.3.1 增加一个元素（键值对）

字典是一种动态结构，可随时添加键值对。添加键值对的代码示例如下：

```
person = {"name":"张三","age":43,"gender":"男"}
person['height'] = 178
print(person)
```

程序运行结果如下：

```
{'name':'张三','age':43,'gender':'男','height':178}
```

5.3.3.2 删除一个元素

对于字典中不再需要的元素，可以删除。删除元素的第一种方式是使用 del 命令，使用该命令时需要指定字典名称和要删除的键，代码示例如下：

```
person = {"name":"张三","age":43,"gender":"男"}
del person['age']
print(person)
```

程序运行结果如下：

```
{'name':'张三','gender':'男'}
```

删除元素的第二种方式是使用 pop()方法。列表的 pop()方法需要在小括号中放入元素的下标，字典的 pop()方法需要在小括号中放入键的名称，例如：

```
person = {"name":"张三","age":43,"gender":"男"}
person.pop('age')
print(person)
```

程序运行结果如下：

```
{'name':'张三','gender':'男'}
```

5.3.3.3　查找元素的键和值

查找列表元素时，我们通常要根据元素内容找到元素的下标。字典的元素是一个键值对，所以字典的查找包含两部分内容，一是查找键是否存在，二是查找值是否存在。如果键存在，就可能通过键获取值；如果值存在，也可能反过来获取它对应的键。相对而言，判断键是否存在的程序容易一些，代码示例如下：

```
person = {"name":"张三","age":43,"gender":"男"}
if'age' in person:
    print("字典中有这个键!")
    print("该键对应的值为",person['age'])
```

程序运行结果如下：

```
字典中有这个键!
该键对应的值为 43
```

判断键或值是否存在，还可使用 items()方法，代码示例如下：

```
person = {"name":"张三","age":43,"gender":"男"}
for each_key,each_value in person.items():
    if each_value = = "张三":
        print("字典中有这个值!")
        print("该值对应的键为",each_key)
```

程序运行结果如下：

```
字典中有这个值!
该值对应的键为 name
```

在实际编程时，我们遇到较多的情况是判断键是否存在，然后通过键去获取具体的值。需要注意的是，字典中没有 index() 方法，因为位置在字典中不重要。

5.3.3.4　修改元素

修改元素，一般指的是基于键去修改值，而不是修改键的名称。代码示例如下：

```
person = {"name":"张三","age":43,"gender":"男"}
person['name'] = "李四"
print(person)
```

运行结果为：

```
{'name':'李四','age':43,'gender':'男'}
```

由结果可见，修改字典的元素非常简单，直接进行修改即可。

5.3.4　字典的嵌套

字典和列表可以相互嵌套，列表里面可以嵌套字典，字典里面可以嵌套列表。列表里面嵌套字典的代码示例如下：

```
person1 = {"name":"张三","age":43,"gender":"男"}
person2 = {"name":"李四","age":41,"gender":"女"}
persons = list((person1,person2))
print(persons)
```

程序运行结果如下：

```
[{'name':'张三','age':43,'gender':'男'},{'name':'李四','age':41,'gender':'女'}]
```

结果的最外层是中括号 []，因此是个列表。上述例子中，列表的每个元素是一个人的信息，信息的格式都相同。这种数据格式可以很方便地转成表格形式，具体内容将在第 10 章详细介绍。字典里面嵌套列表的代码示例如下：

```
persons = {"name":["张三","李四"],"age":[43,41],"gender":["男","女"]}
print(persons)
```

程序运行结果如下：

```
{'name':['张三','李四'],'age':[43,41],'gender':['男','女']}
```

结果的最外层是大括号 {}，因此是个字典。字典嵌套列表的数据组织形式也可以转化为表格的形式，但不推荐这种做法，因为这种情况下的信息容易错位。

5.3.5　字典的复制

实现字典复制的第一种方法是使用 copy() 方法，该方法的代码示例如下：

```
person_1 = {"name":"张三","age":43,"gender":"男"}
person_2 = person_1.copy()
print(person_2)
```

程序运行结果如下：

```
{'name':'张三','age':43,'gender':'男'}
```

实现字典复制的第二种方法是使用 items() 方法，代码示例如下：

```
person_1 = {"name":"张三","age":43,"gender":"男"}
person_2 = {}
for each_key,each_value in person_1.items():
person_2[each_key] = each_value
print(person_2)
程序运行结果也是{'name':'张三','age':43,'gender':'男'}.
```

本章介绍了三种数据组织方式：列表、元组和字典。三者之间既有联系，又有区别。简单来说，列表的特点是可变、有序；元组的特点是不可变、有序；字典的特点是可变、无序。上述特点决定了三者各自不同的操作方式和应用场景。列表、元组和字典中的元素都可以引用，前两者的引用使用下标，后者的引用使用键。对于列表和字典，我们可以进行增、删、改、查等编辑操作；对于元组，不能进行增、删、改之类的操作，只能查找。

第 6 章

函　数

函数是能够独立完成某项功能的多条指令的组合，以后想实现该功能时，没必要重新编写多条指令，只需调用函数即可。经常使用的、相对独立的某项功能，都可以使用函数的思路去设计。使用函数时，首先要定义函数，然后再调用函数。

6.1　函数的定义

定义函数的基本格式为：

def 函数名（）:
　　指令 1
　　指令 2

def 是英文 define 的简写，（）和：都需要在半角状态下输入，与条件语句和循环语句类似，后面的多条指令要缩进，通过缩进表示函数的作用范围。函数名是我们自己给出的，建议使用驼峰命名法，即首字母大写、中间某个字母也大写的形式。使用驼峰命名法的好处是通过函数名称的形式就能看出它是一个我们自己编写的函数，可以与前面介绍的内置函数进行区分，内置函数的名字都是小写形式。不过，即使不使用驼峰命名法，Python 也不会报错，相关指令仍可顺利运行。下面是一个定义函数的具体例子。

```
def SelfIntro():
    print("您好!我叫张三.")
    print("我们交个朋友吧!")
```

上述例子中的函数体中只有两条指令，实际上函数体里面的内容越多越复杂，越能体现出函数的便利性。当我们运行上述函数定义的所有指令时，发现没有任何运行结果。为什么呢？因为在定义函数时，Python 解释器只检查代码是否存在基本的语法错误，不真正运行函数体里面的指令，只有在调用函数时才真正运行。

6.2　函数的调用

函数调用的基本格式是：函数名（）。为了看到运行结果，下面把定义函数和调用函数的代码示例放在一起：

```
def SelfIntro():
    print("您好!我叫张三.")
    print("我们交个朋友吧!")
SelfIntro()
```

程序运行结果如下：

```
您好!我叫张三.
我们交个朋友吧!
```

从运行结果可看出，当使用指令 SelfIntro() 调用函数时，函数体里面的两条指令就开始运行了。大家想象这样一个情景，张三的朋友李四也想做个自我介绍，他想套用张三的模板。直接调用 SelfIntro() 函数肯定不行，因为名字还是张三。有没有一种办法，让李四在调用函数时可以改成自己的名字呢？该问题可通过给函数传入参数的方式来解决。

6.3　函数的参数

先来看下面的代码示例：

```
def SelfIntro(name):
    print(name)
    print("您好!我叫 % s." % name)
    print("我们交个朋友吧!")
SelfIntro("李四")
```

程序运行结果如下：

```
李四
您好!我叫李四.
我们交个朋友吧!
```

上面的代码示例与 6.2 节的相关代码示例相比，有几处是不同的。第一，6.2 节定义函数时，小括号里面什么都没有，只是 def SelfIntro()，现在是 def SelfIntro（name），小括号里面多了一个 name。第二，函数体内的指令也有所不同，在本部分的代码示例中，把 name 当成一个变量进行了引用。第三，6.2 节调用函数时，小括号里面也是什么都没有,只是 SelfIntro(),现在是 SelfIntro("李四")。

下面我们思考这样一个问题:为什么函数体里面第一条指令的运行结果会是李四呢?显然,调用函数时小括号里面的李四和定义函数时里面的 name 建立了某种联系,才会出现上述运行结果。那么,它们之间是一种什么样的联系机制?这就涉及与函数参数相关的内容,具体包括函数形参和函数实参两部分。定义函数时,小括号里面的参数,例如 name,就是形参。形参的含义就是形式上的参数,形参仅仅是一个空架子,在调用函数之前,我们不知道形参的具体内容是什么。但是,我们在编写函数体里面的指令时,可以使用形参,好像是知晓了它的内容一样。调用函数时,小括号里面的内容,例如李四,是实参。实参的含义就是实际的参数,它有具体内容,在调用函数时,实参就把具体内容传递给了形参,形参也因此有了实际内容。在上面的例子中,只有一个形参、一个实参,它们会自动对应,比较简单。下面会介绍一些较为复杂的参数传递情况。

通过形参和实参的关系,我们可以更深入地理解函数的运行流程,即定义函数时只检查语法错误,调用函数时才真正运行。背后的原因是,定义函数时,并不知道形参的具体内容,想运行也无法运行。调用函数时,形参才有了具体内容,才能真正运行。

在阅读别人编写的代码时,经常会看到类似于下面的代码:

```
def SelfIntro(name):
    print("您好!我叫 % s." % name)
    print("我们交个朋友吧!")
name = "李四"
SelfIntro(name)
```

上述代码中,形参的名字是 name,实参的名字看上去也是 name。这样的代码很容易让人产生误解,以为形参和实参的名字要完全一样。实际上,实参就是实际的具体内容,它叫什么名字无所谓,只要能把内容传递给形参 name 就可以了,没有必要要求实参和形参的名字完全相同。有些程序员喜欢把实参和形参使用同样的名字,主要的原因可能还是提醒他们自己实参和形参的一一对应关系。

实参和形参的个数一定要相等,只有个数相等,才能把实参内容传递给形参。大家看下面的代码示例:

```
def SelfIntro(name):
    print("您好!我叫 % s." % name)
    print("我们交个朋友吧!")
    SelfIntro("李四","张三")
```

运行结果为:

```
TypeError:SelfIntro()takes 1 positional argument but 2 were given
```

从错误提示中可看出错误原因,SelfIntro() 只有一个形参,但调用它的时候,传入了两个实参"李四""张三",所以出错。再来看下面的代码:

```
def SelfIntro(name):
    print("您好!我叫%s。"%name)
    print("我们交个朋友吧!")
SelfIntro()
```

运行结果为:

```
TypeError:SelfIntro()missing 1 required positional argument:'name'
```

产生错误的原因是 SelfIntro() 有一个形参,但调用它的时候,没有传入任何实参,所以报错。下面是两个形参的代码示例:

```
def AddTwo(number1,number2):
    print("你输入的第一个数字是:",number1)
    print("你输入的第二个数字是:",number2)
    print("两个数字的和是:",number1+number2)
AddTwo(456234,982878)
```

程序运行结果如下:

```
你输入的第一个数字是:456234
你输入的第二个数字是:982878
两个数字的和是:1439112
```

上述代码中,定义函数的时候使用了两个形参,调用函数的时候使用了两个实参。大家可以试一下,在调用函数时使用一个实参或者三个实参,都会报告错误。此外,为什么形参 number1 对应着实参 456234,形参 number2 对应着实参 982878 呢?这是因为,第一个形参是 number1,第一个实参是 456234,它们对应起来了;第二个形参是 number2,第二个实参是 982878,它们也对应起来了。这种依靠参数位置对应起来的方式是最普通的参数传递方式,我们通常称之为普通参数。下面想象这样一个应用情景,我们不仅要把两个数字的和计算出来,还要把两个数字的和(1439112)保存起来,供后续使用,怎么办?看上去,实现上述场景的代码是:

```
def AddTwo(number1,number2):
    print("你输入的第一个数字是:",number1)
    print("你输入的第二个数字是:",number2)
    print("两个数字的和是:",number1+number2)
sum = AddTwo(456234,982878)
print(sum)
```

程序运行结果如下:

```
你输入的第一个数字是:456234
你输入的第二个数字是:982878
```

两个数字的和是:1439112

None

运行结果与我们的预期不一致,最后一条指令的结果不是 1439112,而是 None。为什么会出现这种结果呢? 这就涉及将要介绍的函数的返回值问题。

6.4 函数的返回值

如果我们要使用函数体内的某些运算结果,那就需要使用 return 指令把结果返回给调用指令,此类结果称为函数的返回值。

先看一下返回值为数值的例子。代码如下:

```
def AddTwo(number1,number2):
    print("你输入的第一个数字是:",number1)
    print("你输入的第二个数字是:",number2)
    print("两个数字的和是:",number1 + number2)
    return number1 + number2
sum = AddTwo(456234,982878)
print(sum)
```

程序运行结果如下:

你输入的第一个数字是:456234

你输入的第二个数字是:982878

两个数字的和是:1439112

1439112

在函数体内,增加了 return number1+number2 这样一条指令,该指令的意思就是把两个形参的和返回给调用指令。此时 sum=AddTwo (456234,982878),既调用了函数 AddTwo(),又把计算结果赋值给了变量 sum,所以最后一条指令的结果为 1439112。在定义函数时,当使用了 return 开头的指令后,就意味着函数定义过程已经结束,如果使用 PyCharm 编写程序的话,此时会自动反向缩进,后面的指令就会与 def AddTwo() 那条指令对齐,意味着后面的指令不再是 AddTwo() 函数的作用范围了。

了解了函数的参数、函数的返回值以后,就可以对 Python 语言里面的函数和数学里面的函数进行比较了。数学里面的函数 $z=f(x,y)$,意味着输入 x 和 y,就可以得到 z。Python 里面的函数类似,输入两个参数 x 和 y,也能得到结果 z。所以,Python 语言把这部分内容称为函数,还是非常形象的。

函数返回值不仅可以是数值,还可以是字符串、列表和字典等其他形式。请看下面的代码示例:

```
def SelfIntro(name):
    self_str = "教师" + name
    return self_str
str1 = SelfIntro("张三")
print(str1)
```

程序运行结果如下：

```
教师张三
```

上面 SelfIntro（）函数的返回值就是字符串。

一个函数可以有多个返回值，此时不能使用多条 return 语句，例如：

```
def AddTwo(number1, number2):
    print("你输入的第一个数字是：", number1)
    print("你输入的第二个数字是：", number2)
    sum = number1 + number2
    difference = number1 − number2
    return sum
    return difference
result = AddTwo(10, 5)
print(result)
```

上述代码块中指令 return difference 是一条作废的指令，正确的代码示例为：

```
def AddTwo(number1, number2):
    print("你输入的第一个数字是：", number1)
    print("你输入的第二个数字是：", number2)
    sum = number1 + number2
    difference = number1 − number2
    return sum, difference
result = AddTwo(10, 5)
print(result)
```

程序运行结果如下：

```
你输入的第一个数字是：10
你输入的第二个数字是：5
(15,5)
```

两个例子对比可以看出，我们只能使用一条 return 指令，因为使用一条 return 指令后，函数的定义就结束了，第二个及其以后的 return 指令是多余的，是一种语法错误。当使用一条 return 指令来返回多个值时，得到的结果是一个元组。

我们前面学习的内置函数，例如 print() 函数、input() 函数等，实际上也有参数和返回值。内置函数小括号里面的内容就是参数，得到的结果就是返回值。"内置"两个字意味着函数的定义是 Python 自己做的，我们只需要调用这些函数即可，所以我们提及内置函数时所讨论的参数，都是实参。换言之，当我们理解了函数的参数、函数的返回值以后，我们就可以知道内置函数和我们自己编写的函数本质上是相同的，进而对内置函数有更深的理解。我们使用内置函数时，可以使用 help() 函数打印帮助信息，实际上，我们自己编写的函数也可以做到这一点。请看下面的代码示例：

```
def SelfIntro(name):
    '''这是教师自我介绍的函数,使用时需要输入教师姓名.'''
    self_str = "教师" + name
    return self_str
print(help(SelfIntro))
```

程序运行结果如下：

```
Help on function SelfIntro in module __main__:
SelfIntro(name)
    这是教师自我介绍的函数,使用时需要输入教师姓名.
```

要想得到上述帮助信息，我们需要把想显示的帮助信息使用一对三引号括起来。一对三引号原本是用来表示字符串的一种形式，但放在函数里面，它就具有一个特殊的作用，即用来表示该函数的帮助信息。

根据是否有参数、返回值，我们可以把函数分为四大类：（1）没有参数，没有返回值；（2）有参数，没有返回值；（3）没有参数，有返回值；（4）有参数，有返回值。我们使用的函数一般都是第（4）类。以后使用函数时，无论是内置函数、别人编写的函数，还是我们自己编写的函数，都可以从参数、返回值等方面去分析。此外，当使用多个函数时，我们没有必要定义一个函数后，立即去调用这个函数。一般的做法是，在程序的开始部分把所有可能用到的函数都定义好，然后在程序合适的地方调用这些函数。

6.5 函数的嵌套

函数里面可以嵌套函数。请看下面的代码示例：

```
def AddTwo(number1,number2):
    print("你输入的第一个数字是:",number1)
    print("你输入的第二个数字是:",number2)
    print("两个数字的和是:",number1 + number2)
    return number1 + number2def OperationTwo(number1,number2,method):
    if method = = "加":
        AddTwo(number1,number2)
```

```
    else:
        print("其他数学运算还没有编写呢!")
OperationTwo(10,5,'加')
```

程序运行结果如下：

```
你输入的第一个数字是:10
你输入的第二个数字是:5
两个数字的和是:15
```

在上述代码示例中，OperationTwo()这个函数里面又调用了 AddTwo()函数。实际上，根据类似思路，我们还可添加一些实现减法、乘法、除法的函数。在函数嵌套里面有一类特殊情况：函数里面嵌套自己。我们把这类函数称为递归函数。下面是一个使用递归函数实现阶乘运算的代码示例：

```
def Fact(n):
    if n = = 1:
        return 1
    else:
        return n * Fact(n-1)
print(Fact(1))
print(Fact(3))
```

程序运行结果如下：

```
1
6
```

编写递归函数时，需要避免出现类似死循环的问题。调用 Fact（3）时，return n * Fact（n−1）这条指令会去调用 Fact（2）；调用 Fact（2）时，又会去调用 Fact（1）。所以要使用条件语句跳出上述过程，否则会一直不停地调用下去，出现死循环问题。

6.6　函数名和匿名函数

我们在介绍如何定义函数时提到，函数名最好使用驼峰命名法。不使用驼峰命名法也可以，但要注意的是，函数名不要跟关键字和内置函数名重合，否则会出现一些意想不到的错误。请看下面的代码示例：

```
def input( * k):
    print("哈哈,你不能用 input 函数了!")
input("请输入您的名字:")
```

程序运行结果如下：

哈哈,你不能用 input 函数了!

　　input() 函数原本是 Python 的内置函数,功能是接收通过键盘输入的字符。但是由于我们自己定义的函数的名称也为 input,所以在运行 input("请输入您的名字:")这条指令时,会优先调用我们自己编写的 input() 函数,从而出现上面的运行结果。大家可以先暂时跳过 *k 这种方式的形参,后面会专门讨论这一问题。

　　顾名思义,匿名函数就是没有名字的函数,基本格式是:lambda 参数:参数关系式。匿名函数看上去好像很高级,实际上它跟普通函数本质上是相同的,也可从参数和返回值两个方面去理解。下面给出了普通函数的代码和与之对应的匿名函数的代码:

```
def f(x,y):
    return x * y
print(f(2,3))
func = lambda x,y:x * y
print(type(func))
print(func(2,3))
```

　　程序运行结果如下:

```
6
<class 'function'>
6
```

　　在匿名函数"lambda x,y:x * y"中,参数是 x 和 y,参数关系式为 x * y。当把这个匿名函数赋值给 func 后,可以发现 func 就是一个函数对象,使用该对象时也要传入实参,例如 2 和 3,该对象也有返回值,返回值就是通过参数关系式计算出来的结果。

6.7 高阶函数

　　函数的参数可以是数值、字符串、元组、列表、字典等多种数据类型。这种表述可能会引起大家的误解,到底是形参可以采用多种数据类型,还是实参可以采用多种数据类型?为什么有时候我们强调形参和实参的区别,有时候只是泛泛地统称它们为参数呢?对这些问题大家可以这样理解:定义函数时涉及的都是形参,形参只是一个空架子,但是我们编写程序时肯定会去想别人调用函数时会传入什么数据类型的参数(实参),所以使用形参时我们也会把形参视为相同的数据类型,否则程序运行时就会出错。严格地说,只能针对实参讨论数据类型,形参就是个空架子,在调用函数前,形参里面没有具体内容,也就不存在数据类型的说法。

　　函数的参数还可以是另外一个函数,这类函数称为高阶函数。高阶函数与嵌套函数、递归函数的区别是,高阶函数是使用其他函数做参数,嵌套函数和递归函数是在函数里面调用其他函数。下面是一个高阶函数的代码示例:

```
def AddAbs(x, y, f):
    return f(x) + f(y)
print(AddAbs(-6, 5, abs))
```

程序运行结果如下：

```
11
```

在执行 print（AddAbs（-6，5，abs））这条指令时，就调用了 AddAbs（）函数，并且传了三个实参-6，5 和 abs，这里的 abs 实际上就是内置函数 abs（），在 Python 中，使用函数作为参数时，只传函数名称，不能带后面的那对小括号。调用后，$x=-6$，$y=5$，f 就是 abs（）函数了，返回值就是 abs（-6）+abs（5），即数值 11。

6.8 局部变量和全局变量

定义好一个函数后，世界便一分为二：函数内部和函数外部。局部变量是指在函数内部定义的变量，与形参关系密切；全局变量是指在函数外部定义的变量，与实参关系密切。局部变量和全局变量可以重名。相关的代码示例如下：

```
def SayHello(names):
    names_2 = names.copy()
    for name in names_2:
        msg = "你好," + name + "!"
        print(msg)
names_1 = ['张一', '张二', '张三']
SayHello(names_1)
```

程序运行结果如下：

```
你好,张一!
你好,张二!
你好,张三!
```

在上述代码示例中，names_1 是全局变量，它可以用来作为实参。names 是形参，names_2 是局部变量，names_2 就是复制形参 names 而生成的。

使用全局变量和局部变量时，要遵守一些规则。第一，函数内部可以使用全局变量，函数外部不能使用局部变量。第二，一个函数的内部不能使用另外一个函数所定义的局部变量。

函数内部可使用全局变量的代码示例如下：

```
def SayHello(names):
    for name in names_1:
```

```
        msg = "你好," + name + " ! "
    print(msg)
names_1 = ['张一', '张二', '张三']
SayHello(names_1)
```

程序运行结果如下:

```
你好,张一!
你好,张二!
你好,张三!
```

在 SayHello () 函数的函数体里面,可以直接使用全局变量 names_1。

函数外部不能使用局部变量的代码示例如下:

```
def SayHello():
    names_2 = ['张一', '张二', '张三']
    for name in names_2:
        msg = "你好," + name + " ! "
        print(msg)
SayHello()
print(names_2)
```

程序运行结果如下:

```
NameError:name 'names_2' is not defined.
```

names_2 是局部变量,函数内部可使用这个变量,但在函数外部使用就会出现错误。

一个函数不能使用其他函数局部变量的代码示例如下:

```
def SayHello():
    names_2 = ['张一', '张二', '张三']
    for name in names_2:
        msg = "你好," + name + " ! "
        print(msg)
SayHello()
def SayHello2():
    for name in names_2:
        msg = "你好," + name + " ! "
        print(msg)
SayHello2()
```

程序运行结果如下:

```
你好,张一!
你好,张二!
你好,张三!
NameError:name 'names_2' is not defined.
```

names_2 是函数 SayHello() 里面定义的局部变量,它不能用在函数 SayHello2()
里面,否则会报告变量没有被定义。

6.9　参数传递的其他方式

如果函数有多个参数,一定要确保实参和形参的正确对应。6.3 节介绍过依靠位置
来传递参数的形式,即普通参数的形式。除了普通参数以外,还有其他几种传递参数的
形式。

6.9.1　关键字参数

关键字参数指的是传递参数时直接指定实参和形参的一一对应关系。通过关键字参
数的形式,我们可以把第一个实参传递给第二个形参,位置不再重要。关键字参数的代
码示例如下:

```
def AddTwo(number1,number2):
    print("你输入的第一个数字是:",number1)
    print("你输入的第二个数字是:",number2)
    print("两个数字的和是:",number1 + number2)
    return number1 + number2
AddTwo(number2 = 50,number1 = 200)
```

在上面的代码示例中,number2=50 称为关键字参数,我们通过此种方式明确指出
50(实参)对应着 number2(形参)。使用关键字参数时,没必要在定义函数时做任何改
变,只要在调用函数时使用关键字参数即可。

6.9.2　缺省参数

我们设想这样一个场景,在调用 AddTwo() 函数时,绝大多数情况下第二个实参的
值都是 100,此时我们是否必须每次调用函数时都要带上 100 这个实参呢?有没有更简便
的方法?实际上,上述场景使用缺省参数比较合适。缺省参数的意思是仅在少数情况下
提供参数值,绝大多数情况下使用默认的缺省值。缺省参数的代码示例如下:

```
def AddTwo(number1,number2 = 100):
    print("你输入的第一个数字是:",number1)
    print("你输入的第二个数字是:",number2)
    print("两个数字的和是:",number1 + number2)
    return number1 + number2
```

```
sum1 = AddTwo(50)
print(sum1)
sum2 = AddTwo(50,150)
print(sum2)
```

程序运行结果如下：

```
你输入的第一个数字是:50
你输入的第二个数字是:100
两个数字的和是:150
150
你输入的第一个数字是:50
你输入的第二个数字是:150
两个数字的和是:200
200
```

如上述代码所示，使用缺省参数，需要在定义函数时的小括号里面给出形参的缺省值是多少（例如 number2＝100），意思是调用函数时，如果不给出对应实参的具体值，那么形参 number2 就取值为 100；如果给出对应实参的具体值，那么形参 number2 就取对应实参的值。我们前面提到过，实参和形参的个数要相等，在使用缺省参数的情况下，实参和形参的个数看起来不相等，但实际上相等。当普通参数和缺省参数放在一起的时候，一定要注意它们的位置，请看下面的代码示例：

```
def AddTwo(number1 = 100,number2):
    print("你输入的第一个数字是:",number1)
    print("你输入的第二个数字是:",number2)
    print("两个数字的和是:",number1 + number2)
    return number1 + number2
     sum1 = AddTwo(50)
```

运行结果如下：

```
SyntaxError:non-default argument follows default argument
```

上述代码在定义函数时，普通参数在前，缺省参数在后。当我们使用 AddTwo（50）调用函数时，我们的原意是让 number1＝100，number2＝50，但是 Python 解释器看到第一个位置上有了数据，它就认为 number1＝50，所以 number2 就没有实参与之对应，于是报告错误。

6.9.3 不定长参数

如果我们想编写一个功能更加强大的加法函数，可以把任何数量的实参相加，应该怎么办？这个问题的难点在于，我们根本不知道调用函数时会传过来多少实参。不定长参数可以解决这一问题。使用不定长参数的代码示例如下：

```
def AddAny( * numbers):
    print("numbers 的类型为:",type(numbers))
    print("numbers 的值为:",numbers)
    sum = 0
    for n in numbers:
        sum = sum + n
    return sum
print(AddAny(1,2))
print(AddAny(1,2,3))
```

运行结果如下：

```
numbers 的类型为:<class'tuple'>
numbers 的值为:(1,2)
3
numbers 的类型为:<class'tuple'>
numbers 的值为:(1,2,3)
6
```

如上述代码所示，使用不定长参数时，需要在定义函数时的小括号里面使用 " * 形参名"的形式，Python 解释器看到这种形式，就知道它是一个不定长参数。因为实参个数不固定，所以形参（上述代码中的 numbers）被设计成一个可包含多个元素的元组，无论实参个数是多少，全部都可以放在该元组里面。

普通参数和不定长参数同时出现时，要把普通参数放在不定长参数的前面。如果把不定长参数放在前面，它会把所有的实参都吸收到第一个形参，第二个形参就接收不到任何内容，代码示例如下：

```
def AddAny( * numbers,number1):
    print("number1 的值为:",number1)
    print("numbers 的值为:",numbers)
    sum = number1
    for n in numbers:
        sum = sum + n
    return sum
print(AddAny(1,3))
print(AddAny(4,1,3))
```

运行结果为：

```
TypeError:AddAny()missing 1 required keyword - only argument:'number1'
```

如果把上述代码修改为：

```
def AddAny(number1, * numbers):
    print("number1 的值为:",number1)
    print("numbers 的值为:",numbers)
    sum = number1
    for n in numbers:
        sum = sum + n
return sum
print(AddAny(1,3))
print(AddAny(4,1,3))
```

运行结果为：

```
number1 的值为:1
numbers 的值为:(3,)
4
number1 的值为:4
numbers 的值为:(1,3)
8
```

缺省参数尽量不要和不定长参数一起使用，因为此时形参和实参的对应关系不好理解。一定要把缺省参数和不定长参数放在一起使用的话，缺省参数要放在不定长参数的前面。相关的代码示例如下：

```
def AddAny(number1 = 1, number2 = 2, * numbers):
    print("number1 的值为:",number1)
    print("number2 的值为:",number2)
    print("numbers 的值为:",numbers)
    sum = number1 + number2
    for n in numbers:
        sum = sum + n
return sum
print(AddAny())
print(AddAny(2))
print(AddAny(2,3))
print(AddAny(2,3,4))
```

运行结果如下：

```
number1 的值为:1
number2 的值为:2
numbers 的值为:()
```

```
3
number1 的值为:2
number2 的值为:2
numbers 的值为:()
4
number1 的值为:2
number2 的值为:3
numbers 的值为:()
5
number1 的值为:2
number2 的值为:3
numbers 的值为:(4,)
9
```

　　大家可以结合代码思考一下，为什么会得到上面的运行结果。如果把普通参数、缺省参数和不定长参数同时放在一起使用的话，正确的排列次序是普通参数、缺省参数和不定长参数。

6.9.4　不定长关键字参数

　　我们想编写一个比较全面的个人介绍函数。但是，我们事先并不知道调用者会介绍哪些内容，介绍内容可能包括姓名、身高、体重、籍贯等。应该如何设计这个函数？这个问题的难点是函数的实参是不定长的，并且实参内容的类型也不相同。不定长关键字参数可以解决这个问题，相关的代码示例如下：

```python
def SelfIntro( ** kwords):
    if kwords:
        print("kwords 的类型:",type(kwords))
        print("下面是我的信息!")
        for each_key,each_value in kwords. items():
            print(each_key + ":",each_value)
    else:
        pass
SelfIntro(姓名 = "张三",年龄 = 42,专业 = "劳动经济")
```

　　运行结果为：

```
kwords 的类型是:<class 'dict'>
下面是我的信息!
姓名:张三
年龄:42
专业:劳动经济
```

如上述代码所示，使用不定长关键字参数，需要在定义函数时的小括号里面使用"**形参名"的形式，Python 解释器看到这种形式，就知道这是一个不定长关键字参数。接收实参内容后，形参 kwords 就变成了一个字典，关键字为字典的键，实参内容是字典的值，无论实参个数有多少，内容类型是什么，都可以放到这个字典里面。

不定长关键字参数也可以跟普通参数、缺省参数和不定长参数结合使用，使用时的排列次序为：普通参数、缺省参数、不定长参数和不定长关键字参数。相对而言，混合使用的情况比较复杂，我们不再给出具体的代码示例，感兴趣的读者可自己编写代码对相关用法进行检验。

本部分先后讨论了普通参数、关键字参数、缺省参数、不定长参数、不定长关键字参数等多种参数传递方式。建议按以下两个步骤去理解上述内容。首先，思考编写函数的目的是什么，用于解决什么问题，调用函数的人会怎么调用这个函数，会传入什么样的实参。其次，思考采用什么样的方式传递参数。无论是哪种参数传递方式，形参和实参的数量一定要相等。如果形参和实参的数量在形式上不相等，我们如何让它们在实际数量上相等？例如，当实参数量小于形参数量时，考虑形参如何自动地把缺少的参数补上（缺省参数）；当实参数量大于形参时，形参使用一对多的数据组织方式接收全部实参（不定长参数和不定长关键字参数）。

本章介绍了一些跟函数相关的问题。使用函数时，首先要定义函数，然后去调用函数。任何函数都可从参数和返回值两个方面进行分析。函数的返回值比较容易理解。相对而言，函数的参数较难理解。函数的实参可通过多种方式传递给形参，无论哪种方式，都要保证实参和形参的个数相等。

第 7 章

类

掌握了函数以后，我们基本上可以为任何项目编写程序了。那么，为什么还要学习类呢？这就涉及面向过程编程和面向对象编程两种编程思路的问题。

面向过程编程（procedure oriented programming）指的是以函数为基础的编程思路，面向对象编程（object oriented programming）指的是以类为基础的编程思路。我们以一个具体例子来说明两种编程思路的区别。假设我们要编写一个游客游览动物园的程序，为简单起见，我们进一步假设前一名游客游览结束后，后一名游客才能进入动物园游览。第一种编程思路以游客为主线。第一名游客先去看老虎，并让老虎做吼叫、跳跃等动作，然后再去看猴子，并让猴子做爬树、吃香蕉等动作。第二名游客先去看猴子，并让猴子做倒挂、抓耳挠腮等动作，再去看大象，并让大象做卷鼻、跑步等动作。这种编程思路需要对所有游客的观看路线、动物的具体动作进行编程，这种编程方式以游客为主，注重的是游客怎么命令动物，游客的观看路线是怎么样的，是一种主动的编程方式。第二种编程思路以被观看的动物为主线。对每一种动物，我们事先把它所有可能的动作进行编程。游客不观看该动物时，相关程序就不激活。游客观看该动物时，相关程序被激活，并且游客让做什么动作，该动物就做什么动作。这种编程方式对每一种动物进行编程，强调的是游客让动物做什么动作，动物就做什么动作，是一种被动的编程方式。第一种编程思路就是面向过程编程的思路，第二种思路就是面向对象编程的思路。如果只有少数几位游客，面向过程编程的工作量可能比较小；如果游客数量众多，面向对象编程的优势就体现出来了。面向对象编程更加灵活，不要求程序员事先考虑所有问题，而是碰到具体问题后再去设法解决问题，对指令执行次序的依赖性降低。大家可能听说过现实世界模拟、元宇宙之类的话题，面向对象编程与这些话题更为吻合。类及相关知识是面向对象编程的基础。

7.1 类的创建和实例

类这个概念类似于生物学里面的"类"。创建类，实际上就是归纳出近似事物共同的属性和方法（动作），它是一个抽象的模板。而实例是根据类创建出来的一个个具体的"对象"，每个对象都拥有创建类时所归纳的共同属性和方法。创建类的过程有点像定义函数，在这个过程中只是检查一些基本的语法错误，并不真正运行程序。基于类创建实例的过程有点像函数调用，这个过程会真正运行相关程序。

创建类的基本格式为"class 类名（object）："。建议把创建类的格式和定义函数的格式进行对比，然后理解记忆。第一，class 和 def 类似，都是关键字。第二，类名和函数名类似，函数名一般使用驼峰命名法，有两个字母大写。类名一般比较简单，通常只对首字母大写即可。第三，两者都使用小括号，函数小括号里面是参数，类小括号里面是父类名称，在类的继承部分会详细介绍，暂时可省略不填。第四，两者首行末尾都要带上半角状态下的冒号。第五，后面的指令都要缩进，分别表示 class 和 def 的作用范围。

创建类的代码示例如下：

```
class Human():
    def__init__(self):
        self.head = "圆的"
        self.blood = "红色"
        self.leg = 2
        print("初始化实例属性!")
    def eat(self):
        print("我能吃饭")
    def walk(self):
        print("我能直立行走!")
```

上述代码示例中，有三个以 def 开头的指令行，实际上这就定义了三个函数，不过，类里面的函数，我们通常称为实例方法。＿init＿() 是一种特殊的实例方法，前面和后面的"＿"是由半角状态下的两个下划线"_"构成的，init 是 initiative 的简写，意思是这种方法在创建实例（不是类）时会自动执行。＿init＿() 方法的主要功能是为实例初始化属性，在上述代码示例中，为每个实例都添加了两个属性 head 和 blood，并且对它们进行了赋值。print（"初始化实例属性!"）这条指令是一条测试指令，目的是验证一下＿init＿() 方法是否真的执行了，在实际编程中，我们不会编写这样的指令。eat() 和 walk() 是实例的两种普通方法，调用它们时可实现某些具体的功能。创建类时，指令不会真正执行，大家可以尝试运行上述代码，不会有任何结果。

基于类创建实例以后，程序才会真正执行。我们前面多次提到实例，那么什么是实例呢？如何创建实例呢？代码示例如下：

```
class Human():
    def__init__(self):
        self.head = "圆的"
        self.blood = "红色"
```

```
        self.leg = 2
        print("初始化实例属性!")
    def eat(self):
        print("我能吃饭!")
    def walk(self):
        print("我能直立行走!")
person1 = Human()
print(person1.head)
person1.eat()
person2 = Human()
print(person2.blood)
person2.walk()
```

程序运行结果如下：

```
初始化实例属性!
圆的
我能吃饭!
初始化实例属性!
红色
我能直立行走!
```

在上述代码中，person1、person2 就是基于 Human 类创建的两个实例。从运行结果可以看出，创建实例的时候，＿init＿() 方法自动执行。但其他方法，例如 eat() 方法和 walk() 方法并不会自动执行，只有在通过 person1.eat()、person2.walk() 进行调用时才会执行。

＿init＿() 方法、eat() 方法和 walk() 方法的第一个形参都是 self，self 指的是实例自身，使用 PyCharm 编写程序时，这个形参会自动填充。当执行指令 person1 = Human() 时，person1 作为实参传递给 ＿init＿() 方法中的 self 形参，所以 self.head 也就变成了 person1.head，从而完成对 person1 实例 head 属性的赋值。调用 person1.eat() 方法时，person1 也是把自己作为实参传给了形参 self。eat() 方法在定义时有一个形参 self，在调用时看起来没有任何实参，通过上述分析可以看出，调用时实际上也有一个实参，即 person1 这个实例自身，实参和形参的个数仍然相等。通过上述分析，我们还可理解为什么把 head、blood、leg 称为实例属性，把 eat() 方法、walk() 方法称为实例方法。因为它们都与形参 self 相关，self 就是指实例自身。这块内容不太好理解，我们创建的是类，但里面涉及的内容却与实例相关，例如实例属性、实例方法。本章后续也会介绍类属性和类方法，不过，在实践中使用类属性和类方法的情况较少。

类创建好以后，便可基于类创建实例。实例创建好以后，就可使用实例属性和实例方法。使用实例属性和实例方法的基本格式是：实例名.属性名、实例名.方法名()，其中半角状态下的小圆点"."可理解为一种从属关系，类似于中文"的"，例如

person1. head、person2. blood、person1. eat()、person2. walk() 等等。

7.2　实例内部的信息传递

使用类进行编程，一个很大的便利就是可以在实例内部方便地传递信息。代码示例如下：

```
class Human():
    def __init__(self):
        self.head = "圆的"
        self.blood = "红色"
        self.leg = 2
    def eat(self):
        print("我能吃饭!")
    def walk(self):
        print("我能用%d条腿直立行走!" % self.leg)
person1 = Human()
person1.walk()
```

程序运行结果如下：

```
我能用2条腿直立行走!
```

在上述代码中，walk() 方法里面使用了 self. leg，为什么可以这样使用呢？执行指令 person1＝Human() 时，＿init＿() 方法自动执行，person1 就有了 head、blood 和 leg 等属性。执行指令 person1. walk() 时，person1 整个实例作为实参传入 self，person1 的各种属性也一起被传入，所以 walk() 方法和其他所有方法都可以使用实例属性。实例内部各方法之间能够传递信息的原因是它们都使用了 self 这个形参，从这个角度我们也能理解为什么实例的各个方法都要自动带上 self 这个形参。

在实例方法中，不仅可以自由使用实例属性，还可以自由调用其他实例方法，代码示例如下：

```
class Human():
    def __init__(self):
        self.head = "圆的"
        self.blood = "红色"
        self.leg = 2
    def eat(self):
        print("我能吃饭!")
        self.walk()
    def walk(self):
```

```
        print("我能用%d条腿直立行走!" % self.leg)
person1 = Human()
person1.eat()
```

程序运行结果如下:

```
我能吃饭!
我能用2条腿直立行走!
```

在上述代码中,eat() 方法又调用了 walk() 方法。这种调用与递归函数类似,一定要注意避免出现死循环的情况。导致死循环的代码示例如下:

```
class Human():
    def __init__(self):
        self.head = "圆的"
        self.blood = "红色"
        self.leg = 2
    def eat(self):
        print("我能吃饭!")
        self.walk()
    def walk(self):
        print("我能用%d条腿直立行走!" % self.leg)
        self.eat()
person1 = Human()
person1.eat()
```

运行结果为:

```
RecursionError:maximum recursion depth exceeded while calling a Python object.
```

上述代码就出现了死循环的情况。eat() 方法调用了 walk() 方法,walk() 方法又调用了 eat() 方法。

7.3 使用外部变量作参数

在 7.2 节,我们介绍了在类里面定义方法时如何使用 __init__() 方法里面的属性作为参数,使用这些属性作参数时,不需要使用实参的形式逐一传入,因为 self 就是实例全部内容,已经包含了相关属性。类里面的方法也可能使用外部变量作参数,从而实现实例和外部信息的交流。7.1 节定义过一个 Human 类,除了头的形状、血液的颜色等共同属性外,每个人都有自己的姓名,如何在属性里面把姓名也添加进去呢?请看下面的代码示例:

```
class Human():
    def __init__(self,name):
        self.head = "圆的"
        self.blood = "红色"
        self.leg = 2
        self.name = name
    def eat(self):
        print("我能吃饭!")
    def walk(self):
        print("我能直立行走!")
person1 = Human()
print(person1.name)
```

运行结果为：

```
TypeError:__init__()missing a required positional argument:'name'
```

出现错误的原因是 __init__() 方法里面有两个形参，所以调用它时需要两个实参。执行指令 person1＝Human() 时就会自动调用 __init__() 方法，person1 会把自己作为一个实参传递给形参 self，但没有另外一个实参与形参 name 对应，所以报告错误。知道错误的原因后，可把上面代码修改为：

```
class Human():
    def __init__(self,name):
        self.head = "圆的"
        self.blood = "红色"
        self.leg = 2
        self.name = name
    def eat(self):
        print("我能吃饭!")
    def walk(self):
        print("我能直立行走!")
person1 = Human("张三")
print(person1.name)
```

程序运行结果如下：

```
张三
```

通过上述代码再次强调一下，__init__() 方法的参数传递发生在基于类创建实例的时候。其他方法也可以使用外部变量作实参，在调用时传入实参即可。代码示例如下：

```
class Human():
    def __init__(self,name):
        self.head = "圆的"
        self.blood = "红色"
        self.leg = 2
        self.name = name
    def eat(self,number):
        print("我能吃 % d 碗米饭!" % number)
    def walk(self):
        print("我能直立行走!")
person1 = Human("张三")
person1.eat(2)
```

程序运行结果如下:

```
我能吃 2 碗米饭!
```

通过上述例子可以看出,方法里面使用参数跟函数使用参数类似,两者的差别在于,方法的第一个形参是实例自身。

7.4 实例属性的修改

通过 _ init _ () 方法给实例赋予的属性值大多是同类事物的通用属性值,但总会有一些特殊的实例,它们的属性值与众不同,例如某个人的头不是圆的,而是扁的,所以有时我们需要修改某些实例的属性。

修改实例属性的第一种方式是在类的外面直接修改,代码示例如下:

```
class Human():
    def __init__(self,name):
        self.head = "圆的"
        self.blood = "红色"
        self.leg = 2
        self.name = name
    def eat(self):
        print("我能吃饭!")
person1 = Human("张三")
person1.head = "扁的"
print(person1.head)
```

程序运行结果如下:

```
扁的
```

　　上面的代码示例比较简单，它修改实例属性后，又打印了该实例新的属性值。实际上，实例的各种方法都可使用新的属性值。

　　修改实例属性的第二种方式是通过实例方法进行修改，代码示例如下：

```
class Human():
    def __init__(self,name):
        self.head = "圆的"
        self.blood = "红色"
        self.leg = 2
        self.name = name
    def eat(self):
        print("我能吃饭!")
    def changehead(self,headtype):
        self.head = headtype
person1 = Human("张三")
person1.changehead("扁的")
print(person1.head)
```

　　程序运行结果如下：

```
扁的
```

　　上述代码中使用 changehead() 这个方法修改了实例的 head 属性，调用 changehead() 时，"扁的" 是实参，headtype 是形参。

　　实例的属性是可以修改的，所以安全性方面存在一些问题。如果我们想让某些属性不能修改，应该怎么做？这就涉及私有属性和私有方法的相关内容。

7.5　私有属性和私有方法

　　在实例属性前面加上 "＿"，即两个半角状态下的下划线（连在一起），实例属性就变成了私有属性，外面的程序就不能使用这些私有属性了，不过，同一实例的方法还可使用这些私有属性。代码示例如下：

```
class Human():
    def __init__(self,name):
        self.blood = "红色"
        self.name = name
        self.__age = 18
person1 = Human("张三")
print(person1.blood)
person1.blood = "蓝色"
```

```
print(person1. blood)
print(person1. __age)
```

运行结果为：

```
红色
蓝色
AttributeError:'Human'object has no attribute '__age'
```

在上述代码中，blood 是个普通属性，可以对其进行修改，原为红色，后改为蓝色。age 是个私有属性，打印这个属性都会报告错误，更不用说修改这个属性了。由于同一实例的方法可以使用私有属性，这便留下一个安全漏洞：外面的程序可以通过调用对象的方法而间接地修改私有属性，代码示例如下：

```
class Human(object):
    def __init__(self,name):
        self. blood = "红色"
        self. name = name
        self. __age = 18
    def changeage(self,newage):
        self. __age = newage
        print("新的年龄为:% d" % self. __age)
person1 = Human("张三")
person1. changeage(28)
```

程序运行结果如下：

```
新的年龄为 28
```

上述代码中 changeage() 方法可修改私有属性 age，外部指令 person1. changeage(28) 通过调用 changeage() 方法修改了年龄。如何避免这种情况呢？把 changeage 改为私有方法是一种思路，与私有属性类似，私有方法也需要在名称前面加两个半角状态下的下划线 "__"，请看下面的代码示例：

```
class Human(object):
    def __init__(self,name):
        self. blood = "红色"
        self. name = name
        self. __age = 18
    def __changeage(self,newage):
        self. __age = newage
        print("新的年龄为:% d" % self. _age)
```

```
person1 = Human("张三")
person1.__changeage(28)
```

运行结果为：

```
AttributeError:'Human' object has no attribute '_changeage'
```

在上述代码中，我们只是把方法名称由 changeage 改成 __ changeage，外部指令就不能调用这个方法了。

7.6 封 装

7.1 节介绍了实例属性和实例方法。那么，在创建类的时候，应该把哪些属性和方法纳入类里面呢？如何保证这些属性和方法不会被随意修改？这些问题涉及面向对象编程的一个基本特征：封装。面向对象编程有三个基本特征：封装、继承和多态，下面依次介绍这三个特征。

封装指的是把某类对象共同的属性和方法打包到类里面。良好的封装应具有以下几个特点。第一，属性和方法应具有高度的普遍性。例如，创建一个关于"人"的类时，不宜把双眼皮设定为一个属性值，因为单眼皮的人也很多。第二，属性和方法应具有高度的完整性，实例能在不过于依赖外部数据的情况下顺利完成相关功能。第三，属性和方法应有高度的私密性，保证它们不会被随意修改和意外破坏，调用者无须知道相关细节也能顺利使用。第四，属性和方法要有跟外部信息进行沟通的必要通道。封装，看起来容易，实际操作比较难，需要在实践中不停地改进才能实现良好的封装，我们前面举的很多例子都没有实现良好的封装。

7.7 继 承

7.1 节编写过一个 Human 类，现在继续编写一个 Male 类。由于 Male 类的大部分属性和方法与 Human 类相同，因此可以使用继承的方式来编写 Male 类。一个类继承另一个类时，它将自动获得另一个类的所有属性和方法，被继承的类为父类，新生成的类为子类。创建子类时，把父类的名称放在小括号里面，就可形成继承关系，代码示例如下：

```
class Human():
    def __init__(self,name):
        self.head = "圆的"
        self.blood = "红色"
        self.name = name
    def eat(self):
        print("我能吃饭!")
class Male(Human):
```

```
    pass
person1 = Male('李刚')
print(person1.blood)
person1.eat()
```

程序运行结果如下：

```
红色
我能吃饭!
```

上述代码首先创建了一个 Human 类，然后创建了一个 Male 类。创建 Male 类时，小括号里面是 Human，这就意味着 Male 类继承了 Human 类，Male 类是子类，Human 类是父类。为简单起见，创建 Male 类时只使用一个占位符"pass"，没有其他内容。从运行结果可以看到，Male 类继承了 Human 类的属性和方法，所以我们可以使用 blood 属性和 eat() 方法。阅读别人编写的代码时，有时会遇到 class Human（object）之类的代码，但前面却没有创建一个名称为 object 的类。这是因为，Python 已经创建好了 object 类，并且它是所有类的父类。创建类时，即使小括号里面没有任何内容，Python 也会自动地使用 object 类作为新类的父类。换言之，创建类时，小括号里面有或没有 object 都可以。

上面编写的与继承相关的代码示例，在现实中是不会出现的，如果子类和父类所有的属性和方法都完全相同的话，根本没必要再生成一个子类，直接使用原有父类即可。更多情况下，子类在属性或方法方面与父类会有所不同，类似于子女辈要在某个方面与父母辈不同。例如子类想添加一个 education 的属性，可使用如下代码：

```
class Human():
    def __init__(self,name):
        self.head = "圆的"
        self.blood = "红色"
        self.name = name
    def eat(self):
        print("我能吃饭!")
class Male(Human):
    def __init__(self,name):
        self.education = "大学"
person1 = Male('李刚')
print(person1.education)
print(person1.blood)
```

程序运行结果为：

```
大学
AttributeError:'Male' object has no attribute 'blood'
```

添加 education 属性后，确实可以使用该属性了，但是从父类继承的那些属性都不能用了。如果既想增加 education 属性，还想使用从父类继承的属性，应该怎么办？请看下面的代码示例：

```
class Human():
    def __init__(self,name):
        self.head = "圆的"
        self.blood = "红色"
        self.name = name
    def eat(self):
        print("我能吃饭!")
class Male(Human):
    def __init__(self,name):
        super().__init__(name)
        self.education = "大学"
person1 = Male('李刚')
print(person1.education)
print(person1.blood)
```

程序运行结果如下：

```
大学
红色
```

在创建 Male 类时，我们增加了一条指令 super（）.__init__（name），注意这条指令里面没有 self。此时，我们既可以使用 education 属性，又可以使用从 Human 类继承过来的 blood 属性。

子类既可重写父类已有的方法，又可添加新的方法，相关的代码示例如下：

```
class Human():
    def __init__(self,name):
        self.head = "圆的"
        self.blood = "红色"
        self.name = name
    def eat(self):
        print("我能吃饭!")
    def walk(self):
        print("我能直立行走!")
class Male(Human):
    def eat(self):
        print("我喜欢吃水饺!")
    defchuiniu(self,money):
```

```
        print("我一月能挣 %d 万元!" % money)
person1 = Male('李刚')
person1. eat()
person1. chuiniu(3)
person1. walk()
```

程序运行结果如下：

```
我喜欢吃水饺!
我一月能挣 3 万元!
我能直立行走!
```

在上述代码中，父类 Human 已定义了两种方法：eat() 方法和 walk() 方法。在子类 Male 中，定义了 eat() 方法和 chuiniu() 方法。由于子类和父类的 eat() 方法重复，所以子类会选择自己的 eat() 方法，这就是方法的重写。walk() 方法没有被重写，还可以正常使用。chuiniu() 方法是子类新增的方法，也可以使用。我们回顾一下子类添加属性、修改属性的方法，实际上就是在重写 _ init _() 这个方法。

需要注意的是，父类的私有属性不能被子类继承。相关的代码示例如下：

```
class Human(object):
    def__init__(self,name):
        self. blood = "红色"
        self. name = name
        self. __age = 18
class Male(Human):
    def checkattribute(self):
        print("血液颜色为: %s" % self. blood)
        print("年龄为: %d" % self. _age)
person1 = Male('李刚')
person1. checkattribute()
```

程序运行结果为：

```
血液颜色为红色
AttributeError:'Male' object has no attribute '_Male__age'
```

从程序运行结果可知，blood 是普通属性，可以继承，age 为私有属性，不能继承。

7.8 多 态

多态也是面向对象编程的一个重要特征。多态指的是同样一条指令，运行结果会随情况的改变而改变。如何实现多态呢？答案是把实例对象当成参数，因为不同类型的实

例对象，即使方法的名称相同，运行程序后得到的结果也会大不相同。关于多态的代码
示例如下：

```
class Human():
    def__init__(self,name):
        self.blood = "红色"
        self.name = name
    def chuiniu(self,money):
        print("我爸爸上个月给了我 %d 万元!" % money)
class Male(Human):
    def chuiniu(self,money):
        print("我一月能挣 %d 万元!" % money)
class Female(Human):
    def chuiniu(self,money):
        print("我一月能花 %d 万元!" % money)
def SelfIntro(person,money):
    print("我的名字叫作:",person.name)
    person.chuiniu(money)
person1 = Human('张三')
person2 = Male('李刚')
person3 = Female('孙小美')
SelfIntro(person1,3)
SelfIntro(person2,3)
SelfIntro(person3,3)
```

程序运行结果如下：

```
我的名字叫作:张三
我爸爸上个月给了我 3 万元!
我的名字叫作:李刚
我一月能挣 3 万元!
我的名字叫作:孙小美
我一月能花 3 万元!
```

在程序运行过程中，SelfIntro() 函数从未被修改过，但是当使用不同的参数时，得到的运行结果完全不同，这就是多态。SelfIntro() 的第一个形参是 person，它对应的实参应是一类对象，只有该类对象有 name 属性、chuiniu() 方法时，SelfIntro() 才可以顺利调用。person1 是基于 Human 类创建的实例，person2 是基于 Male 类创建的实例，person3 是基于 Female 类创建的实例，并且 Male 类和 Female 类还是 Human 类的子类，所以 person1、person2、person3 的属性和方法都是类似的，都有 name 属性和 chuiniu() 方法。由于 Male 类和 Female 类改写了 Human 类的 chuiniu() 方法，所以得到不同的运行结果。

7.9　__ str __()方法

与 __ init __()方法类似，__ str __()方法也是一种特殊的方法，它可为实例提供一些描述性语句。相关的代码示例如下：

```
class Human(object):
    def __init__(self,name):
        self.blood = "红色"
        self.name = name
    def __str__(self):
        return_str = "这是名字叫作%s的一个实例" % self.name
        return return_str
person1 = Human("张三")
print(person1)
```

程序运行结果如下：

```
这是名字叫作张三的一个实例
```

__ str __()方法能够提高程序的可读性。虽然 __ init __()和 __ str __()都是特殊方法，但调用它们的时间次序是不一样的。基于类创建实例时，会调用 __ init __()方法，只有在使用 print() 内置函数打印实例时，才会调用 __ str __()方法。检验它们调用次序的代码示例如下：

```
class Human():
    def __init__(self,name):
        self.blood = "红色"
        self.name = name
        print("系统正在初始化实例属性!")
    def __str__(self):
        return_str = "这是名字叫作%s的一个实例!" % self.name
        print("正在准备实例要返回的字符串!")
        return return_str
print("------test1-------")
person1 = Human("张三")
print("------test2-------")
print(person1)
print("------test3-------")
```

程序运行结果如下：

```
------test1------
系统正在初始化实例属性!
------test2------
正在准备实例要返回的字符串!
这是名字叫作张三的一个实例!
------test3------
```

上述代码调用 __ init __() 方法后,才会打印出"系统正在初始化实例属性!"这个字符串,所以该字符串在"------test2------"前面,这说明 __ init __() 方法已经被调用了。"正在准备实例要返回的字符串!"在调用 __ str __() 方法后才能打印,该字符串出现在"------test2------"后面,说明创建实例时没有调用 __ str __() 方法,在执行 print(person1) 这条指令时,才开始调用 __ str __() 方法。

7.10 类的属性

前面介绍了很多关于实例属性的内容。为什么在类里面定义的属性叫作实例属性而不是类属性呢?其实,类属性有专门所指。类属性指的是在类的里面、任何方法外面定义的属性,它与各种方法的定义位置是对齐的。使用类属性的基本格式为:类名.类属性。使用类属性可以在实例之间而不是实例内部传递信息。实例属性和类属性的区别,建议大家从使用的角度去理解。使用类属性的代码示例如下:

```
class Human():
    numbers = 0
    def __init__(self,name):
        self.blood = "红色"
        self.name = name
        Human.numbers += 1
person1 = Human("张三")
person2 = Human("李四")
person3 = Human("王五")
print("已经创建了%d个 Human 实例!" % Human.numbers)
```

程序运行结果如下:

```
已经创建了 3 个 Human 实例!
```

在上述代码中,numbers 就是类属性,使用类属性时需要使用 Human.numbers。当基于 Human 类创建 person1 这个实例时,numbers 先被赋值为 0,然后调用 __ init __() 方法,numbers 的值被修改为 1。当基于 Human 类创建 person2 这个实例时,因为还是基于同一个类创建的实例,numbers=0 这条指令没有重新执行,但重新调用了 __ init __() 方法,所以 numbers 的值被修改为 2。依此类推,当基于 Human 类创建 person3 这个实例时，numbers 的值就变成了 3。

7.11　类的方法

同实例方法相似，类方法也是在类里面创建的函数。类方法至少也需要一个形参，该形参的名字通常为 cls，这一点与实例方法的形参 self 类似。定义类方法的位置和定义实例方法的位置是对齐的，为了与实例方法进行区分，在定义类方法前，要使用@classmethod 修饰符。使用类方法的代码示例如下：

```python
class Human():
    numbers = 0
    def __init__(self,name):
        self.blood = "红色"
        self.name = name
        Human.numbers += 1
    @classmethod
    def statistic_info(cls):
        print("已经创建了%d个Human实例!"%Human.numbers)
person1 = Human("张三")
person2 = Human("李四")
person3 = Human("王五")
Human.statistic_info()
```

程序运行结果如下：

```
已经创建了3个Human实例!
```

在代码示例中，statistic_info（）方法就是类方法，Human.statistic_info（）是调用该方法的指令。需要注意的是，在类方法中，能够使用类属性，不能使用实例属性。

7.12　模　块

无论是基于函数的面向过程编程，还是基于类的面向对象编程，模块化编程都是一个重要思路。模块化编程有点像类的"封装"，它把能够独立完成某项任务的多个函数（或类）、多个文件打包成一个模块，模块内部的信息交流比较方便，模块之间保持高度的独立性，尽量不要相互依赖。大家可以通过现实中项目的分工来理解模块化编程思路。在现实项目中，通常会采取一个项目经理带领几个项目成员的形式。每位项目成员负责一块内容，项目经理统筹各项目成员的工作，项目成员之间的工作有一定的独立性，分工明确，一旦发生问题，能迅速找出是哪位成员负责的内容出现了问题。

模块是一个抽象的概念，但总体来说，它是一个比函数（或类）范畴更大的概念，可能是包含多个函数（或类）的一个程序文件，也可能是同一文件夹下的多个程序文件，甚至可能是不同文件夹下的多个程序文件。下面先以函数使用为例介绍自己编写模块的基本流程，主要是模块内部如何进行信息交流，例如如何相互调用函数。然后，介绍如何使用别人已经编写好的模块（内部模块和外部模块），绝大多数情况下，我们只是使用别人编写的模块，自己编写的情况比较少。

同一个程序文件中的多个函数之间相互调用比较简单，不再介绍。我们从如何调用不同程序文件之间的函数开始讨论，例如项目成员把自己编写的函数保存在一个程序文件里，项目经理编写的程序要调用该成员编写的函数。假设项目成员编写的程序文件名为 member. py，项目经理编写的程序文件名为 boss. py，为简单起见，假设 member. py 和 boss. py 在同一个文件夹下。member. py 里面的内容为：

```
def AddTwo(number1,number2):
    return number1 + number2
def SubstractTwo(number1,number2):
    return number1-number2
```

boss. py 里面的内容为：

```
import member
def OperationTwo(number1,number2,method):
    if method = = "加":
        result = member. AddTwo(number1,number2)
        return result
    elif method = = "减":
        result = member. SubstractTwo(number1,number2)
        return result
    else:
        print("你的输入有误")
result = OperationTwo(10,5,'减')
print(result)
```

指令 import member 就是调用 member. py 这个程序文件，也可以理解为调用一个名为 member 的模块。调用以后，就可以使用 member. py 里面定义的两个函数了，调用方式为 member. AddTwo() 函数和 member. SubstractTwo() 函数，程序文件和函数名之间要加一个半角状态下的小圆点。还有一种调用模块的方法是 from member import *，此时使用 AddTwo() 函数和 SubstractTwo() 函数时，不需要再加"member."。两种调用方式的区别是，前一种把 member. py 作为一个整体引入，后一种把 member. py 下面的具体内容引入。我们把 boss. py 的内容修改如下，效果完全相同。

```
boss. py
from member import *
def OperationTwo(number1,number2,method):
```

```
    if method = = "加":
        result = AddTwo(number1,number2)
        return result
    elif method = = "减":
        result = SubstractTwo(number1,number2)
        return result
    else:
        print("你的输入有误!")
result = OperationTwo(10,5,'减')
print(result)
```

　　作为被别人调用的程序文件（例如 member. py），一定要编写正确，如果别人调用时出现了错误，是一件很尴尬的事情。所以，在编写 member. py 时，要做很多测试，例如：

```
member. py
def AddTwo(number1,number2):
    return number1 + number2
def SubstractTwo(number1,number2):
    return number1 - number2
print("以下为测试指令!")
result1 = AddTwo(10,5)
print(result1)
result2 = SubstractTwo(10,5)
print(result2)
```

　　如此修改以后，当再次运行 boss. py 时，运行结果为：

```
以下为测试指令!
15
5
5
```

　　除了最后一条结果外，前面的结果都是调用者不想看到的，但在运行 import member 时，会出现这样的结果。解决这一问题有两种方法。第一种方法是，当测试成功后，我们就把测试指令删除。这种处理方式的缺陷是，未来可能还会出现一些意想不到的其他错误，还要进行测试，被删除的那些测试指令还需要重新编写。一种更好的处理方法是把 member. py 修改为：

```
member. py
def AddTwo(number1,number2):
    return number1 + number2
```

```
def SubstractTwo(number1,number2):
    return number1 - number2
def main():
    print("以下为测试指令!")
    result1 = AddTwo(10,5)
    print(result1)
    result2 = SubstractTwo(10,5)
    print(result2)
if __name__ == "__main__":
    main()
```

上述代码是 Python 程序员编写程序最常见的方式,当满足 __name__ == " __main__ " 条件时,调用 main() 函数,它通常被称为一个程序的主函数,其中 __name__ 是 Python 的一个内置变量。此时,运行 member.py 这个程序文件时,会正常调用 main() 函数;运行 boss.py 时,会自动忽略 member.py 的 main() 函数。原因如下:当运行 member.py 时, __name__ 的值就是 __main__;当 member.py 被别的程序调用时, __name__ 的值就是它的名字。相关测试代码如下:

```
member.py
def AddTwo(number1,number2):
    return number1 + number2
def SubstractTwo(number1,number2):
    return number1 - number2
print("__name__的值为: % s" % __name__)
```

当我们独立运行 member.py 时,得到的结果是" __name__ 的值为: __main__ "。当运行 boss.py 引入 member.py 时,得到的结果是" __name__ 的值为:folder1.member"。

绝大多数情况下,我们都是使用已有模块,而不是自己编写模块。已有模块可分为内部模块和外部模块。内部模块指的是 Python 自带的模块,使用时不需要安装,例如 math 模块。外部模块不是 Python 自带的模块,需要先安装才能使用,例如后面要介绍的 Requests 模块。实际上,外部模块完成安装后,使用的方法与内部模块相同,在我们推荐使用的 Anaconda3 中,已经预安装了很多外部模块,使用时我们基本上体会不到内部模块和外部模块的差别。我们使用的大多数模块都是使用类来编写的,了解了与类相关的知识后,再学习如何使用模块会比较简单。以后,我们可能会接触到很多模块,无论这些模块的内容有多复杂,我们都可以从实例(对象)、实例属性和实例方法等角度进行分析和学习。下面我们以模块 datetime 为例介绍使用模块的基本步骤。相关代码示例如下:

```
from datetime import datetime  # 使用 import 引入模块
print("模块的内容:",dir(datetime)) # 看一下该模块有哪些内容
now = datetime.now() # 使用 now()方法
```

```
print("返回值的类型:",type(now)) # 看一下返回值的类型
print("当前时间:",now)
dt = datetime(2015,4,19,12,20) # 创建一个实例
print("实例类型:",type(dt)) # 看一下实例的类型
print("实例的所有属性和方法:\n",dir(dt)) # 看一下实例的所有属性和方法
print("年份:",dt.year) # 使用实例属性
print("时间戳样式:",dt.timestamp()) # 使用实例方法
```

程序运行结果如下:

```
模块的内容:[一个复杂的列表,具体内容略]
返回值的类型:<class 'datetime.datetime'>
当前时间:2022 - 01 - 10 12:50:01.471883
实例类型:<class 'datetime.datetime'>
实例的所有属性和方法:
[一个复杂的列表,具体内容略]
年份:2015
时间戳样式:1429417200.0
```

为了便于说明指令的目的,我们在上述代码中加了一些注释。基于上述代码,我们可以总结一下使用模块的基本步骤。第一,使用 import 引入模块。第二,使用 print (dir(模块名))之类的指令查看一下该模块的基本内容,从返回的列表中可看到该模块能够使用的一些函数(或方法)和变量(或属性),可在百度上查阅它们的具体使用方法。第三,创建一个具体的实例,使用 print(dir(实例名))查看一下该实例所有的属性和方法。第四,使用实例属性和实例方法来实现某些功能。

本章介绍了与类相关的知识,类的使用体现了面向对象编程的重要思想。创建类的过程类似于定义函数,基于类创建实例的过程类似于调用函数。封装、继承和多态是使用类进行编程的三大基本特征。在编程实践中,实例属性和实例方法使用得较多,类属性和类方法使用得较少。很多模块都是使用类进行编写的,学习完本章内容后,就能很容易地理解和使用一些新的模块了。

第 8 章

OS 模块、文件操作和异常处理

8.1　OS 模块

OS 模块是 Python 的一个内部模块，OS 是操作系统 Operating System 的简写。可以使用下述代码查看该模块的主要内容：

```
import os
    print(dir(os))
```

从运行结果可以看出，OS 模块可使用很多函数。下面介绍 OS 模块中与文件夹相关的函数。

getcwd() 函数，函数名是 get current working directory 的简写，功能是获取当前的工作目录。此函数不需要参数，返回值是包含当前工作目录的字符串。chdir() 函数，函数名是 change directory 的简写，功能是改变当前工作目录到指定的路径。rmdir() 函数，函数名是 remove directory 的简写，功能是删除某个空的目录。该函数的参数是要删除的目录，删除前，要把该文件夹里面的内容清空。mkdir() 函数，函数名是 make directory 的简写，功能是创建一个目录。listdir() 函数，函数名是 list the contents of directory 的简写，功能是获取某文件夹下所有的文件和子文件夹的名称，其参数是需要列出的目录路径，缺省情况是指当前路径，返回的是一个列表，列表里面的元素是子文件夹的名称和文件的名称。使用上述函数的代码示例如下：

```
import os
print(dir(os)) #查看一下 OS 模块的主要内容
print(os.getcwd()) #获得当前文件夹
os.chdir("../") # 转至上级文件夹
print(os.getcwd())
os.mkdir("test_folder") #创建一个子文件夹
```

```
print(os.listdir())♯ 显示当前文件夹下所有的文件名称和子文件夹的名称
os.rmdir(r"test_folder ")
print(os.listdir())
```

程序运行结果如下：

```
[一个复杂的列表,具体内容略]
D:\work\2021\专著\practice\python 基础知识\08 文件和异常\practice
D:\work\2021\专著\practice\python 基础知识\08 文件和异常
['practice','文本资料','视频','test_folder']
['practice','文本资料','视频']
```

在执行指令 print(dir(os)) 后得到的大列表里面，我们可以发现 getcwd、chdir、mkdir、rmdir、listdir 之类的名称，它们就是上面我们讨论的各类函数。如果我们在 PyCharm 的 python console 里面逐条指令运行，在运行完 os.mkdir（"test_folder"）后，可以到相关文件夹下面验证一下是否生成了一个名称为 test_folder 的子文件夹，在执行完 os.rmdir（r"test_folder"）后，验证一下 test_folder 子文件夹是不是被删除了。

8.2　文件操作

文件操作包括文件的打开和关闭、文件的写入、文件的读取、文件的复制、文件的删除、文件的重命名等，在本章的末尾，我们还介绍了一些特殊类型文件的操作方法。

8.2.1　文件的打开和关闭

无论是生成新文件，还是向已有文件追加内容，或是从已有文件中读取内容，都要打开文件。文件的打开需要使用内置函数 open()，该函数的第一个参数是文件的路径（文件夹和文件名），第二个参数是文件操作的类型，第三个参数是文件编码方式，返回值是一个文件对象。文件操作的类型有以下形式："r"，读普通文件；"w"，写普通文件；"rb"，读二进制文件；"wb"，写二进制文件；"a"，在已有文件上添加内容。文件编码方式一般使用 utf-8 的方式。open() 函数的返回值是一个文件对象，可以理解为一个实例，它也有自己的属性和方法。文件操作完成以后，需要关闭文件，文件的关闭需要使用文件对象的 close() 方法。不过，如果我们在打开文件时使用了 with，就可以自动地添加 close() 方法，从而为文件操作增加一个保险功能。

8.2.2　文件的写入

保存数据最简单的方式就是将其写入文件中存储起来，即使中断程序运行，甚至关闭电脑，这些数据都可以再次使用。文件的写入需使用文件对象的 write() 方法，代码示例如下：

```
file_path = r"d:\gyh.txt"
file_object = open(file_path,"w",encoding = 'utf - 8')
print("实例类型:",type(file_object))
print("实例的所有属性和方法:",dir(file_object))
contents = "写入文件的测试内容!"
file_object.write(contents)
file_object.close()
```

程序运行结果如下：

```
实例类型:<class '_io.TextIOWrapper'>
实例的所有属性和方法:[一个复杂的列表,具体内容略]
```

从运行结果来看，open() 函数返回的是一个实例对象，我们称其为文件对象，它有很多属性和方法，我们使用最多的是 read() 方法、readline() 方法、readlines() 方法、write() 方法和 close() 方法。运行上述代码后，可以到 D 盘根目录查看一下，已经生成了一个名称为 gyh.txt 的文件，里面的内容为"写入文件的测试内容!"。熟悉上述内容后，可将上述代码简化如下：

```
with open(r"d:\gyh.txt","w",encoding = 'utf - 8')as f:
    f.write("写入文件的测试内容!")
```

运行上述代码后，也可以在 D 盘根目录下生成相同的文件。上述代码中的"f"跟前面的 file _ object 一样，都是文件对象。在文件操作类型为"w"的情况下，如果开始时文件（gyh.txt）不存在，函数 open() 将自动创建；如果已经存在，Python 将在返回文件对象前清空该文件。在文件操作类型为"a"的情况下，如果开始时文件（gyh.txt）不存在，函数 open() 还会创建；如果已经存在，Python 将在原文件的末尾添加新的内容。代码示例如下：

```
with open(r"d:\gyh.txt","a",encoding = 'utf - 8')as f:
    f.write("\n 又是一条测试内容!")
```

运行完上述代码后，可以再打开 gyh.txt，查验一下其内容有哪些变化。

8.2.3　文件的读取

对已有文件，可以使用文件对象的 read() 方法获取其全部内容。代码示例如下：

```
with open(r"d:\gyh.txt","r",encoding = 'utf - 8')as f:
    print(f.read())
```

运行结果如下：

```
写入文件的测试内容!
又是一条测试内容!
```

也可以使用 readlines() 方法、readline() 方法按行读取内容，例如：

```
file_path = r"d:\gyh.txt"
with open(file_path, "r", encoding = 'utf - 8') as f:
    lines = f.readlines()
print(type(lines))
for line in lines:
    print(line)
file_path = r"d:\gyh.txt"
with open(file_path, "r", encoding = 'utf - 8') as f:
    while True:
        line = f.readline()
        if line:
            print(line)
        else:
            break
```

运行结果如下：

```
<class 'list'>
写入文件的测试内容!

又是一条测试内容!

写入文件的测试内容!

又是一条测试内容!
```

从上述结果中，我们可以看出 readlines() 方法返回的是一个列表，列表的各个元素是文件中各行的内容。虽然从上面的结果来看，readline() 方法和 readlines() 方法得到的结果类似，实际上 readline() 方法更难理解。同样的一条指令 f.readline()，第一次运行获取的是文件第一行的内容，第二次运行获取的是文件第二行的内容。

8.2.4 文件的复制、删除和重命名

文件的复制需要两个步骤。第一步，获取第一个文件的内容。第二步，把上述内容写入第二个文件中。需要注意的是，如果文件内容比较大，则需要把内容切分后再操作，否则可能会占用大量的电脑内存。文件复制的代码示例如下：

```
original_file = r"d:\gyh.txt"
```

```
with open(original_file,'r',encoding = 'utf - 8')as f:
    contents = f. read( )
dest_file = r"f:\gyhgyh. txt"
with open(dest_file,'w',encoding = 'utf - 8')as f1:
    f1. write(contents)
```

代码运行以后，我们可以到 F 盘查看一下，是否生成了一个名称为 gyhgyh. txt 的文件。OS 模块的 rename（）函数可以对文件进行重新命名，该函数中第一个参数是以前的文件名，第二个参数是新的文件名。文件重命名的代码示例如下：

```
import os
os. chdir("f:\")
os. rename("gyhgyh. txt","gyh1. txt")
```

代码运行后，我们可以到 F 盘根目录查看一下，是否已经把 gyhgyh. txt 这个文件的名称改成了 gyh1. txt。有时，我们想把多余的文件删除。删除文件需要使用 OS 模块的 remove（）函数，代码示例如下：

```
import os
os. chdir(r"f:")
os. remove("gyh1. txt")
```

代码运行后，我们也可以到 F 盘查看一下，是否删除了名称为 gyh1. txt 的文件。

8.2.5　文件的编码方式和解码方式

open（）函数的第三个参数是编码方式，编码方式一般使用 utf - 8，有时也会使用 gbk 这种方式。严格来说，文件写入时是编码方式，文件读取时是解码方式。编码方式和解码方式要保持一致，否则可能会汇报错误或出现乱码，相关代码示例如下：

```
with open("d:\gyh. txt","r",encoding = "gbk")as f:
    contents = f. read( )
    print(contents)
```

运行结果如下：

```
UnicodeDecodeError:'gbk' codec can't decode byte 0x80 in position 40:illegal multibyte sequence
```

汇报错误的原因是 gyh. txt 的编码方式是 utf - 8，上述代码中却使用 gbk 方式进行解码。

8.2.6　特殊类型文件的操作

特殊类型文件的操作，需要使用一些专门的模块。其中 Excel 文件的读取，我们会在数据处理部分介绍。下面给出的是操作 JSON 文件、CSV 文件、Word 文件和 PDF 文件的代码示例，为节省篇幅，没有给出它们的运行结果。

操作 JSON 文件的代码示例：

```python
import json
numbers = [2,3,5,7,9,11,13]
filename = r'lists. json'
with open(filename,'w')as f_obj:
    json. dump(numbers,f_obj)
filename = r"lists. json"
with open(filename,'r')as f_obj:
    contents = json. load(f_obj)
print(contents)
print(type(contents))
```

操作 CSV 文件的代码示例：

```python
import csv
with open('csv_example. csv','w',newline = '')as fw:
    writer = csv. writer(fw,quoting = csv. QUOTE_NONNUMERIC)
    print(type(writer))
    writer. writerow(["c1","c2","c3"])
    for x in range(10):
        writer. writerow([x,chr(ord('a') + x),'abc'])

with open('csv_example. csv','r')as fr:
    rows = csv. reader(fr)
    for row in rows:
        print(row)
        print(type(row))
```

操作 Word 文件的代码示例：

```python
import docx
file_path = 'word_example. docx'
document = docx. Document()
document. add_heading("My Document")
document. add_paragraph("My Paragraph")
document. save(file_path)
file_path = 'word_example. docx'
doc1 = docx. Document(file_path)
print(type(doc1))
```

```
print(type(doc1.paragraphs))
for each_paragraph in doc1.paragraphs:
        print(type(each_paragraph))
        print(each_paragraph.text)
```

操作 PDF 文件的代码示例：

```
import pdfplumber
original_file = "测试文档.pdf"
with pdfplumber.open(original_file)as pdf1:
    save_file = "测试文字结果.txt"
    with open(save_file,'a')as txtfile:
    for page in pdf1.pages:
        textdata = page.extract_text()
        print("现在是第%s页!"% page.page_number)
        print(textdata)
        txtfile.write(textdata)
```

上述代码涉及的 docx 模块、pdfplumber 模块需要事先安装。例如在 Anaconda Prompt 窗口中输入 pip install python-docx、pip install pdfplumber 等。

8.3　异常处理

　　Python 程序在运行时，如果发生错误，便会停止运行。有时，我们想让 Python 程序跳过错误，继续运行后面的指令，而不是停止整个程序的运行。例如，我们在提取某学院的教师信息时，如果某位教师的网页是空的，我们编写的程序就会汇报错误、终止运行。如何让 Python 程序遇到错误时，继续运行后面的指令呢？与该问题相关的内容是 Python 的异常处理。运行指令产生错误后，Python 便会创建一个异常对象，如果编写了处理该异常的代码，程序将继续运行，如果对该异常不进行任何处理，整个程序将停止运行。所以，要让 Python 程序遇到错误时继续运行，需要对可能产生的异常进行处理。

　　Python 使用 try-except 代码块处理异常问题。大体的运行流程是：首先运行 try 后面的代码块，如果遇到错误，停止这些代码块的运行，然后运行 except 后面代码块的内容。使用 try-except 代码块的例子如下：

```
try:
    print(5/0)
except Exception as e:
    print("错误原因:",e)
print("继续运行后面的程序!")
try:
    print(name)
```

```
except Exception as e:
    print("错误原因:",e)
print("继续运行后面的程序!")
```

程序运行结果如下：

```
错误原因:division by zero
继续运行后面的程序!
错误原因:name 'name' is not defined
继续运行后面的程序!
```

上面的代码示例，既能保证指令出错后继续运行，还能显示错误原因。如果不想看错误原因，也可以把上述代码简化为：

```
try:
    print(5/0)
except:
    pass
print("继续运行后面的程序!")
try:
    print(name)
except:
    pass
print("继续运行后面的程序!")
```

运行结果为：

```
继续运行后面的程序!
继续运行后面的程序!
```

在 except 后面，有些程序员想针对具体错误编写代码，对保证程序顺利运行而言，这反而是一种画蛇添足的做法。请看下面的代码示例：

```
try:
    print(5/0)
exceptZeroDivisionError:
    print("You can't divide by zero!")
print("继续运行后面的程序!")
try:
    print(name)
exceptZeroDivisionError:
    print("You can't divide by zero!")
print("继续运行后面的程序!")
```

运行结果为：

```
You can't divide by zero!
继续运行后面的程序!
NameError:name 'name' is not defined
```

上述代码的前半部分没问题，出现的是一个 ZeroDivisionError，所以 except 后面的代码块能够执行。但是，上述代码的后半部分出现的错误不是 ZeroDivisionError，except 后面的代码不能执行，换言之，上述代码还是没有处理异常问题，所以程序还会中断。这个例子给我们的启发是：在代码能实现我们需求的前提下，越简单越好。如果我们只是想让程序遇到错误时继续执行，except 后面加 pass 占位符是最简单、最直接的方式。

本章介绍了 Python 如何处理文件和文件夹。对文件的操作，涉及文件的打开、关闭、读取、写入、删除等内容。对文件进行操作时，要注意文件的编码方式和解码方式必须相同，否则会出现乱码。本章还讨论了如何使用 try-except 代码处理异常问题，从而保证程序在各种情况下都能顺利运行。

## 第二部分

Python 数据处理

大家以前可能使用过 Stata、SPSS 等数据处理软件，这些软件在统计分析、计量回归方面的功能都非常强大。既然这样，为什么还要学习用 Python 进行数据处理呢？首先，Stata、SPSS 是软件，相关功能已经固化，虽然它们也定期更新，但在应对最新的数据处理需求方面还不够灵活。Python 是编程语言，可随时通过编程满足新的数据处理需求，非常灵活。其次，Stata、SPSS 等数据处理软件在数据处理方面的功能比较强大，但在数据收集、结果展示等方面的表现并不突出，Python 可以实现数据收集、数据处理、结果展示的一体化，它可以先从网络上爬取数据，然后基于数据进行分析，再把数据结果实时展示在网页上。最后，Python 处理数据的速度要优于 Stata、SPSS 等软件。大数据、机器学习、深度学习等领域涉及很多高维数据的处理，对处理数据的速度要求比较高，Python 的数据处理功能可以很好地满足这些需求。

　　Python 进行数据处理主要使用三个模块：Numpy 模块、Pandas 模块和 Matplotlib 模块。Numpy 模块主要负责数值型数据的计算，能处理高维数据，第 9 章会详细介绍。Pandas 模块既能处理数值型数据，又能处理字符串型数据，主要负责二维数据（表格型数据）的数据清理，第 10 章会详细介绍。Matplotlib 模块主要负责结果的图形化展示，既能绘制二维图形，也能绘制三维图形，第 11 章会详细介绍。

第 9 章

Numpy 模块的使用

Numpy(Numerical Python) 是 Python 负责科学计算的模块，它是开源的，可免费使用。Numpy 模块是其他数据处理模块的基础，它对数据的处理主要是基于数组这种数据对象。一维数组，是由多个数字按照某种次序生成的数据结构，类似于线性代数里面的向量。二维及多维数组可视为由一维数组多次叠加产生的数据结构，类似于线性代数里面的矩阵。图像、声音、文本等复杂数据也可转换为数组，所以 Numpy 模块也广泛应用于大数据、机器学习、深度学习等领域。

9.1 Numpy 模块的安装

Anaconda3 自带 Numpy 模块，无须额外安装。如果想检验一下 PyCharm 能否使用 Numpy 模块，最简单的方法是输入指令 import numpy，看能否顺利运行。如果可以运行，不汇报错误，则在 PyCharm 里面可以使用 Numpy。如果汇报错误，则需要检查是否已经把 Anaconda3 设置为 PyCharm 的 Interpreter，以及 Anaconda3 是否已成功安装 Numpy。另外一种检验办法是，在 PyCharm 里面依次点击菜单 File—Settings—Project—Python Interpreter，在弹出框中检查是否已有 Numpy 模块，界面如图 9-1 所示。从弹出框中可看出，Anaconda3 已经安装了很多模块，除了本章要讨论的 Numpy 模块外，还安装了 Pandas 模块等。

如果安装的不是 Anaconda3，而是官网的 Python 语言，则需要安装 Numpy 模块。具体方法是，在 cmd 窗口（或 Anaconda Prompt 窗口）中输入 pip3 install numpy。安装完成后，可在此界面输入 Python 打开指令编辑窗口，在窗口中输入 import numpy 命令，看能否顺利运行。如能运行，说明 Numpy 模块已成功安装。退出 Python 编辑窗口的命令是 exit()。

如果上述安装方法不成功，还可以尝试另外一种方法。在已经成功安装 Numpy 模块的电脑上，找到 Numpy 模块所在的文件夹，例如：C:\ProgramData\Anaconda3\Lib\site-packages\numpy，然后把整个文件夹拷到目标电脑的相应位置。可以使用此种方法的原

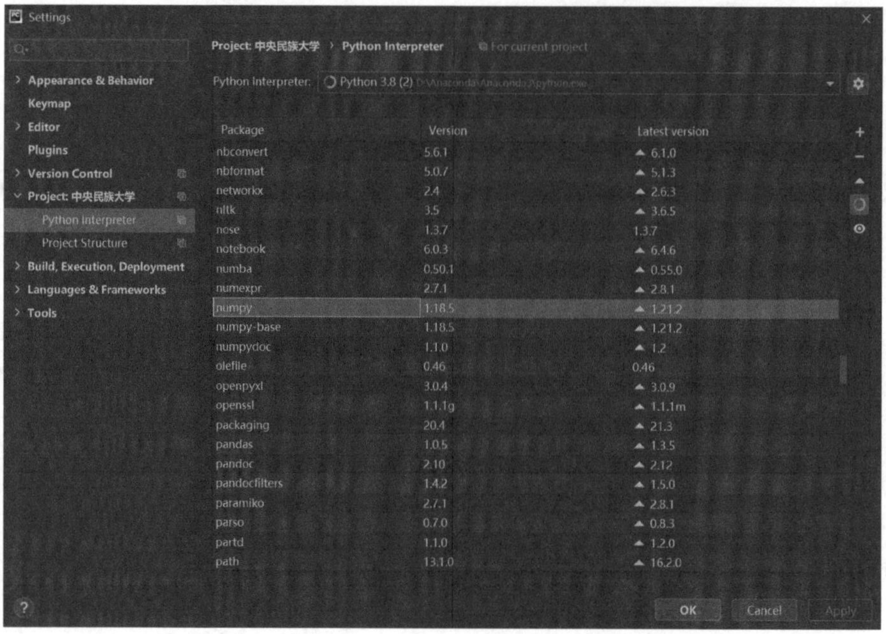

图 9-1　PyCharm 项目解释器的设置

因是，模块就是包含很多程序文件的一个文件夹，安装模块实际上就是新建了一个文件夹。不过，此种方法可能会出现问题，因为 Numpy 模块可能还需要一些依赖模块。

　　Numpy 模块安装成功以后，便可使用 dir() 命令了解一下 Numpy 模块的内容。具体代码如下：

```
import numpy
print(dir(numpy))
```

　　得到的结果是一个大列表，下面要介绍的很多内容就是该列表的元素。

9.2　数组的创建

　　数组，英文名为 ndarray，是 n-dimensional array 的简写，它是 Numpy 模块最重要的一种对象。该对象封装了许多常用的数学运算函数，对数值计算而言非常方便。那么，如何在 Numpy 里面创建数组呢？总体而言，创建数组有以下几种方式：（1）使用 array() 函数手动创建数组；（2）使用 arange()、linspace() 等函数创建一些特殊形式的数组；（3）使用 random 子模块创建随机数组；（4）读取外部文件数据创建数组。下面逐一介绍这些方法。

9.2.1　使用 array () 函数手动创建数组

　　Python 的数值型列表、元组等对象可使用 Numpy 模块的 array() 函数直接转换成数组，代码示例如下：

```
import numpy as np
list1 = [2,4,5]
print("原来的类型为:",type(list1))
print("原来的显示格式:",list1)
np1 = np.array(list1)
print("后来的类型为:",type(np1))
print("后来的显示格式:",np1)
print("数组对象的属性和方法:",dir(np1))
```

运行结果为:

```
原来的类型为:<class 'list'>
原来的显示格式:[2,4,5]
后来的类型为:<class numpy.'ndarray'>
后来的显示格式:[2 4 5]
数组对象的属性和方法:[一个详细的列表]
```

上述代码的第一条指令，表示给 Numpy 模块起了个别名 np，这样可以减少代码输入的工作量。从运行结果来看，array()函数可把列表类型转化成数组类型，还可看出，数组的显示格式和列表的显示格式很像，外面加的都是 []，但列表的各元素使用逗号隔开，而数组的各元素使用空格隔开。数组也是一种对象，该对象也有很多属性和方法。上述代码是简单列表转成数组的例子，嵌套列表也可转成数组，代码示例如下:

```
import numpy as np
np1 = np.array([[1,2,3],[4,5,6]])
print(np1)
print("数组的形状:",np1.shape)
print("数组的维度数:",np1.ndim)
```

运行结果为:

```
[[1 2 3]
 [4 5 6]]
数组的形状:(2,3)
数组的维度数:2
```

上述代码中，嵌套列表是一个二层结构，第一层列表有两个元素，第二层列表有三个元素。理解嵌套列表的结构以后，就很容易理解数组的形状、数组的维度数等概念了。数组的形状可使用数组的 shape 属性查看，数组的维度数可使用数组的 ndim 属性查看。从运行结果可看出，np1 这个数组的形状为 (2，3)，第一个数字 2 对应嵌套列表第一层列表元素的个数，第二个数字 3 对应嵌套列表第二层列表元素的个数。数组的维度数，有时也被称为数组轴的数量，np1 这个数组的维度数为 2，它对应的是嵌套列表的嵌套层数。本章后续部分所提及的第一个轴（axis＝0），实际上就对应嵌套列表的第一层。一维数组对应的是通过单层列表创建的数组，其长度是列表中元素的数量，其形状也可使用元组来表示，例如上个例子中数组［2 4 5］的形状为（3，）。注意，（3，）不能写为（3，1）或（1，3），否则就是二维数组的形状了。

　　数组和向量、矩阵既有联系又有区别。数组是 Numpy 模块的一个对象类型，它的维度数是不固定的，不仅有一维数组、二维数组，还有高维数组。向量和矩阵是线性代数里面的概念，向量是一维的，矩阵是二维的。向量有行向量和列向量之分，但一维数组没有。在数组运算中，如不做特殊说明，向量和一维数组是等价的，矩阵和二维数组是等价的。

　　上面两个例子中，都是把数值型列表转化成数组，实际上数值型元组同样可转化成数组，大家可自己编写代码检验一下。

9.2.2　使用其他函数创建特殊数组

　　Numpy 模块的 arange() 函数和 linspace() 函数可用于创建一些有规律的一维数组。相关的代码示例如下：

```
import numpy as np
np1 = np.arange(10)
print(np1)
np2 = np.arange(1,10)
print(np2)
np3 = np.arange(1,10,3)
print(np3)
np4 = np.linspace(1,10,4)
print(np4)
```

　　运行结果为：

```
[0 1 2 3 4 5 6 7 8 9]
[1 2 3 4 5 6 7 8 9]
[1 4 7]
[1 4 7 10]
```

　　arange() 函数用于创建某个取值范围内的一维自然数数组。arange() 函数使用三个参数时，第一个参数为起始值，第二个参数为终止值，第三个参数是步长值；使用两个参数时，第一个参数为起始值，第二个参数为终止值，步长值是 1；使用一个参数时，该参数为终止值，起始值为 0，步长值是 1。arange() 函数创建的数组是个左闭右开半闭合区间，取不到终止值。linspace() 函数用于创建从某个范围均匀取值的一维数组。linspace() 函数一般使用三个参数，第一个参数为起始值，第二个参数为终止值，第三个参数是数组元素的个数。linspace() 函数可以取到终止值。从上述运行结果可看到，

从范围 [1，10] 均匀提取 4 个值的结果为：[1 4 7 10]。

　　Numpy 的 zeros() 函数可创建给定形状的全为 0 的数组。ones() 函数可创建给定形状的全为 1 的数组。代码示例如下：

```
import numpy as np
np1 = np. zeros((2,3))
print(np1)
np2 = np. zeros((2,3,2))
print(np2)
np3 = np. ones((2,3))
print(np3)
```

　　运行结果为：

```
[[0. 0. 0. ]
 [0. 0. 0. ]]
[[[0. 0. ]
  [0. 0. ]
  [0. 0. ]]
 [[0. 0. ]
  [0. 0. ]
  [0. 0. ]]]
[[1. 1. 1. ]
 [1. 1. 1. ]]
```

　　需要注意的是，zeros() 函数、ones() 函数只使用一个参数，该参数一般以元组形式指定要创建数组的形状，如（2，3）等。Numpy 模块还可基于已知数组的形状来生成全为 0、全为 1 的数组，使用的函数是 zeros_like() 函数、ones_like() 函数，代码示例如下：

```
import numpy as np
np1 = np. array([[1,2,3],[4,5,6]])
print(np1)
np2 = np. zeros_like(np1)
print(np2)
np2 = np. ones_like(np1)
print(np2)
```

　　运行结果为：

```
[[1 2 3]
 [4 5 6]]
```

```
[[0 0 0]
 [0 0 0]]
[[1 1 1]
 [1 1 1]]
```

zeros_like() 函数、ones_like() 函数的参数是一个数组，返回值是跟参数数组形状相同的全为 0、全为 1 的数组。

Numpy 模块的 eye() 函数、diag() 函数可生成一些特殊形式的二维数组。二维数组类似于线性代数里面的矩阵，下文要介绍的数组运算主要以二维数组为例，类似于线性代数里面的矩阵运算。eye() 函数生成的数组类似于单位矩阵，diag（) 函数生成的数组类似于对角矩阵，代码示例如下：

```
import numpy as np
np1 = np. eye(3)
print(np1)
np2 = np. diag([1,8,3,5])
print(np2)
```

运行结果如下：

```
[[1. 0. 0. ]
 [0. 1. 0. ]
 [0. 0. 1. ]]
[[1 0 0 0]
 [0 8 0 0]
 [0 0 3 0]
 [0 0 0 5]]
```

diag() 函数只使用一个参数，输入一维数组（列表、元组），将返回以该数组为对角线元素的二维矩阵。

9.2.3 使用 random 子模块创建随机数组

在机器学习、深度学习中，经常使用一些模拟数据验证各种算法。这些虚拟数据通常要满足一定的条件，如服从正态分布或均匀分布等。Numpy 模块中的 random 子模块可满足相关要求，用于创建满足某种分布的随机数组。random 子模块中经常使用的函数及其功能见表 9-1。

表 9-1 random 子模块常用的函数及其功能

函数名称	功能
random() 函数	生成 0 到 1 之间的随机数
uniform() 函数	生成服从均匀分布的随机数

续表

函数名称	功能
randn() 函数	生成服从标准正态分布的随机数
randint() 函数	生成随机整数
normal() 函数	生成服从正态分布的随机数
shuffle() 函数	随机打乱顺序
seed() 函数	设置随机数种子

使用上述函数的代码示例如下：

```
import numpy as np
np. random. seed(888)
np1 = np. random. random((3,2))
print("np1:\n",np1)
np2 = np. random. uniform(0,1,(3,2))
print("np2:\n",np2)
np3 = np. random. randn(3,2)
print("np3:\n",np3)
np4 = np. random. randint(1,10,(3,2))
print("np4:\n",np4)
np5 = np. random. normal(1,4,(3,2))
print("np5:\n",np5)
```

运行结果为：

```
np1:
[[0. 85956061 0. 1645695 ]
[0. 48347596 0. 92102727]
[0. 42855644 0. 05746009]]
np2:
[[0. 92500743 0. 65760154]
[0. 13295284 0. 53344893]
[0. 8994776   0. 24836496]]
np3:
[[ 0. 16266395   1. 04163462]
[ 0. 22432418   0. 69930445]
[- 0. 86554351 - 1. 39346831]]
np4:
[[5 7]
[3 2]
[1 3]]
np5:
[[ - 0. 38682645   1. 33986705]
```

```
[ 4. 72993844 − 2. 94065728]
[ − 2. 851398     5. 54605465]]
```

使用 random 子模块的函数时，需要添加 np. random，意在告知 Python 解释器相关函数来自 Numpy 的 random 子模块。使用 seed() 函数可设置随机数种子，其目的是保证每次运行时得到的是同一种随机结果。如果设置相同的随机数种子，同一程序在不同电脑上的运行结果也相同。使用 random 子模块的上述函数时，一定要注意它们对参数的要求。很多函数要求使用元组形式的参数传入数组的形状信息，例如 random() 函数。有些函数要求使用多个整数的形式传入数组的形状信息，例如 randn() 函数。此外，有些函数意在创建服从特定分布的随机数组，该分布也需要一些参数，例如 uniform() 函数的初始值和终止值、normal() 函数的均值和方差等等。

random 子模块还提供了打乱原有数组次序、随机生成新次序的两个函数：shuffle() 函数和 permutation() 函数。相关的代码示例如下：

```
import numpy as np
np. random. seed(888)
np1 = np. array([[1,2],[3,4],[5,6]])
print("原来的 np1:\n",np1)
np2 = np. random. shuffle(np1)
print("np2:\n",np2)
print("后来的 np1:\n",np1)
np3 = np. random. permutation(np1)
print("np3:\n",np3)
print("np1:\n",np1)
```

运行结果为：

```
原来的 np1:
[[1 2]
[3 4]
[5 6]]
np2:
None
后来的 np1:
[[3 4]
[1 2]
[5 6]]
np3:
[[3 4]
[5 6]
[1 2]]
```

```
np1:
[[3 4]
[1 2]
[5 6]]
```

为什么 np2 的值为 None 呢？原因是 shuffle() 函数直接修改了原对象 np1，没有必要再提供一个返回值，所以 np2 的值为 None。但是，permutation() 函数没有修改原对象，所以需要提供一个返回值来保存次序改变后的结果，np3 的值不是 None，它有具体的结果。这是个一般规律：如果原对象被改变，就不提供返回值；如果原对象没有改变，则提供返回值。此外，从上面的运行结果还能发现，shuffle() 函数和 permutation() 函数都按照第一个轴重新排列次序，而不是把所有元素都打乱次序，[1 2]，[3 4]，[5 6]都是整块出现的。

9.2.4 读取外部文件数据创建数组

在数据处理实践中，一般通过读取外部文件的数据来创建数组。通常的做法是，使用 Pandas 模块读入外部文件（例如 Excel 文件）的数据，然后把数据转化为 DataFrame 对象，进行数据清理后，把 DataFrame 对象转换成数组对象。当然，Numpy 模块也可以直接读取文件数据创建数组，下面以 gyh.csv 文件为例说明这一问题。gyh.csv 里面的数据如下：

学号	成绩
1	86
2	95
3	58

读取 gyh.csv 文件内容创建数组的代码示例如下：

```
import numpy as np
data = np. loadtxt('gyh. csv', skiprows = 1, delimiter = ',')
print(data)
print(type(data))
```

运行结果为：

```
[[ 1.86. ]
[ 2.95. ]
[ 3.58. ]]
<class 'numpy. ndarray'>
```

Numpy 模块的 loadtxt() 函数可用于读取 csv 格式的数据，并把数据转换为数组格式。读取时，如果想跳过第一行的内容读入后续数据，可以使用 skiprows=1 这个选项。此外，gyh.csv 这个文件使用逗号作为分隔符，所以使用了 delimiter＝',' 这个选项。

9.3 数组的引用

数组的引用指的是通过数组的索引提取某一行或某几行数据，某一列或某几列数据，甚至某一个数。数组的索引可分为两大类：基本索引和布尔索引。基本索引通过位置进行索引，布尔索引通过条件表达式进行索引。

9.3.1 提取某一行或某几行的数据

数组的每一行都有一个位置编号，编号从 0 开始，按行所在位置递增。在数组里面，行的位置编号就是行索引。数组的引用与列表的引用类似，都要使用中括号，中括号里面是位置编号，基本格式为：数组名［行编号］。相关代码示例如下：

```
import numpy as np
data = [[1,2],[3,4],[5,6],[7,8]]
np1 = np. array(data)
print("np1:\n",np1)
print("第一行:\n ",np1[0])
print("第一行到第三行:\n ",np1[0:3])
```

运行结果如下：

```
np1:
[[1 2]
[3 4]
[5 6]
[7 8]]
第一行:
[1 2]
第一行到第三行:
[[1 2]
[3 4]
[5 6]]
```

提取多行数据时，使用的方法类似于列表的切片操作，［0：3］类似左闭右开区间，它的意思是从第一行（行编号为 0）开始提取，一直提取到第三行（行编号为 2），不提取终止编号所指向的行。切片式方法只能提取连续多行的数据，如果想提取离散多行的数据，可以把离散多行的编号放在一个列表里面，然后再提取，代码示例如下：

```
import numpy as np
data = [[1,2],[3,4],[5,6],[7,8]]
np1 = np. array(data)
```

```
print("np1:\n",np1)
print("第一、三、四行:\n",np1[[0,2,3]])
```

运行结果如下：

```
np1:
[[1 2]
[3 4]
[5 6]
[7 8]]
第一、三、四行:
[[1 2]
[5 6]
[7 8]]
```

通过上述几种方法，就可以提取某数组任意行的内容。

9.3.2 提取某一列或某几列的数据

数组的每一列都有一个位置编号，编号从 0 开始，按列所在位置递增。在数组里面，列的位置编号就是列索引。与提取行的内容类似，可根据列编号来提取列的内容。提取列的基本格式为：数组名［:，列编号］，中括号内逗号的作用是把行编号和列编号分开，提取某列全部的行就使用"："。相关代码示例如下：

```
import numpy as np
data = [[1,2,3,4],[5,6,7,8]]
np1 = np. array(data)
print("np1:\n",np1)
print("第一列:\n",np1[:,0])
print("第一列到第三列:\n",np1[:,0:3])
```

运行结果如下：

```
np1:
[[1 2 3 4]
[5 6 7 8]]
第一列:
[1 5]
第一列到第三列:
[[1 2 3]
[5 6 7]]
```

提取数组单个数据内容的基本格式为：数组名［行编号，列编号］。代码示例如下：

```
import numpy as np
data = [[1,2,3,4],[5,6,7,8]]
np1 = np. array(data)
print("np1:\n",np1)
print("单个内容:\n",np1[1,1])
```

运行结果如下:

```
np1:
[[1 2 3 4]
[5 6 7 8]]
单个内容:
6
```

np1 [1，1] 是指提取数组 np1 中第二行第二列的数据，该数据就是 6。

9.3.3 布尔索引

在 Numpy 模块，还可以基于条件表达式来提取数据，这种提取数据的方式称为布尔索引，相关代码示例如下:

```
import numpy as np
data = [[1,5],[7,4],[6,2],[7,8]]
np1 = np. array(data)
print("原来的 np1:\n",np1)
np2 = np1[np1>6]
print("np2:\n",np2)
np1[np1>6] = 0
print("后来的 np1:\n",np1)
```

运行结果为:

```
原来的 np1:
[[1 5]
[7 4]
[6 2]
[7 8]]
np2:
[7 7 8]
后来的 np1:
[[1 5]
[0 4]
[6 2]
```

[0 0]]

要深入理解上述代码，首先需要分析 np1>6 得到的结果是什么。可使用下面的代码检验背后的过程。

```
import numpy as np
data = [[1,5],[7,4],[6,2],[7,8]]
np1 = np. array(data)
print("原来的 np1:\n",np1)
inter = np1>6
print("inter:\n", inter) # 布尔数组
np2 = np1[inter]
print("np2:\n",np2)
np1[inter] = 0
print("后来的 np1:\n",np1)
```

运行结果为：

```
原来的 np1:
[[1 5]
[7 4]
[6 2]
[7 8]]
inter:
[[False False]
[ True False]
[False False]
[ True   True]]
np2:
[7 7 8]
后来的 np1:
[[1 5]
[0 4]
[6 2]
[0 0]]
```

从上述运行结果可看出，inter 数组即 np1>6 返回的数组，其元素内容不是 True 就是 False，此类数组称为布尔数组。布尔数组可直接放入数组引用的中括号里面，作用类似于行编号或列编号，只不过操作的是元素值为 True 对应位置上的内容。指令 np2=np1 [inter]，把 True 对应位置上的内容提取出来，所得结果为 [7 7 8]。指令 np1 [inter] =0，把 np1 数组中与 True 对应的位置上的内容修改为 0。在上述代码中，inter 数组的形状与 np1 数组完全相同，有时得到的布尔数组与 np1 数组的形状并不相同，请看下面的代

码示例：

```
import numpy as np
data = [[1,5],[7,4],[6,2],[7,8]]
np1 = np. array(data)
print("原来的 np1:\n",np1)
inter = np1[:,1]>6
print("inter:\n",inter)
np2 = np1[inter]
print("np2:\n",np2)
np1[inter] = 0
print("后来的 np1:\n",np1)
```

运行结果为：

```
原来的 np1:
[[1 5]
[7 4]
[6 2]
[7 8]]
inter:
[False False False  True]
np2:
[[7 8]]
后来的 np1:
[[1 5]
[7 4]
[6 2]
[0 0]]
```

上述代码中，inter 数组是含有四个元素的一维数组，元素个数与 np1 数组的行数相同。当把 inter 数组直接放入数组引用的中括号里面时，就会对 True 对应位置上的那一行进行操作。指令 np2＝np1［inter］提取的是一行或几行；np1［inter］＝0 把满足条件的行的全部元素修改为 0。灵活地使用布尔索引，有时会获得事半功倍的效果。

9.4 数组的编辑

数组的编辑，包含增、删、查、改四个方面的内容。以二维数组为例，更容易理解数组的增、删、查、改等操作。"增"指的是增加一行或多行、增加一列或多列；"删"指的是删除一行或多行、删除一列或多列；"查"指的是查找某些内容在数组中的行编号或列编号；"改"指的是修改数组中的相关内容。

9.4.1 数组的增加

Numpy 模块的 insert() 函数可以沿指定轴在指定位置向数组插入内容。insert() 函数一般使用四个参数，第一个参数是要操作的数组，第二个参数是插入的位置，第三个参数是插入的内容，第四个参数是操作的轴。相关代码示例如下：

```
import numpy as np
data = [[1,2],[3,4],[5,6],[7,8]]
np1 = np. array(data)
print("np1:\n",np1)
np2 = np. insert(np1,1,1,axis = 0)
print("np2:\n",np2)
np3 = np. insert(np1,1,1,axis = 1)
print("np3:\n",np3)
```

运行结果为：

```
np1:
[[1 2]
[3 4]
[5 6]
[7 8]]
np2:
[[1 2]
[1 1]
[3 4]
[5 6]
[7 8]]
np3:
[[1 1 2]
[3 1 4]
[5 1 6]
[7 1 8]]
```

在上述代码中，插入的内容为 1，这种用法比较灵活，插入一行时，它相当于列表 [1，1]，插入一列时，它相当于列表 [1，1，1，1]。如果不使用这种用法，则要保证插入的内容跟数组原有的行或列对齐。Numpy 模块的 append() 函数可以沿指定轴在数组的最后一行(或列)添加另一个数组。append() 函数使用三个参数，第一个参数是要操作的数组，第二个参数是要添加的数组（或列表），第三个参数是操作的轴。相对 insert() 函数而言，append() 函数少用了一个参数，它不需要指定位置。使用 append() 函数的代码示例如下：

```
import numpy as np
data = [[1,2],[3,4],[5,6],[7,8]]
np1 = np.array(data)
print("np1:\n",np1)
inter = [[1,3]]
np2 = np.append(np1,inter,axis = 0)
print("np2:\n",np2)
inter = np.array([[1,3],[2,4]])
np3 = np.append(np1,inter,axis = 0)
print("np3:\n",np3)
inter = np.array([[1],[3],[2],[4]])
np4 = np.append(np1,inter,axis = 1)
print("np4:\n",np4)
```

运行结果如下：

```
np1:
[[1 2]
[3 4]
[5 6]
[7 8]]
np2:
[[1 2]
[3 4]
[5 6]
[7 8]
[1 3]]
np3:
[[1 2]
[3 4]
[5 6]
[7 8]
[1 3]
[2 4]]
np4:
[[1 2 1]
[3 4 3]
[5 6 2]
[7 8 4]]
```

append() 函数把一个形状合适的数组（或列表）添加在另一个数组上。在上述代码中，如果在最后一行添加内容，[[1，3]] 就是形状合适的列表，它可以很容易转换成形状为（1，2）的数组。原数组的形状为（4，2），两个数组都是二维的，并且在 axis＝1 轴上的长度相同，无论它们在 axis＝0 轴上的长度是否相同，它们都可以在行方向（axis＝0 轴）上进行合并，这就是形状合适的含义。同理，在列方向（axis＝1 轴）上进行合并时，两个数组也应该都是二维的，并且它们在 axis＝0 轴上的长度要相同。

　　vstack（）函数、hstack（）函数和 concatenate（）函数也可实现两个数组的合并。vstack（）函数用于垂直方向的数组连接，hstack（）函数用于水平方向的数组连接，concatenate（）函数既可用于垂直方向也可用于水平方向的数组连接。连接时，仍然要注意两个数组的对齐问题，即上述形状合适问题。使用这几个函数的代码示例如下：

```
import numpy as np
a = np. array([[1,2,3],[4,5,6],[7,8,9]])
b = np. array([[2,2,2],[3,3,3]])
c = np. array([[1,2],[4,5],[7,8]])
np1 = np. vstack([a,b])
print("np1:\n",np1)
np2 = np. hstack([a,c])
print("np2:\n",np2)
np3 = np. concatenate((a,b),axis = 0)
print("np3:\n",np3)
np4 = np. concatenate((a,c),axis = 1)
print("np4:\n",np4)
```

　　运行结果为：

```
np1:
[[1 2 3]
[4 5 6]
[7 8 9]
[2 2 2]
[3 3 3]]
np2:
[[1 2 3 1 2]
[4 5 6 4 5]
[7 8 9 7 8]]
np3:
[[1 2 3]
[4 5 6]
[7 8 9]
[2 2 2]
[3 3 3]]
```

```
np4:
[[1 2 3 1 2]
[4 5 6 4 5]
[7 8 9 7 8]]
```

vstack() 函数、hstack() 函数和 concatenate() 函数的一个共同点是，需要合并的两个数组要放在一个列表或元组里面，当成一个参数来使用。通过 concatenate() 函数的使用可以看出，在 axis＝0 轴上的操作，是在垂直方向上合并，对应的是 vstack() 函数；在 axis＝1 轴上的操作，是在水平方向上合并，对应的是 hstack() 函数。

9.4.2 数组的删除

Numpy 模块的 delete() 函数可以删除数组的某一行或某一列。delete() 函数使用三个参数，第一个参数是要操作的数组，第二个参数是行编号或列编号，第三个参数是操作的轴。使用 delete() 函数的代码示例如下：

```
import numpy as np
data = [[1,2],[3,4],[5,6],[7,8]]
np1 = np.array(data)
print("np1:\n",np1)
np2 = np.delete(np1,1,axis = 0)
print("np2:\n",np2)
print("np1:\n",np1)
np3 = np.delete(np1,1,axis = 1)
print("np3:\n",np3)
```

运行结果如下：

```
np1:
[[1 2]
[3 4]
[5 6]
[7 8]]
np2:
[[1 2]
[5 6]
[7 8]]
np1:
[[1 2]
[3 4]
[5 6]
[7 8]]
```

```
np3:
[[1]
[3]
[5]
[7]]
```

从上述结果可看出，在 axis＝0 轴操作时，删除位置（编号）为 1 的内容，实际上就是删除第二行的内容。同理，在 axis＝1 轴操作时，删除位置（编号）为 1 的内容，实际上就是删除第二列的内容。上述例子可以帮助我们更好地理解在 axis＝0 轴操作、在 axis＝1 轴操作的含义。

Numpy 模块的 vsplit（）函数、hsplit（）函数可对一个数组进行垂直切割和水平切割，它们是 vstack（）函数、hstack（）函数的反向操作。vsplit（）函数、hsplit（）函数使用两个参数。第一个参数是要操作的数组。第二个参数既可为一个整数值，也可为一个列表，整数值表示均匀等分的份数，列表内的整数值表示切割的位置，两种情况下的参数含义非常不同。vsplit（）函数、hsplit（）函数的返回值为一个列表，列表中各元素为切割生成的数组。使用 vsplit（）函数、hsplit（）函数的代码示例如下：

```
import numpy as np
data = [[1,2,3,4],[3,4,5,6],[5,6,7,8],[7,8,9,10]]
np1 = np. array(data)
list1 = np. vsplit(np1,2)
print("均匀等分的情况!")
for each in list1:
print(" * * * * * * *")
print(each)
print("垂直切割的情况!")
list2 = np. vsplit(np1,[1,3])
for each in list2:
print(" * * * * * * *")
print(each)
print("水平切割的情况!")
list3 = np. hsplit(np1,[1,3])
for each in list3:
print(" * * * * * * *")
print(each)
```

运行结果为：

```
均匀等分的情况!
 * * * * * * *
[[1 2 3 4]
```

```
[3 4 5 6]]
[[ 5  6  7  8]
[ 7  8  9 10]]
```
垂直切割的情况!
```
* * * * * * *
[[1 2 3 4]]
* * * * * * *
[[3 4 5 6]
[5 6 7 8]]
* * * * * * *
[[ 7  8  9 10]]
```
水平切割的情况!
```
* * * * * * *
[[1]
[3]
[5]
[7]]
* * * * * * *
[[2 3]
[4 5]
[6 7]
[8 9]]
* * * * * * *
[[ 4]
[ 6]
[ 8]
[10]]
```

请注意垂直切割和水平切割后所得到数组形状的差异。Numpy 模块的 split() 函数既可垂直切割又可水平切割，它使用三个参数，前面两个参数跟 vsplit() 函数和 hsplit() 函数类似，第三个参数是操作的轴，相关代码示例如下：

```python
import numpy as np
data = [[1,2,3,4],[3,4,5,6],[5,6,7,8],[7,8,9,10]]
np1 = np. array(data)
print("np1:\n",np1)
list1 = np. split(np1,[1,3],axis = 0)
print("list1:\n",list1)
list2 = np. split(np1,[1,3],axis = 1)
print("list2:\n",list2)
```

运行结果如下：

```
np1:
[[ 1  2  3  4]
 [ 3  4  5  6]
 [ 5  6  7  8]
 [ 7  8  9 10]]
list1:
[array([[1,2,3,4]]),array([[3,4,5,6],
       [5,6,7,8]]),array([[ 7,  8,  9,10]])]
list2:
[array([[1],
       [3],
       [5],
       [7]]),array([[2,3],
       [4,5],
       [6,7],
       [8,9]]),array([[ 4],
       [ 6],
       [ 8],
       [10]])]
```

从运行结果可看出，split() 函数的返回值也是包含多个数组元素的列表。

9.4.3 数组的查找

查找数组中元素的位置，通常会使用数组对象的 argmax() 方法和 argmin() 方法。argmax() 方法用于查找数组中各个轴最大元素的位置，argmin() 方法用于查找数组中各个轴最小元素的位置，它们一般使用一个参数，该参数指明操作的轴，返回值是一个表示位置的数组。相关的代码示例如下：

```
import numpy as np
np.random.seed(600)
np1 = np.random.random((4,4))
print("np1:\n",np1)
np2 = np1.argmax(axis = 0)
print("按 0 轴看最大值的位置:\n",np2)
print("返回值的类型",type(np2))
np3 = np1.argmax(axis = 1)
print("按 1 轴看最大值的位置:\n",np3)
```

运行结果为：

```
np1:
[[0.03236728 0.54240966 0.80291961 0.0551594 ]
```

```
[0. 38226478 0. 21097059 0. 85235144 0. 11857132]
[0. 01261806 0. 11815138 0. 27428926 0. 89952786]
[0. 22813155 0. 98909234 0. 08175612 0. 30077447]]
按 0 轴看最大值的位置:
[1 3 1 2]
返回值的类型 <class 'numpy. ndarray'>
按 1 轴看最大值的位置:
[2 2 3 1]
```

数组 np1 第 1 列的最大值约为 0.382，行编号是 1，第二列的最大值约为 0.989，行编号为 3，第 3 列的最大值约为 0.852，行编号是 1，第四列的最大值约为 0.900，行编号是 2。所以 argmax(axis=0) 得到的结果为 [1 3 1 2]，同理 argmax(axis=1) 得到的结果为 [2 2 3 1]。数组对象的 argsort 方法可得到更多的信息，实际上，它先在某个轴的方向上对数据排序，然后给出各元素原来的位置，代码示例如下：

```
import numpy as np
np. random. seed(600)
np1 = np. random. random((4,4))
print("np1:\n",np1)
np2 = np1. argsort(axis = 0)
print("按 0 轴排序的位置:\n",np2)
```

运行结果如下：

```
np1:
[[0. 03236728 0. 54240966 0. 80291961 0. 0551594 ]
[0. 38226478 0. 21097059 0. 85235144 0. 11857132]
[0. 01261806 0. 11815138 0. 27428926 0. 89952786]
[0. 22813155 0. 98909234 0. 08175612 0. 30077447]]
按 0 轴排序的位置:
[[2 2 3 0]
[0 1 2 1]
[3 0 0 3]
[1 3 1 2]]
```

数组 np1 第 1 列的最小值约为 0.013，行编号是 2，次小值约为 0.032，行编号是 0，最大值约为 0.382，行编号是 1，所以 argsort() 结果的第一列是 [2 0 3 1]。观察 argsort() 的结果，还可看出：argsort() 结果的最后一行，也就是各列最大值位置构成的行就是 argmax() 的结果；argsort() 结果的第一行，就是各列最小值位置构成的行就是 argmin() 的结果。

Numpy 模块还有 argmax() 函数、argmin() 函数，它们实现的功能跟数组对象的 argmax() 方法和 argmin() 方法是相同的。通过比较，可以看出模块函数和对象方法在使用时的一些区别。使用 argmax() 函数和 argmin() 函数的代码示例如下：

```
import numpy as np
np.random.seed(600)
np1 = np.random.random((4,4))
print("np1:\n",np1)
np2 = np.argmax(np1,axis=0)
print("按 0 轴看最大值的位置:\n",np2)
print("返回值的类型",type(np2))
np3 = np.argmax(np1,axis=1)
print("按 1 轴看最大值的位置:\n",np3)
```

运行结果如下：

```
np1:
[[0.03236728 0.54240966 0.80291961 0.0551594 ]
[0.38226478 0.21097059 0.85235144 0.11857132]
[0.01261806 0.11815138 0.27428926 0.89952786]
[0.22813155 0.98909234 0.08175612 0.30077447]]
按 0 轴看最大值的位置:
[1 3 1 2]
返回值的类型 <class 'numpy.ndarray'>
按 1 轴看最大值的位置:
[2 2 3 1]
```

Numpy 模块的 argmax() 函数和数组对象的 argmax() 方法得到的运行结果完全一样。使用 Numpy 模块的 argmax() 函数时，需要额外增加一个参数，该参数的作用是指明要操作的数组。使用数组对象的 argmax() 方法时，所操作的数组已经明确，不需要额外指出。其他模块也有类似的情况，模块的函数和对象的方法，名字相同，实现的功能相同，只是使用时传入的参数个数不一样而已。

Numpy 模块的 argwhere() 函数用于查找数组中满足某些条件的元素的位置，数组对象没有 argwhere() 方法。使用 argwhere() 函数的代码示例如下：

```
import numpy as np
data = [[1,2,3,4],[3,4,5,6],[5,6,7,8],[7,8,9,10]]
np1 = np.array(data)
print("np1:\n",np1)
np2 = np.argwhere(np1<6)
print("np2:\n",np2)
```

运行结果如下：

```
np1:
[[ 1  2  3  4]
 [ 3  4  5  6]
 [ 5  6  7  8]
 [ 7  8  9 10]]
np2:
[[0 0]
 [0 1]
 [0 2]
 [0 3]
 [1 0]
 [1 1]
 [1 2]
 [2 0]]
```

　　上述代码中，数组 np1 小于 6 的元素有 1，2，3，4，3，4，5，5。上述元素在数组中的位置为(0，0)、(0，1)、(0，2)、(0，3)、(1，0)、(1，1)、(1，2)、(2，0)。数组 np2 与上述结果对应，它第一列给出的是上述位置的行编号，第二列给出的上述位置的列编号。获取满足条件的位置后，可把对应位置的元素提取出来。不过，很少使用这种方法提取元素，因为 Numpy 的 extract() 函数可以直接把满足条件的元素提取出来。相关代码示例如下：

```
import numpy as np
data = [[1,2,3,4],[3,4,5,6],[5,6,7,8],[7,8,9,10]]
np1 = np. array(data)
print("np1:\n",np1)
condition = np. mod(np1,2) = = 0
np2 = np. extract(condition,np1)
print("np2:\n",np2)
```

　　运行结果如下：

```
np1:
[[ 1  2  3  4]
 [ 3  4  5  6]
 [ 5  6  7  8]
 [ 7  8  9 10]]
np2:
[ 2  4  4  6  6  8  8 10]
```

　　上述代码中，condition 条件就是寻找偶数的条件，程序的运行结果是把 np1 数组中所有的偶数提取出来，组成了一个新数组。

9.4.4　数组的修改

　　总体而言，数组的修改可分为修改内容和修改形状两个部分。修改内容指的是通过数组的位置（或行编号、列编号）直接对数组进行修改，既可以修改一个元素的内容，也可以修改一行或一列的内容。修改形状指的是把某个数组从低维数组变为高维数组，或从高维数组变为低维数组。下面是修改内容的代码示例：

```
import numpy as np
data = [[1,2,3,4],[3,4,5,6],[5,6,7,8],[7,8,9,10]]
np1 = np.array(data)
print("第一次的 np1:\n",np1)
np1[2,1] = 0
print("第二次的 np1:\n",np1)
np1[1] = 11
print("第三次的 np1:\n",np1)
np1[:,1] = [12,12,12,12]
print("第四次的 np1:\n",np1)
```

　　运行结果如下：

```
第一次的 np1:
[[ 1  2  3  4]
 [ 3  4  5  6]
 [ 5  6  7  8]
 [ 7  8  9 10]]
第二次的 np1:
[[ 1  2  3  4]
 [ 3  4  5  6]
 [ 5  0  7  8]
 [ 7  8  9 10]]
第三次的 np1:
[[ 1  2  3  4]
 [11 11 11 11]
 [ 5  0  7  8]
 [ 7  8  9 10]]
第四次的 np1:
[[ 1 12  3  4]
 [11 12 11 11]
 [ 5 12  7  8]
 [ 7 12  9 10]]
```

从上述代码可看出，如果对整行或整列进行修改，也需要注意数据维度的对齐问题。

前面讨论过数组对象的 argmax() 方法和 argmin() 方法，通过这些方法可以知道最大值和最小值的位置。实际上，知道了这些位置，就可对相关内容进行修改，代码示例如下：

```python
import numpy as np
np.random.seed(600)
np1 = np.random.random((4,4))
print("原来的 np1:\n",np1)
np2 = np1.argmax(axis = 0)
print("按 0 轴看最大值的位置:\n",np2)
np3 = np1.argmin(axis = 0)
print("按 0 轴看最小值的位置:\n",np3)
np1[np2,[0,1,2,3]] = 0.99
print("最大值改变后的 np1:\n",np1)
np1[np2,[0,1,2,3]] = 0
print("最小值改变后的 np1:\n",np1)
```

运行结果如下：

```
原来的 np1:
[[0.03236728 0.54240966 0.80291961 0.0551594 ]
[0.38226478 0.21097059 0.85235144 0.11857132]
[0.01261806 0.11815138 0.27428926 0.89952786]
[0.22813155 0.98909234 0.08175612 0.30077447]]
按 0 轴看最大值的位置:
[1 3 1 2]
按 0 轴看最小值的位置:
[2 2 3 0]
最大值改变后的 np1:
[[0.03236728 0.54240966 0.80291961 0.0551594 ]
[0.99        0.21097059 0.99        0.11857132]
[0.01261806 0.11815138 0.27428926 0.99       ]
[0.22813155 0.99        0.08175612 0.30077447]]
最小值改变后的 np1:
[[0.03236728 0.54240966 0.80291961 0.0551594 ]
[0.         0.21097059 0.         0.11857132]
[0.01261806 0.11815138 0.27428926 0.         ]
[0.22813155 0.         0.08175612 0.30077447]]
```

Numpy 模块的 where() 函数可对满足条件的部分进行批量修改，它有时使用一个参数，有时使用三个参数。使用一个参数时，其功能类似于前面的 argmax() 函数，只是获取满足条件的内容的位置。使用三个参数时，第一个参数是条件，第二个参数是对满足条件的位置进行替换的内容，第三个参数是对不满足条件的位置进行替换的内容。相关代码示例如下：

```
import numpy as np
data = [[1,2,3,4],[3,4,5,6],[5,6,7,8],[7,8,9,10]]
np1 = np.array(data)
print("np1:\n",np1)
np2 = np.where(np1<6)
print("np2:\n",np2)
np3 = np.argwhere(np1<6)
print("np3:\n",np3)
np4 = np.where(np1<6,0,1)
print("np4:\n",np4)
```

运行结果如下：

```
np1:
[[ 1  2  3  4]
 [ 3  4  5  6]
 [ 5  6  7  8]
 [ 7  8  9 10]]
np2:
(array([0,0,0,0,1,1,1,2],dtype = int64),array([0,1,2,3,0,1,2,0],dtype = int64))
np3:
[[0 0]
 [0 1]
 [0 2]
 [0 3]
 [1 0]
 [1 1]
 [1 2]
 [2 0]]
np4:
[[0 0 0 0]
 [0 0 0 1]
 [0 1 1 1]
 [1 1 1 1]]
```

　　使用 where() 函数后，就会得到 np4 这类数组，整个数组只有两类值。
　　Numpy 模块不仅可以修改数组的内容，还可以修改数组的形状。数组对象的 reshape() 方法和 resize() 方法的功能就是改变数组形状，它们一般都使用一个参数，该参数表示新生成数组的形状。reshape() 方法不会改变原有对象，但是 resize() 方法会改变原有对象。使用 reshape() 方法的代码示例如下：

```
import numpy as np
np1 = np. arange(6)
print("np1:\n",np1)
print("np1 的形状:",np1. shape)
np2 = np1. reshape((3,2))
print("np2:\n",np2)
print("np2 的形状:",np2. shape)
np3 = np1. reshape((2, -1))
print("np3:\n",np3)
print("np3 的形状:",np3. shape)
print("np1:\n",np1)
```

运行结果如下：

```
np1:
[0 1 2 3 4 5]
np1 的形状:(6,)
np2:
[[0 1]
[2 3]
[4 5]]
np2 的形状:(3,2)
np3:
[[0 1 2]
[3 4 5]]
np3 的形状:(2,3)
np1:
[0 1 2 3 4 5]
```

从运行结果可以看到，np2 不是空值，说明 reshape() 方法有返回值。有返回值时，一般不改变原有对象，上述指令的最后一步打印 np1 数组时，可发现 np1 数组的内容形状都没有改变，再次验证了一个规律：没有返回值，改变原有对象内容；有返回值，不改原有对象内容。(2, -1) 中的 -1 是一种特定用法，指的是首先要满足第一个轴的长度是 2 的前提条件，然后根据第一个轴的长度确定第二个轴的长度。因为 np1 是一个形状为 $1 * 6$ 的数组，如果要指定第一个轴的长度是 2，第二个轴的长度只能是 3，所以在上述代码中 (2, -1) 和 (2, 3) 是同样的意思。下面是使用 resize() 方法的代码示例：

```
import numpy as np
np1 = np. arange(6)
```

```
print("np1:\n",np1)
print("np1 的形状:",np1.shape)
np2 = np1.resize((3,2))
print("np2:\n",np2)
print("np1:\n",np1)
```

运行结果如下：

```
np1:
[0 1 2 3 4 5]
np1 的形状:(6,)
np2:
None
np1:
[[0 1]
[2 3]
[4 5]]
```

使用 resize() 方法得到的 np2 是个空值，但原有数组 np1 的形状改变了，这就是 re-size() 方法和 reshape() 方法的区别。Numpy 模块的 reshape() 函数和 resize() 函数，也能改变数组的形状，它们使用的参数要比数组对象的方法多一个，就是要把处理的数组对象作为一个额外的参数，这就是使用模块函数和数组对象的区别。

如果想把一个二维数组变为一维数组呢？数组对象的 flatten() 方法可实现这个功能。相关的代码示例如下：

```
import numpy as np
np1 = np.arange(6)
np2 = np1.reshape((3,2))
print("np2 的形状:",np2.shape)
np3 = np2.flatten()
print("np3:\n",np3)
print("np3 的形状:",np3.shape)
```

运行结果为：

```
np2 的形状:(3,2)
np3:
[0 1 2 3 4 5]
np3 的形状:(6,)
```

在二维数组中，有一类特殊的形状转换问题：转置。数组对象的 transpose() 方法和 T 属性都可实现二维数组的转置。相关代码示例如下：

```
import numpy as np
np1 = np. array([[1,2,3],[4,5,6]])
print("np1:\n",np1)
np2 = np1. transpose()
print("np2:\n",np2)
np3 = np1. T
print("np3:\n",np3)
```

运行结果如下：

```
np1:
[[1 2 3]
 [4 5 6]]
np2:
[[1 4]
 [2 5]
 [3 6]]
np3:
[[1 4]
 [2 5]
 [3 6]]
```

数组对象的 swapaxes（）方法和 Numpy 模块的 transpose（）函数也可实现数组对象的转置，大家可以自己编程试验一下。

9.5　数组的运算

Numpy 模块的强项就在于数组运算。使用 Python 进行数据处理的一般做法是，首先使用 Pandas 模块进行数据清理，然后使用 Numpy 模块进行运算。在这一部分，我们将介绍与向量、矩阵类似的一些运算问题，并在此基础上讨论一般化的数组运算问题。

9.5.1　与向量、矩阵类似的运算

显而易见，一维数组对应向量，二维数组对应矩阵，下文如不做特殊说明，一维数组和向量含义相同，二维数组和矩阵含义相同。在 Numpy 模块中，数组加一个常数，使用"＋"，减去一个常数，使用"－"，乘以一个常数，使用"＊"，除以一个常数，使用"/"。一维数组与常数进行加、减、乘、除运算的代码示例如下：

```
import numpy as np
np1 = np. arange(5)
print("np1 形状:",np1. shape)
print("np1:\n",np1)
```

```
np2 = np1 + 3
np3 = np1 - 2
print("np2:\n",np2)
print("np3:\n",np3)
np4 = np1 * 2
np5 = np1/2
print("np4:\n",np4)
print("np5:\n",np5)
```

运行结果：

```
np1 形状:(5,)
np1:
[0 1 2 3 4]
np2:
[3 4 5 6 7]
np3:
[-2 -1  0  1  2]
np4:
[0 2 4 6 8]
np5:
[0.  0.5 1.  1.5 2. ]
```

二维数组与常数进行加、减、乘、除运算的代码示例如下：

```
import numpy as np
np1 = np.arange(6).reshape((3,2))
print("np1 形状:",np1.shape)
print("np1:\n",np1)
np2 = np1 + 3
np3 = np1 - 2
print("np2:\n",np2)
print("np3:\n",np3)
np4 = np1 * 2
np5 = np1/2
print("np4:\n",np4)
print("np5:\n",np5)
```

运行结果如下：

```
np1 形状:(3,2)
np1:
[[0 1]
```

```
[2 3]
 [4 5]]
np2:
[[3 4]
 [5 6]
 [7 8]]
np3:
[[-2 -1]
 [ 0  1]
 [ 2  3]]
np4:
[[ 0  2]
 [ 4  6]
 [ 8 10]]
np5:
[[0.  0.5]
 [1.  1.5]
 [2.  2.5]]
```

代码几乎完全一样，我们只是使用了一个二维数组而已。一维数组与一维数组之间使用符号"＋"可做加法运算，使用"－"可做减法运算。一维数组与一维数组可做点乘运算，点乘运算的符号是".dot"。一维数组也可与另一个一维数组进行对应元素相乘的运算，使用"＊"。相关代码示例如下：

```
import numpy as np
np1 = np. arange(6)
np2 = np1 - 2
print("np1:\n", np1)
print("np2:\n", np2)
np3 = np1 + np2
np4 = np1 - np2
print("np3:\n", np3)
print("np4:\n", np4)
np5 = np1. dot(np2)
np6 = np1 * np2
print("np5:\n", np5)
print("np6:\n", np6)
```

运行结果如下：

```
np1:
[0 1 2 3 4 5]
```

```
np2:
[-2-1  0  1  2  3]
np3:
[-2  0  2  4  6  8]
np4:
[2 2 2 2 2 2]
np5:
25
np6:
[ 0-1  0  3  8 15]
```

点乘的结果是个标量,但对应元素相乘的结果还是一个数组。二维数组和二维数组相乘,也有两种方法:矩阵相乘和对应元素相乘。二维数组之间实现矩阵相乘,即线性代数里面所讲的方式,需要使用".dot";二维数组之间实现对应元素相乘,需要使用"*"。相关的代码示例如下:

```
import numpy as np
np1 = np.arange(6).reshape((3,2))
np2 = np.arange(6).reshape((2,3))
np3 = np1 - 2
print("np1:\n",np1)
print("np2:\n",np2)
print("np3:\n",np3)
np4 = np1.dot(np2)
# np4 = np1.dot(np3)
np5 = np1 * np3
# np5 = np1 * np2
print("np4:\n",np4)
print("np5:\n",np5)
```

运行结果如下:

```
np1:
[[0 1]
[2 3]
[4 5]]
np2:
[[0 1 2]
[3 4 5]]
np3:
[[-2-1]
[ 0  1]
```

```
 [ 2  3]]
np4:
[[ 3  4  5]
 [ 9 14 19]
 [15 24 33]]
np5:
[[ 0 -1]
 [ 0  3]
 [ 8 15]]
```

前面标有♯的两条指令都会报错。为什么呢？np1 数组的第二个维度的长度跟 np3 第一个维度的长度不同，不能做矩阵乘法运算；np1 数组和 np2 数组形状不同，不能进行对应元素相乘的运算。

一维数组和二维数组的乘法运算的代码示例如下：

```
import numpy as np
np1 = np.arange(6).reshape((2,3))
np2 = np.arange(3)
np3 = np.arange(3).reshape((3,1))
np4 = np1.dot(np2)
np5 = np1.dot(np3)
print("np1:\n",np1)
print("np2:\n",np2)
print("np3:\n",np3)
print("np4:\n",np4)
print("np5:\n",np5)
np6 = np1 * np2
print("np6:\n",np6)
```

运行结果如下：

```
np1:
[[0 1 2]
 [3 4 5]]
np2:
[0 1 2]
np3:
[[0]
 [1]
 [2]]
np4:
[ 5 14]
```

```
np5:
[[ 5]
[14]]
np6:
[[ 0  1  4]
[ 0  4 10]]
```

注意一维数组使用 ".dot" 与二维数组相乘的结果是得到一个一维数组,这跟线性代数中的向量不同,线性代数要区分行向量和列向量,一维数组没有类似的区分。

Numpy 模块中的 linalg 子模块提供了很多与矩阵相关的运算函数。det() 函数可得到与方阵对应的行列式的值。inv() 函数可得到可逆矩阵的逆。eig() 函数可得到矩阵的特征值和特征根。使用这些函数的代码示例如下:

```
import numpy as np
np1 = np.array([[1,2],[3,4]])
print("np1:\n",np1)
print("np1 对应的行列式的值:\n",np.linalg.det(np1))
print("np1 的逆:\n",np.linalg.inv(np1))
print("特征值和特征方程:\n",np.linalg.eig(np1))
```

运行结果如下:

```
np1:
[[1 2]
[3 4]]
np1 对应的行列式的值:
 -2.0000000000000004
np1 的逆:
[[-2.   1. ]
[ 1.5 -0.5]]
特征值和特征方程:
(array([-0.37228132,  5.37228132]),array([[-0.82456484, -0.41597356],
      [ 0.56576746, -0.90937671]]))
```

eig() 函数的返回值为一个元组,它有两个元素,每个元素都是一个数组。第一个数组给出的是特征值,第二个数组给出的是相应的特征方程。

linalg 子模块的 solve() 函数可求解线性方程组。考虑以下线性方程组:

$$x + y + z = 6$$
$$2y + 5z = -4$$
$$2x + 5y - z = 27$$

求解上述线性方程组的代码示例为:

```
import numpy as np
np1 = np. array([[1,1,1],[0,2,5],[2,5,-1]])
np2 = np. array([[6],[-4],[27]])
print("线性方程的解:\n",np. linalg. solve(np1,np2))
```

运行结果为:

```
线性方程的解:
[[ 5. ]
 [ 3. ]
 [-2. ]]
```

在上述代码中,solve() 函数的第一个参数是线性方程组的系数矩阵,第二个参数是等号右边的常数矩阵,求解的答案是 $x=5$,$y=3$,$z=-2$。

9.5.2　一般化的数组运算

一维数组和二维数组与常数的运算问题可推广到三维及三维以上数组,相关代码示例如下:

```
import numpy as np
np1 = np. arange(18). reshape((2,3,3))
print("np1:\n",np1)
np2 = np1 + 3
print("np2:\n",np2)
np3 = np1 * 2
print("np3:\n",np3)
```

运行结果如下:

```
np1:
[[[ 0  1  2]
  [ 3  4  5]
  [ 6  7  8]]

 [[ 9 10 11]
  [12 13 14]
  [15 16 17]]]
np2:
[[[ 3  4  5]
  [ 6  7  8]
  [ 9 10 11]]
```

```
[[12 13 14]
 [15 16 17]
 [18 19 20]]]
np3:
[[[ 0  2  4]
  [ 6  8 10]
  [12 14 16]]

 [[18 20 22]
  [24 26 28]
  [30 32 34]]]
```

　　在 Numpy 模块中，"∗"表示相同形状两个数组对应元素相乘。本章前面讨论过一维数组和二维数组对应元素相乘，该类运算可推广到三维及以上数组，相关代码示例如下：

```python
import numpy as np
np1 = np.arange(18).reshape((2,3,3))
print("np1:\n",np1)
np2 = np1 + 3
print("np2:\n",np2)
np3 = np1 * np2
print("np3:\n",np3)
```

　　运行结果如下：

```
np1:
[[[ 0  1  2]
  [ 3  4  5]
  [ 6  7  8]]

 [[ 9 10 11]
  [12 13 14]
  [15 16 17]]]
np2:
[[[ 3  4  5]
  [ 6  7  8]
  [ 9 10 11]]

 [[12 13 14]
  [15 16 17]
  [18 19 20]]]
```

```
np3:
[[[  0   4  10]
  [ 18  28  40]
  [ 54  70  88]]

 [[108 130 154]
  [180 208 238]
  [270 304 340]]]
```

有时，两个数组的形状不同，也可使用"＊"进行相乘，这就涉及数组运算的广播机制。为了更清楚地说明广播机制，还是以二维数组的运算为例。代码示例如下：

```
import numpy as np
np1 = np. array([[0,1],[2,3],[4,5]])
print("np1 的 shape:",np1. shape)
np2 = np. array([1,2])
print("np2 的 shape:",np2. shape)
np3 = np. array([1,2,3])
print("np3 的 shape:",np3. shape)
np4 = np. array([[1],[2],[3]])
print("np4 的 shape:",np4. shape)
np5 = np. array([[1,2,3],[4,5,6],[7,8,9]])
print("np5 的 shape:",np5. shape)
np6 = np. array([[1,2]])
print("np6 的 shape:",np6. shape)
np7 = np6. T
print("np7 的 shape:",np7. shape)
np8 = np. array([[1],[2],[3],[4]])
print("np6 的 shape:",np8. shape)

inter = np1 * np2
print("inter:",inter) #(3,2)和(2,)可以运算
# inter = np1 * np3
# print("inter:",inter) #(3,2)和(3,)不能运算
inter = np1 * np4
print("inter:",inter) #(3,2)和(3,1)可以运算
# inter = np1 * np5
# print("inter:",inter) #(3,2)和(3,3)不能运算
inter = np1 * np6
print("inter:",inter) #(3,2)和(1,2)可以运算
```

```
# inter = np1 * np7
# print("inter:",inter) #(3,2)和(2,1)不能运算
inter = np8 * np3
print("inter:",inter) #(4,1)和(3,)可以运算
```

上述代码的具体运行结果从略，从数组形状方面来看，可总结为：

（3，2）和（2，）可以运算；

（3，2）和（3，）不能运算；

（3，2）和（3，1）可以运算；

（3，2）和（3，3）不能运算；

（3，2）和（1，2）可以运算；

（3，2）和（2，1）不能运算；

（4，1）和（3，）可以运算。

我们基于上述结果来说明广播机制。广播机制分为两步。第一步是增维，在进行运算的两个数组中，找到低维数组，使其维度增加到另一个数组的维度数，并且让新增维度为第一个维度（axis=0），长度为1。例如形状为（3，2）的数组和形状为（2，）的数组进行运算时，（2，）的数组就是一维数组，需将其增加到二维，增维后应变成形状为（1，2）的数组，而不是（2，1）的数组。同理，形状为（3，2）的数组和形状为（3，）的数组进行运算时，（3，）的数组需变为（1，3）的数组。第二步是拉伸。这一步的前提是两个数组的维度相同。拉伸指的是把长度为1的维度拉伸到与另一个数组同维度的那个长度。例如，（3，2）和（1，2）的数组做运算时，（1，2）数组要拉伸为（3，2）；（3，2）和（1，3）的数组做运算时，（1，3）要拉伸为（3，3）。经过广播机制转换后，如果两个数组的形状完全相同，即维度相同，每个维度的长度也相同，那么这两个数组就可以进行运算。所以，（3，2）和（2，）是可以运算的，拉伸后都为（3，2）；（3，2）和（3，）不能运算，拉伸后，（3，）变为（3，3），而非（3，2）。下面使用广播机制分析（4，1）和（3，）的情况。首先，（3，）增维为（1，3）。然后，（4，1）拉伸为（4，3），（1，3）也拉伸为（4，3），两者最后的形状相同，所以可以运算。

三维及以上数组对应元素的相乘，也要满足广播机制，代码示例如下：

```
import numpy as np
np1 = np.arange(18).reshape((3,3,2))
print("np1 的 shape:",np1.shape)
np2 = np.array([[1],[2],[3]])
print("np2 的 shape:",np2.shape)
np3 = np1 * np2
print("np3:\n",np3)
```

运行结果如下：

```
np1 的 shape:(3,3,2)
```

```
np2 的 shape:(3,1)
np3:
[[[ 0  1]
  [ 4  6]
  [12 15]]

 [[ 6  7]
  [16 18]
  [30 33]]

 [[12 13]
  [28 30]
  [48 51]]]
```

上述代码给出的是（3，3，2）和（3，1）运算的例子。首先，（3，1）要增维为（1，3，1）。然后，（1，3，1）要拉伸为（3，3，2）。此时，两个数组的形状完全相同，可以进行运算。

如上所述，两个数组对应元素相乘，需要满足广播机制。实际上，两个数组对应元素相加，也要满足广播机制，限于篇幅，不再详细介绍。

9.6　统计功能

数组对象提供了很多方法来实现统计方面的功能，例如 min() 方法、max() 方法、sum() 方法、median() 方法、mean() 方法、var() 方法。这些方法的使用形式基本类似，如果不加任何参数，意味着在整个数组中进行操作；对于二维或多维数组而言，如果加上参数 axis＝0，就意味着在数组的第一个轴（即通常所说的行）上操作。如果加上参数 axis＝1，就意味着在数组的第二个轴（即通常所说的列）上操作。使用 max() 方法、mean() 方法和 var() 方法的代码示例如下：

```
import numpy as np
np. random. seed(888)
np1 = np. random. randint(0,100,(5,5))
print("np1:\n",np1)
print("整个数组的最大值:\n",np1. max())
print("各列的最大值:\n",np1. max(axis = 0))
print("各行的最大值:\n",np1. max(axis = 1))
print("整个数组的平均值:\n",np1. mean())
print("各列的平均值:\n",np1. mean(axis = 0))
print("各行的平均值:\n",np1. mean(axis = 1))
print("整个数组的方差:\n",np1. var())
```

```
print("各列的方差:\n",np1.var(axis=0))
print("各行的方差:\n",np1.var(axis=1))
```

运行结果如下：

```
np1:
[[26 22 46 60 17]
 [16 93 12 96  3]
 [80 26 19 26 82]
 [46 94 52  1  2]
 [ 8 35 44  8 53]]
整个数组的最大值:
96
各列的最大值:
[80 94 52 96 82]
各行的最大值:
[60 96 82 94 53]
整个数组的平均值:
38.68
各列的平均值:
[35.2 54.  34.6 38.2 31.4]
各行的平均值:
[34.2 44.  46.6 39.  29.6]
整个数组的方差:
905.2575999999999
各列的方差:
[ 663.36 1058.    255.04 1252.16  981.04]
各行的方差:
[ 263.36 1718.8   795.84 1211.2   343.44]
```

需要注意的是，在行（axis＝0）上操作指的是对不同行上的数值进行比较，所以得到的是各列的最大值；同理，在列（axis＝1）上操作指的是对不同列上的数值进行比较，所以得到的是各行的最大值。无论在行上操作，还是在列上操作，得到的都是一维数组，显示方式都是类似的，Numpy 模块不存在行向量和列向量的差别。

Numpy 模块的 corrcoef() 函数可计算某数组的相关系数矩阵，代码示例如下：

```
import numpy as np
np.random.seed(888)
np1 = np.random.randint(0,100,(5,5))
print("np1:\n",np1)
print(np.corrcoef(np1))
```

运行结果如下：

```
np1:
[[26 22 46 60 17]
[16 93 12 96  3]
[80 26 19 26 82]
[46 94 52  1  2]
[ 8 35 44  8 53]]
[[ 1.          0.38674055 -0.65030968 -0.32543381 -0.45127732]
[  0.38674055  1.         -0.61287576  0.22511033 -0.43575998]
[ -0.65030968 -0.61287576  1.         -0.3636197   0.01652629]
[ -0.32543381  0.22511033 -0.3636197   1.          0.08930774]
[ -0.45127732 -0.43575998  0.01652629  0.08930774  1.        ]]
```

Numpy 模块的 unique() 函数可对某数组进行删除重复元素的操作，相关代码示例如下：

```
import numpy as np
np1 = np.array([5,2,6,2,7,5,6,8,2,9])
print("去重前的数组:\n",np1)
np2 = np.unique(np1)
print("去重后的数组:\n",np2)
```

运行结果如下：

```
去重前的数组:
[5 2 6 2 7 5 6 8 2 9]
去重后的数组:
[2 5 6 7 8 9]
```

从运行结果可看出，unique() 函数的返回值是无重复值、从小到大排列的数组，重复的数据，例如多余的 2，5，6 都被删除了。

Numpy 模块是 Python 进行数据处理的基础模块，它能够支持高维数据的运算，所以 Numpy 模块也广泛应用于机器学习等相关领域。Numpy 模块主要用于处理数值型数据，字符串型数据的处理主要由 Pandas 模块负责。虽然 Numpy 模块能够进行数据清理之类的工作，但它的强项主要是数值运算。在使用 Python 进行数据处理时，通常使用 Pandas 模块进行数据清理等准备工作，然后把处理好的数据交给 Numpy 模块进行运算。

第 10 章

Pandas 模块的使用

本章介绍 Python 进行数据处理的 Pandas 模块。Pandas 模块是基于 Numpy 模块构建的,它和 Numpy 模块的区别体现在以下几个方面。第一,Numpy 模块主要处理数值型数据,Pandas 模块既能处理数值型数据,还能处理字符串型数据。第二,Numpy 模块主要负责数据计算,Pandas 模块主要负责数据清理,一般而言,数据清理后才会进行数据计算。第三,Numpy 模块里面数据的引用主要依靠位置,而 Pandas 模块中数据的列和行都有自己的名称,所以 Pandas 模块里面数据的引用既可依靠位置,也可依靠名称。第四,Pandas 模块与其他类型数据文件(如 Excel 文件)的交互更为方便。

10.1 Pandas 模块的简介和安装

Pandas (panel data analysis) 是一款强大的数据处理分析包,最初主要用于分析金融数据,后来由于其全面、快捷、易用、可视化等特点,逐渐成为最流行、最常用的数据分析工具之一。

Anaconda3 自带 Pandas 模块,不需要额外安装。如果安装的是官网的 Python 语言,就需要在 cmd 窗口里面安装 Pandas 模块,安装方法参见第 9 章。安装成功后,可使用下述代码查看 Pandas 模块的基本内容。

```
import pandas as pd
print("pandas 的内容:\n",dir(pd))
```

得到的结果是一个大列表,该列表的很多元素就是本章要讨论的内容。

Pandas 模块有两种数据对象:序列(series)和数据框。序列处理一维数据,数据框处理二维数据。第 9 章 Numpy 模块只讨论了数组,数组既能处理一维数据,又能处理二维数据,还能处理高维数据。从这个角度而言,Pandas 模块处理的数据反而简单一些。

10.2 序列的创建和引用

Pandas 模块的 Series() 函数可创建序列，相关代码示例如下：

```
import pandas as pd
pd1 = pd. Series([1,2,3])
print("pd1 \n",pd1)
print("pd1 的类型:",type(pd1))
print("序列的所有属性和方法:",dir(pd1))
pd2 = pd. Series(['张三','李四','王五'])
print("pd2 \n",pd2)
```

运行结果为：

```
pd1
  0    1
1    2
2    3
dtype:int64
pd1 的类型:<class 'pandas. core. series. Series'>
序列的所有属性和方法:[长长的列表]
pd2
  0    张三
1    李四
2    王五
dtype:object
```

通过上述代码可看出数值型列表和字符串型列表均可作为 Series() 函数的参数，相应地，创建出来的序列中的元素可以是数值型（int64），也可以是字符串型，在 Pandas 模块中字符串格式使用 object 来表示。上述运行结果还给出了序列对象所有的属性和方法，可在百度上搜索它们的具体使用方法。细心的读者可能会发现，pd1 和 pd2 的第一行数据有点向右偏，跟下面几行的数据没有对齐，这是因为 print() 函数打印两个内容时会在中间添加一个空格，如果使用两个 print() 函数分别打印两块内容时，就不会出现该问题，但会增加代码的条数。

Series() 函数还能把 Numpy 模块的数组对象转换为序列对象，相关代码示例如下：

```
import numpy as np
import pandas as pd
np1 = np. array([1,2,3])
print("数组 np1:\n",np1)
pd1 = pd. Series(np1)
```

```
print("序列 pd1:\n",pd1)
np2 = pd1. values
print("np2 的对象类型:",type(np2))
print("数组 np2:\n",np2)
```

运行结果如下:

```
数组 np1:
[1 2 3]
序列 pd1:
0    1
1    2
2    3
dtype:int32
np2 的对象类型:<class 'numpy. ndarray'>
数组 np2:
[1 2 3]
```

上述代码首先使用 Series() 函数把一维数组对象转换为序列对象,然后使用序列对象的 values 属性把序列对象转换为数组对象。这说明,Numpy 模块的一维数组对象和 Pandas 模块中的序列对象可任意转换。同时,Numpy 模块的二维数组对象和 Pandas 模块中的数据框对象也可随时转换,这一点会在本章后续部分介绍。

从上述代码的运行结果还可看出序列对象和数组对象显示方式的不同,序列对象使用"列式"显示,看上去显示了两列,其实真实数据只有后面一列,前面一列是索引列。索引列的意思是该列的元素全部是索引值,也就是各行的索引值,通过这些索引值可提取某行的内容,此类操作便是序列对象的引用。在缺省的情况下,各行的索引值就是它所在的位置,也可在创建序列时为各列指定索引值,相关代码示例如下:

```
import pandas as pd
pd1 = pd. Series(['张三','李四','王五']) # 字符串型列表作参数
print("pd1 \n",pd1)
print("pd1 的第二个元素:",pd1[1])
pd2 = pd. Series(['张三','李四','王五'], index = ['C','A','B'])
print("pd2 \n",pd2)
print("pd2 的第二个元素:",pd2['A'])
print("pd2 的第二个元素:",pd2[1])
```

运行结果如下:

```
pd1
  0    张三
1    李四
```

```
2    王五
dtype:object
pd1 的第二个元素:李四
pd2
 C    张三
A    李四
B    王五
dtype:object
pd2 的第二个元素:李四
pd2 的第二个元素:李四
```

在上述代码中,序列对象 pd1 使用了缺省的索引列,序列对象 pd2 使用了指定的索引列,从第一列的显示也能看出它们的区别。对 pd1,使用 pd1［1］可提取第二个元素的值;对 pd2,使用 pd2［'A'］也可提取第二个元素的值。此外,对 pd2,使用 pd2［1］也可提取第二个元素的值,这是因为位置是客观存在的,无论索引列怎么变化,位置是固定不变的,始终可以通过位置提取相应的元素。如果指定的索引值和位置冲突怎么办?请看下面的代码示例:

```
import pandas as pd
pd1 = pd. Series(['张三','李四','王五'], index = [1,3,2])
print("pd1:\n",pd1)
print("pd2 的第一个元素:",pd1[1])
```

运行结果:

```
pd1:
 1    张三
3    李四
2    王五
dtype:object
pd2 的第一个元素:张三
```

当指定的索引值为整数值时,它们可能与行的位置产生冲突,1 既可能指索引值为 1 的那行,也可能指位置为 1 的那行(第二行)。从运行结果来看,当使用 pd1［1］进行提取时,提取的是第一行(位置为 0)的内容。通过上述代码可总结出以下规律:首先把中括号里面的内容按索引值处理,如果能够提取,就进行提取;如果不能提取,则把中括号的内容视为位置处理,如果能够提取,则继续进行提取,否则汇报错误。该规律不仅对序列对象成立,对数据框对象也成立。

10.3　数据框的创建

数据框对象实际上就是一个二维数据集,可借鉴普通表格型数据(如 Excel 表格)

去理解数据框对象。创建数组有以下几种形式：（1）使用 DataFrame() 函数手动创建数据框；（2）使用 DataFrame() 函数把二维数组对象转换为数据框对象；（3）使用 read_excel() 等函数从外部文件中读取数据创建数据框。下面逐一介绍这些方法。

10.3.1　手动创建数据框

在介绍字典、列表等相关内容时，我们曾经提到列表里面嵌套字典的数据结构，使用 Pandas 模块中的 DataFrame() 函数可把这种数据结构转换为数据框对象，相关代码示例如下：

```
import pandas as pd
dict1 = {"姓名":'张三',"出生年月":'1988',"id":'2'}
dict2 = {"姓名":'李四',"出生年月":'2003',"id":'3'}
dict3 = {"姓名":'王五',"出生年月":'2004',"id":'4'}
dict4 = {"姓名":'赵六',"出生年月":'1988',"id":'5'}
list_dict = [dict1,dict2,dict3,dict4]
df1 = pd.DataFrame(list_dict)
print("df1 的对象类型:",type(df1))
print("df1:")
print(df1)
df2 = pd.DataFrame.from_dict(list_dict)
print("df2:")
print(df2)
```

运行结果如下：

```
df1 的对象类型:<class 'pandas.core.frame.DataFrame'>
df1:
   id  出生年月  姓名
0  2   1988    张三
1  3   2003    李四
2  4   2004    王五
3  5   1988    赵六
df2:
   id  出生年月  姓名
0  2   1988    张三
1  3   2003    李四
2  4   2004    王五
3  5   1988    赵六
```

在上述代码中，dict1 至 dict4 都是单个的字典，list_dict 是嵌套字典的列表，list_dict 作为参数传入 DataFrame() 函数可得到数据框。在不同电脑上运行上述代码时，df1 和 df2 各列的显示次序可能发生变动，例如第一列可能是"id"列，也有可能是

"姓名"列，这是字典各元素排列次序不固定导致的，不是一个大问题。Pandas 模块有一个名为 DataFrame 的子模块，该子模块的 from _ dict() 函数也能使用嵌套字典的列表创建数据框。

DataFrame() 函数还能使用嵌套列表的字典创建数据框，代码示例如下：

```python
import pandas as pd
name = ['张三','李四','王五','赵六']
birthyear = ['1988','2003','2004','1988']
id = ['2','3','4','5']
data = {'姓名':name,'出生年月':birthyear,'id':id}
df1 = pd.DataFrame(data)
print("df1:")
print(df1)
df2 = pd.DataFrame.from_dict(data)
print("df2:")
print(df2)
```

运行结果如下：

```
df1:
     姓名   出生年月   id
0   张三    1988    2
1   李四    2003    3
2   王五    2004    4
3   赵六    1988    5
df2:
     姓名   出生年月   id
0   张三    1988    2
1   李四    2003    3
2   王五    2004    4
3   赵六    1988    5
```

观察上面两个例子中数据框的显示格式可以发现，数据的最左边会自动添加一列，它是索引列，跟序列对象的索引列类似；数据的开头也会自动添加一行，这行显示的是各列的索引值（或名称），这些索引值与字典的键值相对应。换言之，数据框对象的每一行都有自己的索引值，每一列也有自己的索引值，这些索引值可通过代码进行指定，有了这些索引值后，提取某行或某列就更加方便。而在 Numpy 模块的数组对象中，只能靠行和列的位置进行索引，这也是数据框对象和数组对象的区别。

10.3.2 基于数组对象创建数据框

Pandas 模块中的 DataFrame() 函数还能基于数组对象创建数据框对象，代码示例如下：

```
import numpy as np
import pandas as pd
np. random. seed(888)
np1 = np. random. randn(5,4)
df1 = pd. DataFrame(np1)
print("df1 的对象类型:",type(df1))
print("df1:")
print(df1)
column_names = list("ABCD")
df2 = pd. DataFrame(np1,columns = column_names)
print("df2:")
print(df2)
np2 = df2. values
print("np2 的对象类型:",type(np2))
print("np2:")
print(np2)
```

运行结果如下：

```
df1 的对象类型:<class 'pandas. core. frame. DataFrame'>
df1:
          0          1          2          3
0  - 0. 176201   0. 188876   0. 826747  - 0. 032447
1  - 0. 652499  - 0. 105339   0. 217776   0. 587282
2    0. 100238  - 1. 099947  - 0. 255305   0. 405304
3    0. 162664   1. 041635   0. 224324   0. 699304
4  - 0. 865544  - 1. 393468  - 0. 236688  - 0. 757042
df2:
          A          B          C          D
0  - 0. 176201   0. 188876   0. 826747  - 0. 032447
1  - 0. 652499  - 0. 105339   0. 217776   0. 587282
2    0. 100238  - 1. 099947  - 0. 255305   0. 405304
3    0. 162664   1. 041635   0. 224324   0. 699304
4  - 0. 865544  - 1. 393468  - 0. 236688  - 0. 757042
np2 的对象类型:<class 'numpy. ndarray'>
np2:
[[ - 0. 17620087   0. 18887636   0. 82674718  - 0. 03244731]
 [ - 0. 65249942  - 0. 10533938   0. 21777612   0. 5872815 ]
 [   0. 10023789  - 1. 09994668  - 0. 25530539   0. 40530438]
 [   0. 16266395   1. 04163462   0. 22432418   0. 69930445]
 [ - 0. 86554351  - 1. 39346831  - 0. 23668791  - 0. 75704191]]
```

在上述代码中，np1 是个数组对象，df1 是基于 np1 得到的数据框对象，缺省的情况下，列的索引值也使用列的位置编号，可以使用"columns＝"这个参数指定列的索引值，df2 就是指定列索引值后得到的数据框。数据框对象的 values 属性可把数据框转换为二维数组，转换为二维数组后，指定的行索引值和列索引值都丢失了，只能使用行和列的位置进行索引。

10.3.3 从外部文件中读取数据创建数据框

每次通过手工创建数据框是不现实的，在实际工作中，更多的是通过读取外部文件中的数据创建数据框。Pandas 能够读取很多格式的数据文件，例如 Excel 文件、Stata 文件、SAS 文件等等。下面是一个读取 Excel 文件（excel_example.xlsx）的代码示例，其中 excel_example.xlsx 的内容如下：

```
A    B
1    86
2    95
3    58
```

读取文件内容的代码为：

```
import pandas as pd
file = 'excel_example.xlsx'
df1 = pd.read_excel(file)
print("df1 对象的类型",type(df1))
print("df1:")
print(df1)
```

运行结果为：

```
df1 对象的类型 <class 'pandas.core.frame.DataFrame'>
df1:
   A  B
0  1  86
1  2  95
2  3  58
```

缺省情况下，Pandas 的 read_excel() 函数会自动把第一行的内容当作列索引值。除了 read_excel() 函数外，Pandas 模块还提供了 read_csv() 函数、read_stata() 函数、read_sas() 函数和 read_spss() 函数等等，有些函数需要安装外部模块。Pandas 模块还可以把数据框对象存储为各种格式的数据文件，下面是存储为 Excel 文件的代码示例：

```
import pandas as pd
```

```
name = ['张三','李四','王五']
birthyear = ['1988','2003','2004']
id = ['2','3','4']
data = {'姓名':name,'出生年月':birthyear,'id':id}
df1 = pd.DataFrame(data)
df1.to_excel("save_excel_1.xlsx")
df1.to_excel("save_excel_2.xlsx",index = False)
```

　　Pandas 模块使用数据框对象的 to_excel() 方法把数据存储为 Excel 文件。运行上述代码后，在当前文件夹下面会生成两个文件：save_excel_1.xlsx 和 save_excel_2.xlsx。打开这两个文件后，可看到它们的区别。缺省情况下，to_excel() 方法会把索引列也存储到 Excel 文件中，可使用"index＝False"这个参数跳过索引列的存储。前者得到的文件是 save_excel_1.xlsx，后者得到的文件是 save_excel_2.xlsx。类似地，Pandas 模块还提供了存储为其他格式文件的很多方法，这里不再一一列举。

　　由于 Pandas 模块的数据框可与多种格式数据文件相互转换，所以，可把数据框作为桥梁，来实现多种格式数据文件的相互转换，如图 10-1 所示。例如，要想把 Stata 文件转化为 SAS 文件，可先把 Stata 文件转换为数据框，再把数据框存为 SAS 文件。

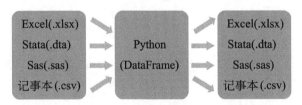

图 10-1　DataFrame 与其他格式数据文件的转换

　　由于 Pandas 模块的数据框还可以跟 Numpy 模块的数组相互转换，所以，可把数据框作为桥梁，实现各种格式数据文件同 Numpy 模块中数组的信息交流。数据框为数据处理工作带来很大的便利。

10.4　数据框的引用

　　数据框的引用指的是提取某一行或几行、某一列或某几列的数据，从这个角度而言，数据框的引用和数组的引用存在很多类似的地方。数据框既可以依靠位置来引用，也可以依靠索引值来引用，这与序列对象有点类似。所以，数据框引用的相关知识可以结合数组引用和序列引用去理解。

10.4.1　提取数据框某一行或某几行的内容

　　与数组的引用类似，数据框的引用也使用中括号，中括号里面也使用逗号隔开，逗号前表示行，逗号后表示列。不过，由于数据框有两类提取方式，所以需要事先声明采用哪种提取方式。如果依靠位置进行提取，需要使用"数据框名.iloc[]"的方式；如果依靠索引值进行提取，需要使用"数据框名 . loc［］"的方式。相关代码示例如下：

```
import pandas as pd
name = ['张三','李四','王五','赵六']
birthyear = ['1988','2003','2004','1988']
id = ['C','D','A','B']
dict1 = {'姓名':name,'出生年月':birthyear}
df1 = pd. DataFrame(dict1,index = id)
print("df1:")
print(df1)
print('第二行的内容:')
print(df1.iloc[1,:])
print(df1.loc['D',:])
print('第二、四行的内容:')
print(df1.iloc[[1,3],:])
print(df1.loc[['D','B'],:])
```

运行结果如下：

```
df1:
    姓名   出生年月
C  张三    1988
D  李四    2003
A  王五    2004
B  赵六    1988
第二行的内容:
    姓名      李四
出生年月    2003
Name:D,dtype:object
    姓名      李四
出生年月    2003
Name:D,dtype:object
第二、四行的内容:
    姓名   出生年月
D  李四    2003
B  赵六    1988
    姓名   出生年月
D  李四    2003
B  赵六    1988
```

为了凸显依靠位置和依靠索引值两类提取方式的不同，上述代码使用"index＝id"指定了索引列，而不使用默认形式。"数据框名 . iloc［］"这种依靠位置的提取方式，既能提取一行的内容，也能提取多行的内容，提取多行时，需要在逗号前面使用列表的形式指定提取的行，使用方法类似于数组的引用。"数据框名 . loc []" 这种依靠索引值的提取方式能完成同样的任务，这是我们推荐的提取方式，原因很简单，既然数据框提供索引值这种额外信息，就应该让此类信息得到充分使用。

10.4.2 提取数据框某一列或某几列的内容

提取列的内容跟提取行的内容非常类似，也有 iloc 和 loc 两类提取方式。提取某一列内容的代码示例如下：

```python
import pandas as pd
name = ['张三','李四','王五','赵六']
birthyear = ['1988','2003','2004','1988']
dict1 = {'姓名':name,'出生年月':birthyear}
df1 = pd.DataFrame(dict1)
print("df1:")
print(df1)
print('第二列的内容:')
print(df1.iloc[:,1])
print(df1.loc[:,'出生年月'])
print(df1['出生年月'])
print("单列内容的对象类型:",type(df1['出生年月']))
```

运行结果如下：

```
df1:
   姓名   出生年月
0  张三   1988
1  李四   2003
2  王五   2004
3  赵六   1988
第二列的内容:
0        1988
1        2003
2        2004
3        1988
Name:出生年月,dtype:object
0        1988
1        2003
2        2004
3        1988
```

```
Name:出生年月,dtype:object
0          1988
1          2003
2          2004
3          1988
Name:出生年月,dtype:object
单列内容的对象类型:<class 'pandas. core. series. Series'>
```

　　提取列的内容需要在中括号里面、逗号后面进行操作。单列提取的内容是序列对象，这很容易理解。此外，不使用 loc 或 iloc 方式，直接使用中括号里面加列索引值的形式也可以提取单列内容，但中括号里面加位置的形式会报告错误。提取多列内容的代码示例如下：

```
import pandas as pd
name = ['张三','李四','王五','赵六']
birthyear = ['1988','2003','2004','1988']
id = ['C','D','A','B']
dict1 = {'姓名':name,'出生年月':birthyear,'ID':id}
df1 = pd. DataFrame(dict1)
print("df1:")
print(df1)
print('第一、三列的内容:')
print(df1. iloc[:,[0,2]])
print(df1. loc[:,['姓名','ID']])
print(df1[['姓名','ID']])
print("多列内容的对象类型:",type(df1[['姓名','ID']]))
```

　　运行结果如下：

```
df1:
    姓名   出生年月   ID
0   张三    1988    C
1   李四    2003    D
2   王五    2004    A
3   赵六    1988    B
第一、三列的内容:
    姓名   ID
0   张三    C
1   李四    D
2   王五    A
3   赵六    B
    姓名   ID
```

```
0  张三  C
1  李四  D
2  王五  A
3  赵六  B
   姓名 ID
0  张三  C
1  李四  D
2  王五  A
3  赵六  B
多列内容的对象类型:<class 'pandas. core. frame. DataFrame'>
```

提取多列内容需要在中括号里面、逗号后面使用列表的形式指定要提出的列。提取的多列内容,其对象类型也是数据框。

10.4.3　同时提取数据框行和列的内容

对提取行(或列)的代码稍做修改,便可以同时提取行和列的内容,代码示例如下:

```
import pandas as pd
name = ['张三', '李四', '王五', '赵六']
birthyear = ['1988', '2003', '2004', '1988']
id = ['C', 'D', 'A', 'B']
dict1 = {'姓名':name, '出生年月':birthyear, 'ID':id}
df1 = pd. DataFrame(dict1)
print("df1:")
print(df1)
print("第二行第一列的内容:")
print(df1. loc[1, "姓名"])
print(df1. iloc[1, 0])
print("第二、四行和第一、三列的内容:")
print(df1. loc[[1, 3], ["姓名", "ID"]])
print(df1. iloc[[1, 3], [0, 2]])
```

运行结果如下:

```
df1:
   姓名   出生年月   ID
0  张三    1988    C
1  李四    2003    D
2  王五    2004    A
3  赵六    1988    B
第二行第一列的内容:李四
第二行第一列的内容:李四
```

第二、四行和第一、三列的内容：
```
    姓名 ID
1  李四  D
3  赵六  B
    姓名 ID
1  李四  D
3  赵六  B
```

从上述代码可看出，只要在中括号里面、逗号两边同时指定位置或索引值，便可同时提取行和列的内容。在上面这个例子中，创建数据框时没有指定索引行，所以索引行采用的是默认值，即各行的索引值就是它的位置。因为这个原因，loc 形式和 iloc 形式逗号左边的内容是相同的。

10.4.4　基于条件表达式进行引用

与数组类似，数据框也可以基于条件表达式进行引用，即布尔索引，相关代码示例如下：

```python
import pandas as pd
import numpy as np
np1 = np.arange(25).reshape((5,5))
df1 = pd.DataFrame(np1,columns = ['A','B','C','D','E'])
print("df1:")
print(df1)
df2 = df1['A']>11
df3 = df1['A']<19
df4 = df2 & df3
print("df2 的对象类型:",type(df2))
print("df2:")
print(df2)
print("df3:")
print(df3)
print("df4:")
print(df4)
```

程序运行结果如下：

```
df1:
   A  B  C  D  E
0  0  1  2  3  4
1  5  6  7  8  9
```

```
2    10   11   12   13   14
3    15   16   17   18   19
4    20   21   22   23   24
```

df2 的对象类型：＜class 'pandas. core. series. Series'＞

df2:

```
0       False
1       False
2       False
3        True
4        True
```

Name:A, dtype:bool

df3:

```
0        True
1        True
2        True
3        True
4       False
```

Name:A, dtype:bool

df4:

```
0       False
1       False
2       False
3        True
4       False
```

Name:A, dtype:bool

通过单个条件得到的 df2 和 df3 是两个序列对象，它们的元素全部为 True 或 False，在引用时，此类序列可直接放在中括号里面，把 True 对应位置的行提取出来。df2 和 df3 还可以做相关运算，例如指令"df4＝df2 & df3"，得到的结果也是一个序列对象，元素也为 True 或 False。注意，这里要使用"&"表示"与"运算，"｜"表示"或"运算，而不是前面讲的 and 和 or，因为两个序列对象的运算遵循另一种运算规则：位运算，而不是逻辑运算。基于上面的介绍，可继续编写下面的代码：

```python
import pandas as pd
import numpy as np
np1 = np. arange(25). reshape((5,5))
df1 = pd. DataFrame(np1,columns = ['A','B','C','D','E'])
print("df1:")
print(df1)
df2 = df1['A']>11
```

```
df3 = df1['A']<19
df4 = df2 & df3
df2_1 = df1[df2]
print("df2_1:")
print(df2_1)
df3_1 = df1[df3]
print("df3_1:")
print(df3_1)
df4_1 = df1[df4]
print("df4_1:")
print(df4_1)
```

运行结果如下：

```
df1:
    A   B   C   D   E
0   0   1   2   3   4
1   5   6   7   8   9
2  10  11  12  13  14
3  15  16  17  18  19
4  20  21  22  23  24
df2_1:
    A   B   C   D   E
3  15  16  17  18  19
4  20  21  22  23  24
df3_1:
    A   B   C   D   E
0   0   1   2   3   4
1   5   6   7   8   9
2  10  11  12  13  14
3  15  16  17  18  19
df4_1:
    A   B   C   D   E
3  15  16  17  18  19
```

在上述代码中，df2、df3、df4 直接放入引用的中括号内，就可提取数据框相应行的内容。不过，为了跟本章前面内容相统一，我们推荐使用 loc 的形式进行引用，相关代码示例如下：

```
import pandas as pd
import numpy as np
np1 = np.arange(25).reshape((5,5))
```

```
df1 = pd.DataFrame(np1,columns = ['A','B','C','D','E'])
df2 = df1.loc[df1['A']>11,:]
df3 = df1.loc[df1['A']<19,:]
df4 = df1.loc[(df1['A']>11)&(df1['A']<19),:]
print("df2:")
print(df2)
print("df3:")
print(df3)
print("df4:")
print(df4)
```

运行结果如下：

```
df2:
    A   B   C   D   E
3  15  16  17  18  19
4  20  21  22  23  24
df3:
    A   B   C   D   E
0   0   1   2   3   4
1   5   6   7   8   9
2  10  11  12  13  14
3  15  16  17  18  19
df4:
    A   B   C   D   E
3  15  16  17  18  19
```

为了节省篇幅，上述代码把以前的几条指令压缩成一条指令。loc 引用形式的中括号里面可以使用条件表达式，iloc 形式不能使用条件表达式，因为后者是基于位置进行引用的，位置都是非负整数，而条件表达式得到的 True 或 False 不是非负整数。本章下面要介绍的数据框的查找和修改，与基于条件表达式的引用密切相关，后者是前者的基础。

10.5　数据框的编辑

数据框的编辑同样包含增、删、查和改四部分内容。"增"指的是增加一行或多行、增加一列或多列；"删"指的是删除一行或多行、删除一列或多列；"查"指的是查找某些内容在数据框中的行索引值或列索引值；"改"指的是修改数据框中的相关内容。

10.5.1　数据框的增

数据框对象的 insert() 方法可为数据框插入一列内容，它一般使用三个参数，第一个参数表示插入的位置，第二个参数表示插入列的索引值（或列名称），第三个参数表示插入的内容。相关代码示例如下：

```
import pandas as pd
dict1 = {"姓名":'张三',"出生年月":'1988',"id":'2',"成绩":76}
dict2 = {"姓名":'李四',"出生年月":'2003',"id":'3',"成绩":78}
dict3 = {"姓名":'王五',"出生年月":'2004',"id":'4',"成绩":86}
dict4 = {"姓名":'赵六',"出生年月":'1988',"id":'5',"成绩":90}
df1 = pd. DataFrame. from_dict([dict1,dict2,dict3,dict4])
df1. insert(1,"性别","女")
print("df1:")
print(df1)
```

运行结果如下：

```
df1:
   id  性别  出生年月   姓名   成绩
0  2   女   1988   张三   76
1  3   女   2003   李四   78
2  4   女   2004   王五   86
3  5   女   1988   赵六   90
```

从运行结果来看，在第二列的位置，已经出现了名称为"性别"的一列内容。这部分内容可以跟 Numpy 模块中的相关内容进行对比。对数组对象插入一列，使用的是 Numpy 模块的 insert() 函数，但是，对数据框对象插入一列，使用的是数据框对象的 insert() 方法。Numpy 模块的 insert() 函数既可以插入一列还可以插入一行，但是，数据框对象的 insert() 方法只能插入一列。为数据框对象插入一行，需要使用数据框对象的 append() 方法。append() 方法可以在数据框末尾添加一行或添加另一个数据框对象，相关代码示例如下：

```
import pandas as pd
dict1 = {"姓名":'张三',"出生年月":'1988',"id":'2',"成绩":76}
dict2 = {"姓名":'李四',"出生年月":'2003',"id":'3',"成绩":78}
dict3 = {"姓名":'王五',"出生年月":'2004',"id":'4',"成绩":86}
dict4 = {"姓名":'赵六',"出生年月":'1988',"id":'5',"成绩":90}
df1 = pd. DataFrame. from_dict([dict1,dict2,dict3,dict4])
dict5 = {"姓名":'钱一',"出生年月":'1988',"id":'6',"成绩":92}
df2 = df1. append(dict5, ignore_index = True)
print(df1)
print("df2:")
print(df2)
df3 = pd. DataFrame. from_dict([dict5])
print("df3 的对象类型:",type(df3))
```

```
df4 = df1. append(df3)
print("df4:")
print(df4)
df5 = df1. append(df3, ignore_index = True)
print("df5:")
print(df5)
```

运行结果如下：

```
df1:
   id 出生年月  姓名  成绩
0  2   1988  张三  76
1  3   2003  李四  78
2  4   2004  王五  86
3  5   1988  赵六  90
df2:
   id 出生年月  姓名  成绩
0  2   1988  张三  76
1  3   2003  李四  78
2  4   2004  王五  86
3  5   1988  赵六  90
4  6   1988  钱一  92
df3 的对象类型:<class 'pandas. core. frame. DataFrame'>
df4:
   id 出生年月  姓名  成绩
0  2   1988  张三  76
1  3   2003  李四  78
2  4   2004  王五  86
3  5   1988  赵六  90
0  6   1988  钱一  92
df5:
   id 出生年月  姓名  成绩
0  2   1988  张三  76
1  3   2003  李四  78
2  4   2004  王五  86
3  5   1988  赵六  90
4  6   1988  钱一  92
```

从上述代码可看出，append() 方法至少需要一个参数，该参数需要指定追加的内容。df2 是 append() 方法追加一个字典得到的，df5 是 append() 方法追加另一个数据框得到的。append() 方法有时还会使用一个参数"ignore_index＝True"，这个参数的作用可从 df4 和 df5 的区别看出，df4 最后一行的索引值为 0（跟第一行重复），df5 最后一行的索引值为 4，使用该参数后，索引值会重新排列。

Pandas 模块的 merge() 函数可实现两个数据框的横向拼接，它至少需要两个参数，两个参数分别对应需要拼接的两个数据框。相关代码示例如下：

```python
import pandas as pd
pd.set_option('display.unicode.east_asian_width',True)
dict1 = {"姓名":'张三',"出生年月":'1988',"id":'2',"语文":76}
dict2 = {"姓名":'李四',"出生年月":'2003',"id":'3',"语文":78}
dict3 = {"姓名":'王五',"出生年月":'2004',"id":'4',"语文":86}
dict4 = {"姓名":'赵六',"出生年月":'1988',"id":'5',"语文":90}
df_left = pd.DataFrame.from_dict([dict1,dict2,dict3,dict4])
namelist = ['张三','钱一','李四','王五']
math = [77,78,90,91]
df_right = pd.DataFrame({"姓名":namelist,"数学":math})
print("df_left:")
print(df_left)
print("df_right:")
print(df_right)
df3 = pd.merge(df_left,df_right,how="inner")
print("df3:")
print(df3)
df4 = pd.merge(df_left,df_right,how="outer")
print("df4:")
print(df4)
```

运行结果如下：

```
df_left:
   id   出生年月   姓名   语文
0  2    1988    张三    76
1  3    2003    李四    78
2  4    2004    王五    86
3  5    1988    赵六    90
df_right:
    姓名   数学
0  张三    77
1  钱一    78
2  李四    90
3  王五    91
df3:
   id   出生年月   姓名   语文   数学
0  2    1988    张三    76    77
```

```
1 3    2003    李四    78    90
2 4    2004    王五    86    91
df4:
   id  出生年月  姓名  语文    数学
0 2    1988    张三    76.0   77.0
1 3    2003    李四    78.0   90.0
2 4    2004    王五    86.0   91.0
3 5    1988    赵六    90.0   NaN
4 NaN  NaN     钱一    NaN    78.0
```

　　上述代码中，pd.set_option() 这条指令的功能是让数据框的列索引值和相应内容保持对齐。数据框 df_left 中有数学成绩，数据框 df_right 中有语文成绩，merge() 函数把两个数据框拼接在一起创建新的数据框 df3 和 df4，新数据框中既有数学成绩也有语文成绩。"how＝"参数指定了拼接方式，inner 方式取交集，outer 方式取并集，如果不指定则取 inner 方式。df3 就是以 inner 方式拼接得到的数据框，"姓名"列只有三条数值：张三、李四、王五，该列是 df_left 的"姓名"列和 df_right 的"姓名"列取交集得到的。df4 是以 outer 方式拼接得到的数据框，"姓名"列有五条数值，但数据框中出现了一些"NaN"字样，它们就是我们常说的空值。merge() 函数还有其他几个参数，这些参数的具体使用方法可查阅相关资料。需要注意的是，在使用 merge() 函数前，最好把需要拼接的两个数据框进行去除重复值的操作，否则会出现一些意料之外的情况。

10.5.2　数据框的删

　　删除数据框的某一列，可直接使用 del 命令，删除数据框的多列、多行，需要使用数据框对象的 drop() 方法，此时使用 axis＝0 或 axis＝1 指定删除的是行还是列。相关代码示例如下：

```python
import pandas as pd
pd.set_option('display.unicode.east_asian_width',True)
dict1 = {"姓名":'张三',"出生年月":'1988',"id":'2',"成绩":76}
dict2 = {"姓名":'李四',"出生年月":'2003',"id":'3',"成绩":78}
dict3 = {"姓名":'王五',"出生年月":'2004',"id":'4',"成绩":86}
dict4 = {"姓名":'赵六',"出生年月":'1988',"id":'5',"成绩":90}
df1 = pd.DataFrame([dict1,dict2,dict3,dict4])
print("df1:")
print(df1)
del df1["id"]
print("删除 id 列后的 df1:")
print(df1)df2 = df1.drop(["姓名","成绩"],axis = 1)
```

```
print("df2:")
print(df2)
df3 = df1.drop([0, 2], axis = 0)
print("df3:")
print(df3)
df4 = df1.drop([0, 2], axis = 0, inplace = True)
print("df4:")
print(df4)
```

运行结果如下：

```
df1:
    姓名  出生年月   id  成绩
0  张三   1988    2   76
1  李四   2003    3   78
2  王五   2004    4   86
3  赵六   1988    5   90

删除 id 列后的 df1:
    姓名  出生年月  成绩
0  张三   1988   76
1  李四   2003   78
2  王五   2004   86
3  赵六   1988   90
df2:
     出生年月
0    1988
1    2003
2    2004
3    1988
df3:
    姓名  出生年月  成绩
1  李四   2003   78
3  赵六   1988   90
df4:
None
```

上述代码首先使用 del 命令删除了 df1 数据框的"id"列，该删除是真正的删除。然后，使用 drop() 函数删除了 df1 数据框的"姓名"和"成绩"两列（axis＝1），创建了 df2 数据框，因为有返回值，所以原数据框 df1 没有被改动。上述代码还使用 drop() 函数删除了 df1 数据框的第一行和第三行（axis＝0），同理，因为有返回值，所以原数据框 df1 仍然没有被改动。但是，如果在 drop() 函数中使用了"inplace＝True"这个参数，原数据框的列（或行）就会被真正删除，此时没有返回值，所以 df4 的值为 None。

在数据处理时，经常会遇到删除空值和重复值的情况。Pandas 模块使用数据框对象的 dropna() 方法和 drop_duplicates() 方法来删除空值和重复值。删除空值的代码示例如下：

```
import pandas as pd
pd. set_option('display. unicode. east_asian_width',True)
dict1 = {"姓名":'张三',"出生年月":'1988',"id":'2',"成绩":76}
dict2 = {"姓名":'李四',"出生年月":'2003',"成绩":78}
dict3 = {"姓名":'王五',"出生年月":'2004',"id":'4'}
dict4 = {"姓名":'赵六',"出生年月":'1988',"id":'5',"成绩":90}
df1 = pd. DataFrame([dict1,dict2,dict3,dict4])
print("df1:")
print(df1)
df2 = df1. dropna(how = 'any')
# df2 = df1. dropna(how = 'any', inplace = True)
print("df2:")
print(df2)
df3 = df1. dropna(how = 'any', subset = ['id'])
print("df3:")
print(df3)
df4 = df1. dropna(how = 'any', axis = 1)
print("df4:")
print(df4)
```

运行结果如下：

```
df1:
   姓名   出生年月   id   成绩
0  张三   1988    2    76.0
1  李四   2003    NaN  78.0
2  王五   2004    4    NaN
3  赵六   1988    5    90.0
df2:
   姓名   出生年月   id   成绩
0  张三   1988    2    76.0
3  赵六   1988    5    90.0
df3:
   姓名   出生年月   id   成绩
0  张三   1988    2    76.0
2  王五   2004    4    NaN
3  赵六   1988    5    90.0
```

```
df4:
   姓名  出生年月
0  张三  1988
1  李四  2003
2  王五  2004
3  赵六  1988
```

上述代码创建的数据框 df1 存在两个空值，默认情况下在 axis＝0 轴上操作，在行的方向上操作。how＝'any' 这个参数指的是，只要某行（或列）存在一个空值，就删除该行（或列），所以数据框 df2 只包含了两条数值，索引值为 1 和 2 的两行数据因为存在空值被删除。以 "#" 开头的那条指令也可以运行，但由于使用了参数 inplace＝True，它会删除 df1 的数据，从而影响下面指令的运行，所以使用了注释符号。如果只想删除 "id" 列存在空值的行，即只想删除 df1 中索引值为 1 的那行，就需要使用参数 subset＝['id'] 进行指定，因此 df3 包含了三条数值，索引值为 2 的行没有被删除。如果想删除存在空值的列，就需要使用参数 axis＝1 进行指定，因此 df4 只包含两列的数据，存在空值的 "id" 列和 "成绩" 列都被删除了。

删除重复值的代码示例如下：

```
import pandas as pd
pd. set_option('display. unicode. east_asian_width',True)
dict1 = {"姓名":'张三',"出生年月":'1988',"id":'2',"成绩":76}
dict2 = {"姓名":'李四',"出生年月":'2003',"id":'3',"成绩":78}
dict3 = {"姓名":'王五',"出生年月":'2004',"id":'4',"成绩":86}
dict4 = {"姓名":'王五',"出生年月":'2013',"id":'6',"成绩":84}
dict5 = {"姓名":'赵六',"出生年月":'1988',"id":'5',"成绩":90}
df1 = pd. DataFrame([dict1,dict2,dict3,dict4,dict5,dict1])
print("df1:")
print(df1)
df2 = df1. drop_duplicates()
print("df2:")
print(df2)
df3 = df1. drop_duplicates(subset = ['姓名'])
print("df3:")
print(df3)
df4 = df1. drop_duplicates(subset = ['姓名'], keep = 'last')
print("df4:")
print(df4)
```

运行结果如下：

```
df1:
   id  出生年月  姓名  成绩
0  2    1988    张三   76
1  3    2003    李四   78
2  4    2004    王五   86
3  6    2003    王五   84
4  5    1988    赵六   90
5  2    1988    张三   76
df2:
   id  出生年月  姓名  成绩
0  2    1988    张三   76
1  3    2003    李四   78
2  4    2004    王五   86
3  6    2003    王五   84
4  5    1988    赵六   90
df3:
   id  出生年月  姓名  成绩
0  2    1988    张三   76
1  3    2003    李四   78
2  4    2004    王五   86
4  5    1988    赵六   90
df4:
   id  出生年月  姓名  成绩
1  3    2003    李四   78
3  6    2003    王五   84
4  5    1988    赵六   90
5  2    1988    张三   76
```

上述代码创建的 df1，有两条姓名为王五的数据，两条姓名为张三的数据，前者只有姓名相同其他列不同，后者全部列都相同。数据框对象的 drop_duplicates() 不加任何参数时，删除所有列中都相同的数据，所以在 df2 中原索引值为 5 的那条数据被删除。drop_duplicates() 方法使用 subset=[] 参数时，只要中括号里面指定的列中存在相同值，就会被认为是重复数据，从而被删除，所以 df3 中原索引值为 5 和 3 的两条数据都被删除了。drop_duplicates() 使用 keep= 参数时，可用于指定出现重复值时保留那条数据，使用 keep=last 时，保留的是后一条数据，所以 df4 中原索引值为 0 和 2 的两条数据被删除了。

10.5.3　数据框的查

通过数据框对象的 index 属性可以查找行索引值，通过数据框对象的 columns 属性可以查找列索引值（列名称），通过数据框对象的 values 属性可以查找数据框的值。相关代码示例如下：

```
import pandas as pd
dict1 = {"姓名":'张三',"出生年月":'1988',"id":'2',"成绩":76}
dict2 = {"姓名":'李四',"出生年月":'2003',"id":'3',"成绩":78}
dict3 = {"姓名":'王五',"出生年月":'2004',"id":'4',"成绩":86}
dict4 = {"姓名":'赵六',"出生年月":'1988',"id":'5',"成绩":90}
dict5 = {"姓名":'王五',"出生年月":'2004',"id":'6',"成绩":92}
list1 = ['B','A','D','E','C']
df = pd. DataFrame([dict1,dict2,dict3,dict4,dict5],index = list1)
df1 = df. index
print("df1 的对象类型:",type(df1))
print("df1:")
print(df1)
df2 = df. columns
print("df2 的对象类型:",type(df2))
print("df2:")
print(df2)
df3 = df. values
print("df3 的对象类型:",type(df3))
print("df3:")
print(df3)
```

运行结果如下：

```
df1 的对象类型:<class 'pandas. core. indexes. base. Index'>
df1:
Index(['B','A','D','E','C'],dtype = 'object')
df2 的对象类型:<class 'pandas. core. indexes. base. Index'>
df2:
Index(['姓名','出生年月','id','成绩'],dtype = 'object')
df3 的对象类型:<class 'numpy. ndarray'>
df3:
[['张三' '1988' '2' 76]
['李四' '2003' '3' 78]
['王五' '2004' '4' 86]
['赵六' '1988' '5' 90]
['王五' '2004' '6' 92]]
```

values 属性返回的是 Numpy 中的数组，这一结果前面已经讨论过。index 属性和 columns 属性返回的是 Index 对象，这种对象可生成列表。对列索引值生成的列表进行处理后，可用于指定数据框各列的位置排序。相关代码示例如下：

```
import pandas as pd
pd.set_option('display.unicode.east_asian_width',True)
dict1 = {"姓名":'张三',"出生年月":'1988',"id":'2',"成绩":76}
dict2 = {"姓名":'李四',"出生年月":'2003',"id":'3',"成绩":78}
dict3 = {"姓名":'王五',"出生年月":'2004',"id":'4',"成绩":86}
dict4 = {"姓名":'赵六',"出生年月":'1988',"id":'5',"成绩":90}
dict5 = {"姓名":'王五',"出生年月":'2004',"id":'6',"成绩":92}
df1 = pd.DataFrame([dict1,dict2,dict3,dict4,dict5],index = ['B','A','D','E','C'])
print("df1:")
print(df1)
column_names = list(df1.columns)
print("原来的排序:",column_names)
column_names.sort(reverse = True)
print("后来的排序:",column_names)
df2 = df1[column_names]
print("df2:")
print(df2)
```

运行结果如下：

```
df1:
   姓名  出生年月  id  成绩
B  张三   1988    2   76
A  李四   2003    3   78
D  王五   2004    4   86
E  赵六   1988    5   90
C  王五   2004    6   92
原来的排序: ['姓名','出生年月','id','成绩']
后来的排序: ['成绩','姓名','出生年月','id']
df2:
   成绩  姓名  出生年月  id
B  76   张三   1988    2
A  78   李四   2003    3
D  86   王五   2004    4
E  90   赵六   1988    5
C  92   王五   2004    6
```

上述代码只是对数据框各列的排列次序做了倒序处理，只要变动列表各元素的排列位置，就能变动数据框各列的排列次序，例如可以让任何一列（或几列）排在数据框的最前面。

本章前面介绍过基于条件表达式对数据框进行引用的问题。使用类似思路，很容易查找满足某个条件表达式的行索引值，例如姓名为"王五"的行索引值，相关代码示例如下：

```python
import pandas as pd
dict1 = {"姓名":'张三',"出生年月":'1988',"id":'2',"成绩":76}
dict2 = {"姓名":'李四',"出生年月":'2003',"id":'3',"成绩":78}
dict3 = {"姓名":'王五',"出生年月":'2004',"id":'4',"成绩":86}
dict4 = {"姓名":'赵六',"出生年月":'1988',"id":'5',"成绩":90}
dict5 = {"姓名":'王五',"出生年月":'2004',"id":'6',"成绩":92}
dict_list = [dict1,dict2,dict3,dict4,dict5]
df1 = pd.DataFrame(dict_list, index = ['B','A','D','E','C'])
index1 = df1[df1["姓名"] == '王五'].index
print("王五所在行的索引值为:",index1)
value_list = ["赵六","李四"]
index2 = df1["姓名"].isin(value_list)
print("index2:")
print(index2)
df2 = df1[index2]
print("李四、赵六所在行的索引值为:",df2.index)
```

运行结果为：

```
王五所在行的索引值为:Index(['D','C'],dtype = 'object')
index2:
B     False
A      True
D     False
E      True
C     False
Name:姓名,dtype:bool
李四、赵六所在行的索引值为:Index(['A','E'],dtype = 'object')
```

上述代码首先查找了姓名是王五所在行的行索引值，得到的结果是，索引值为 D 和 C，这部分的代码比较简略，详细步骤可参看数据框引用部分的相关内容。上述代码还查询了姓名是李四或赵六所在行的行索引值，中间使用了 isin() 方法，最终得到的结果是，索引值为 A 和 E。得到索引值后，可在索引值的基础上修改内容，例如修改王五、李四、赵六的成绩等等。

基于条件表达式的查找，通常已知所查内容所在的列名，例如王五在"姓名"列。如果不知道所查内容所在的列名，应该怎么查找内容所在行的索引值和所在列的索引值？此类查找类似于 Excel 文件里面的全页面搜索。实现该类查找的代码如下：

```python
import pandas as pd
```

```
dict1 = {"姓名":'张三',"出生年月":'1988',"id":'2',"成绩":76}
dict2 = {"姓名":'李四',"出生年月":'2003',"id":'3',"成绩":78}
dict3 = {"姓名":'王五',"出生年月":'2004',"id":'4',"成绩":86}
dict4 = {"姓名":'赵六',"出生年月":'1988',"id":'5',"成绩":90}
dict5 = {"姓名":'王五',"出生年月":'2004',"id":'6',"成绩":92}
dict_list = [dict1,dict2,dict3,dict4,dict5]
df1 = pd.DataFrame(dict_list,index = ['B','A','D','E','C'])
for row_index in df1.index:
    for col_index in df1.columns:
        if df1.loc[row_index,col_index] = = "2003":
            print("行的索引值为:",row_index)
            print("列的索引值为:",col_index)
```

运行结果为：

```
行的索引值为:A
列的索引值为:出生年月
```

上述代码在数据框 df1 中查找字符串"2003"所在行的索引值和所在列的索引值，最终发现，它是在"出生年月"列、行索引值为 A 的行里面。

10.5.4　数据框的改

数据框的修改可分为修改列索引值、修改行索引值和修改具体内容三大类。修改列索引值就是修改列的名称，数据框对象的 rename() 方法可实现此功能，相关代码示例如下：

```
import pandas as pd
pd.set_option('display.unicode.east_asian_width',True)
dict1 = {"姓名":'张三',"出生年月":'1988',"id":'2',"成绩":76}
dict2 = {"姓名":'李四',"出生年月":'2003',"id":'3',"成绩":78}
dict3 = {"姓名":'王五',"出生年月":'2004',"id":'4',"成绩":86}
dict4 = {"姓名":'赵六',"出生年月":'1988',"id":'5',"成绩":90}
df1 = pd.DataFrame([dict1,dict2,dict3,dict4],index = ['B','A','D','C'])
print("df1:")
print(df1)
df2 = df1.rename(columns = {"成绩":"数学成绩","id":"学号"})
print("df2:")
print(df2)
```

运行结果如下：

```
df1:
     姓名    出生年月    id    成绩
B    张三     1988      2     76
A    李四     2003      3     78
D    王五     2004      4     86
C    赵六     1988      5     90
df2:
     姓名    出生年月    学号    数学成绩
B    张三     1988      2       76
A    李四     2003      3       78
D    王五     2004      4       86
C    赵六     1988      5       90
```

上述代码把成绩列的名称修改为数学成绩，把 id 列的名称修改为学号。使用 rename()
方法修改列名称时，需要"columns＝字典"，字典的键是原来的列名称，字典的值是修
改后的列名称。

修改行索引值的情况比较少，如果行数比较多的话，修改起来也比较复杂。Pandas
模块使用数据框对象的 set_index() 方法修改行索引值，相关代码示例如下：

```
import pandas as pd
pd. set_option('display. unicode. east_asian_width',True)
dict1 = {"姓名":'张三',"出生年月":'1988',"id":'2',"成绩":76}
dict2 = {"姓名":'李四',"出生年月":'2003',"id":'3',"成绩":78}
dict3 = {"姓名":'王五',"出生年月":'2004',"id":'4',"成绩":86}
dict4 = {"姓名":'赵六',"出生年月":'1988',"id":'5',"成绩":90}
df1 = pd. DataFrame([dict1,dict2,dict3,dict4],index = ['B','A','D','C'])
print("df1:")
print(df1)
df2 = df1. set_index('id')
print("df2:")
print(df2)
df3 = df1. reset_index()
print("df3:")
print(df3)
```

运行结果如下：

```
df1:
     姓名    出生年月    id    成绩
B    张三     1988      2     76
A    李四     2003      3     78
```

```
D    王五    2004   4    86
C    赵六    1988   5    90
```

df2:

```
id   姓名   出生年月   成绩
2    张三    1988      76
3    李四    2003      78
4    王五    2004      86
5    赵六    1988      90
```

df3:

```
     index  姓名   出生年月   id   成绩
0    B      张三    1988      2    76
1    A      李四    2003      3    78
2    D      王五    2004      4    86
3    C      赵六    1988      5    90
```

　　set＿index（）方法可把数据框的某列设置为索引列，各行的索引值也会随之改变，例如在 df2 中，第一行的索引值由原来的 B 变为 2。reset＿index（）方法恢复默认情况下的索引列，即用行的位置编号作为行索引值，例如 df3 第一行的索引值被重设为 0。

　　数据处理时，经常会遇到填充空值的情况，这就需要使用数据框对象的 fillna（）方法，相关代码示例如下：

```python
import pandas as pd
pd.set_option('display.unicode.east_asian_width',True)
dict1 = {"姓名":'张三',"出生年月":'1988',"id":'2',"成绩":76}
dict2 = {"姓名":'李四',"出生年月":'2003',"成绩":78}
dict3 = {"姓名":'王五',"出生年月":'2004',"id":'4'}
dict4 = {"姓名":'赵六',"出生年月":'1988',"id":'5',"成绩":90}
df1 = pd.DataFrame([dict1,dict2,dict3,dict4])
print("df1:")
print(df1)
df2 = df1.fillna(0)
print("df2:")
print(df2)
df3 = df1['成绩'].fillna(df1['成绩'].mean())
print("df3:")
print(df3)
df1['成绩'] = df3
print("成绩填充空值后的 df1:")
print(df1)
```

　　运行结果如下：

```
df1:
    姓名   出生年月    id    成绩
0   张三    1988      2    76.0
1   李四    2003     NaN   78.0
2   王五    2004      4    NaN
3   赵六    1988      5    90.0
df2:
    姓名   出生年月    id    成绩
0   张三    1988      2    76.0
1   李四    2003      0    78.0
2   王五    2004      4    0.0
3   赵六    1988      5    90.0
df3:
0    76.000000
1    78.000000
2    81.333333
3    90.000000
Name:成绩,dtype:float64
成绩填充空值后的 df1:
    姓名   出生年月    id    成绩
0   张三    1988      2    76.000000
1   李四    2003     NaN   78.000000
2   王五    2004      4    81.333333
3   赵六    1988      5    90.000000
```

从上述代码可看出，fillna（）方法既可对整个数据框填充空值，又可对某列填充空值，后者使用的更多。对单列填充空值后，得到的是类似于 df3 这样的序列，一般还要使用类似于 df1［'成绩'］＝df3 之类的指令把原来列的内容替换掉。

最常见的修改是基于条件表达式的修改，例如修改张三的成绩等，相关的代码示例如下：

```
import pandas as pd
pd. set_option('display. unicode. east_asian_width', True)
dict1 = {"姓名":'张三', "出生年月":'1988', "id":'2', "成绩":76}
dict2 = {"姓名":'李四', "出生年月":'2003', "id":'3', "成绩":78}
dict3 = {"姓名":'王五', "出生年月":'2004', "id":'4', "成绩":86}
dict4 = {"姓名":'赵六', "出生年月":'1988', "id":'5', "成绩":90}
df1 = pd. DataFrame([dict1, dict2, dict3, dict4])
print("df1:")
print(df1)
```

```
df1.loc[df1["姓名"] = = '张三',"成绩"] = 100
print("成绩修改后的 df1:")
print(df1)
print("修改成绩指令的全部过程如下!")
df2 = df1["姓名"] = = '张三'
df3 = df1[df2]
index1 = df3.index
df1.loc[index1,"成绩"] = 1000
print("成绩再次修改后的 df1:")
print(df1)
```

　　运行结果如下：

```
df1:
   id  出生年月  姓名  成绩
0  2   1988   张三  76
1  3   2003   李四  78
2  4   2004   王五  86
3  5   1988   赵六  90
成绩修改后的 df1:
   id  出生年月  姓名  成绩
0  2   1988   张三  100
1  3   2003   李四  78
2  4   2004   王五  86
3  5   1988   赵六  90
修改成绩指令的全部过程如下!
成绩再次修改后的 df1:
   id  出生年月  姓名  成绩
0  2   1988   张三  1000
1  3   2003   李四  78
2  4   2004   王五  86
3  5   1988   赵六  90
```

　　上述代码中，把张三的成绩修改为 100 的那条指令是我们经常会见到的指令，它实际上综合了多条指令，这些指令大都体现在把张三的成绩修改为 1 000 的过程之中。

　　对字符串类型的列，Pandas 模块提供了多种便利的处理方法，相关代码示例如下：

```
import pandas as pd
pd.set_option('display.unicode.east_asian_width',True)
dict1 = {"姓名":'张三',"出生年月":'1988',"id":'2',"成绩":76}
```

```
dict2 = {"姓名":'李四',"出生年月":'2003',"id":'3',"成绩":78}
dict3 = {"姓名":'王五',"出生年月":'2004',"id":'4',"成绩":86}
dict4 = {"姓名":'赵四',"出生年月":'1988',"id":'5',"成绩":90}
df1 = pd.DataFrame([dict1,dict2,dict3,dict4])
print("df1:")
print(df1)
df2 = df1["姓名"].replace("张三","张四")
print("df2:")
print(df2)
df3 = df1.loc[df1["姓名"].str.contains("四"),:]
print("df3:")
print(df3)
```

运行结果如下：

```
df1:
   姓名   出生年月   id   成绩
0  张三    1988     2    76
1  李四    2003     3    78
2  王五    2004     4    86
3  赵四    1988     5    90
df2:
0   张四
1   李四
2   王五
3   赵四
Name:姓名,dtype:object
df3:
   姓名   出生年月   id   成绩
1  李四    2003     3    78
3  赵四    1988     5    90
```

在上述代码中，姓名列是一个字符串格式的列。对于姓名列，可以使用 replace()
方法直接替换数据，例如把张三替换为张四。此外，还可以使用 str 属性下面的 contains()
方法把包含某个字符的数据挑选出来，例如挑选姓名里面含有四的数据。对于字符串格
式的列，还能使用正则表达式进行一些复杂的数据处理工作。

数据框或序列的 apply() 函数使 Pandas 的数据处理更为灵活，它可以让用户自己设
定函数，并把这些函数作用到数据框或序列上。相关代码示例如下：

```
import pandas as pd
def Rating(x):
if x<60:
```

```
        return "不及格"
elif x >= 90:
        return "优秀"
else:
        return "及格"
pd. set_option('display. unicode. east_asian_width', True)
dict1 = {"姓名":'张三', "出生年月":'1988', "id":'2', "成绩":56}
dict2 = {"姓名":'李四', "出生年月":'2003', "id":'3', "成绩":78}
dict3 = {"姓名":'王五', "出生年月":'2004', "id":'4', "成绩":86}
dict4 = {"姓名":'赵四', "出生年月":'1988', "id":'5', "成绩":90}
df1 = pd. DataFrame([dict1,dict2,dict3,dict4])
print("原来的 df1:")
print(df1)
df2 = df1["成绩"]. apply(Rating)
df1["成绩"] = df2
print("后来的 df1:")
print(df1)
```

运行结果如下：

```
原来的 df1:
    姓名  出生年月   id   成绩
0   张三   1988     2    56
1   李四   2003     3    78
2   王五   2004     4    86
3   赵四   1988     5    90
后来的 df1:
    姓名  出生年月   id    成绩
0   张三   1988     2    不及格
1   李四   2003     3    及格
2   王五   2004     4    及格
3   赵四   1988     5    优秀
```

　　apply() 方法的参数是函数名，要想使用 apply() 方法，首先要定义一个函数，例如上述代码中的 Rating() 函数。成绩列使用 apply() 方法时，会把该列各元素依次作为实参传进 Rating() 函数，然后使用返回值替换原来各元素的内容，例如 56 传进 Rating() 函数，返回"不及格"；78 传进 Rating() 函数，返回"及格"。上述代码使用的是序列对象的 apply() 方法，这与数据框对象的 apply() 方法有很大不同，感兴趣的读者可参阅相关资料。

　　排序也是数据处理中经常遇到的问题。数据框对象的 sort_index() 方法和 sort_values() 方法可对数据框的内容进行排序，sort_index() 方法依据索引列中的各行索引值进行排序，sort_values() 依据其他列的值进行排序。相关代码示例如下：

```
import pandas as pd
pd.set_option('display.unicode.east_asian_width',True)
dict1 = {"姓名":'张三',"出生年月":'1988',"id":'2',"成绩":56}
dict2 = {"姓名":'李四',"出生年月":'2003',"id":'3',"成绩":86}
dict3 = {"姓名":'王五',"出生年月":'2004',"id":'4',"成绩":78}
dict4 = {"姓名":'赵六',"出生年月":'1988',"id":'5',"成绩":90}df1 = pd.DataFrame([dict1,dict2,
dict3,dict4],index=['B','A','D','C'])
print("原来的 df1:")
print(df1)
df2 = df1.sort_index()
print("按索引列排序后的数据:")
print(df2)
df3 = df1.sort_values(by='成绩')
print("按成绩列排序后的数据:")
print(df3)
```

运行结果如下：

```
原来的 df1:
    姓名  出生年月  id  成绩
B  张三   1988   2   56
A  李四   2003   3   86
D  王五   2004   4   78
C  赵六   1988   5   90
按索引列排序后的数据:
    姓名  出生年月  id  成绩
A  李四   2003   3   86
B  张三   1988   2   56
C  赵六   1988   5   90
D  王五   2004   4   78
按成绩列排序后的数据:
    姓名  出生年月  id  成绩
B  张三   1988   2   56
D  王五   2004   4   78
A  李四   2003   3   86
C  赵六   1988   5   90
```

上述代码中的 df1，以前索引列的次序是 ['B'，'A'，'D'，'C']，df2 是依据索引列排序后的数据框，其索引列的次序变为 ['A'，'B'，'C'，'D']，姓名为李四的数据排在了第一行。df3 是依据成绩列排序后的数据框，成绩为 56 的数据排在了第一行。

10.6　数据框的统计

在进行数据处理时，需要了解数据框对象的一些基本信息，例如它有哪些列、每列是什么数据类型等，这些基本信息可通过数据框对象的相关属性和方法获取。代码示例如下：

```python
import pandas as pd
pd.set_option('display.unicode.east_asian_width',True)
dict1 = {"姓名":'张三',"出生年月":'1988',"id":'2',"成绩":56}
dict2 = {"姓名":'李四',"出生年月":'2003',"id":'3',"成绩":86}
dict3 = {"姓名":'王五',"出生年月":'2004',"id":'4',"成绩":78}
dict4 = {"姓名":'赵六',"出生年月":'1988',"id":'5',"成绩":90}
dict5 = {"姓名":'孙一',"出生年月":'1986',"id":'1',"成绩":65}
dict6 = {"姓名":'钱二',"出生年月":'1996',"id":'6',"成绩":85}
dict_list = [dict1,dict2,dict3,dict4,dict5,dict6]
df1 = pd.DataFrame(dict_list)
print(df1.head(2))
print(df1.tail(2))
print("基本信息:")
print(df1.info())
print("数值型列的基本统计信息:")
print(df1.describe())
```

运行结果如下：

```
   姓名   出生年月   id   成绩
0  张三    1988    2    56
1  李四    2003    3    86
   姓名   出生年月   id   成绩
4  孙一    1986    1    65
5  钱二    1996    6    85
基本信息:
<class 'pandas.core.frame.DataFrame'>
RangeIndex:6 entries,0 to 5
Data columns(total 4 columns):
 #   Column   Non-Null Count   Dtype
---  ------   --------------   -----
 0   姓名       6 non-null       object
 1   出生年月     6 non-null       object
```

```
2      id      6 non-null    object
3      成绩     6 non-null    int64
dtypes:int64(1),object(3)
memory usage:320.0+ bytes
None
数值型列的基本统计信息:
            成绩
count    6.000000
mean    76.666667
std     13.411438
min     56.000000
25 %    68.250000
50 %    81.500000
75 %    85.750000
max     90.000000
```

数据框对象的 head(n) 方法、tail(n) 方法能够显示数据框前面 n 行、后面 n 行的数据，让我们对每条数据有个大体了解。数据框对象的 info() 方法能让我们了解数据框的一些基本信息，例如 df1 这个数据框有六行、四列数据，其中三列数据为字符串型，成绩列数据为数值型。数据框对象的 describe() 方法能让我们了解数值型列的基本统计信息，例如成绩列的平均值为 76.67，最小值为 56，最大值为 90，等等。

下面使用包含多个数值型列的例子，详细介绍 Pandas 模块的统计功能，相关代码示例如下:

```
import pandas as pd
pd.set_option('display.unicode.east_asian_width',True)
dict1 = {"姓名":'张三',"语文":63,"数学":56,"英语":59}
dict2 = {"姓名":'李四',"语文":87,"数学":86,"英语":88}
dict3 = {"姓名":'王五',"语文":80,"英语":76}
dict4 = {"姓名":'赵六',"语文":89,"数学":90,"英语":86}
dict5 = {"姓名":'张三',"语文":64,"数学":65,}
dict6 = {"姓名":'王五',"语文":86,"数学":85,"英语":86}
dict_list = [dict1,dict2,dict3,dict4,dict5,dict6]
df1 = pd.DataFrame(dict_list)
print("df1:")
print(df1)
print("剔除姓名列里面的重复值:")
print(df1["姓名"].unique())
print("英语列不存在缺失值的行数:")
print(df1["英语"].count())
```

```
print("数学的总分:")
print(df1["数学"].sum())
print("语文的平均分:")
print(df1["语文"].mean())
print("各列的相关系数:")
print(df1.corr())
print("语文和数学成绩的相关系数:")
print(df1["语文"].corr(df1["数学"]))
```

运行结果如下：

```
df1:
   姓名   语文   数学   英语
0  张三    63    56    59
1  李四    87    86    88
2  王五    80   NaN    76
3  赵六    89    90    86
4  张三    64    65   NaN
5  王五    86    85    86

剔除姓名列里面的重复值:
['张三' '李四' '王五' '赵六']
英语列不存在缺失值的行数:
5
数学的总分:
382.0
语文的平均分:
78.16666666666667
各列的相关系数:
              语文        数学        英语
语文    1.000000  0.981424  0.987572
数学    0.981424  1.000000  0.985062
英语    0.987572  0.985062  1.000000
语文和数学成绩的相关系数:
0.9814236029298413
```

　　对单列进行操作需要使用序列对象的相关方法，上述代码先后使用了 unique() 方法、count() 方法、sum() 方法和 mean() 方法来得到单列的相关统计信息。对多列进行处理，例如求语文、数学、英语各列的相关系数，需要使用数据框对象的相关方法，上述代码使用了 corr() 方法。如果只求两列的相关系数，可使用序列对象的 corr() 方法，一列是序列对象自身，另外一列当作参数。

　　Pandas 模块可基于某列的值进行分组统计，这需要使用数据框对象的 groupby() 方法，相关代码示例如下：

```
import pandas as pd
pd. set_option('display. unicode. east_asian_width', True)
dict1 = {"姓名":"张三","语文":63}
dict2 = {"姓名":'李四',"语文":87}
dict3 = {"姓名":'王五',"语文":80}
dict4 = {"姓名":'赵六',"语文":89}
dict5 = {"姓名":'张三',"语文":64}
dict6 = {"姓名":'王五',"语文":86}
dict_list = [dict1,dict2,dict3,dict4,dict5,dict6]
df1 = pd. DataFrame(dict_list)
df1. insert(1,"性别","女")
df1. loc[3:,"性别"] = "男"
print("df1:")
print(df1)
print("男生和女生的语文平均成绩:")
dict1 = df1. groupby("性别"). mean()
print(dict1)
```

　　运行结果如下：

```
df1:
   姓名  性别  语文
0  张三   女    63
1  李四   女    87
2  王五   女    80
3  赵六   男    89
4  张三   男    64
5  王五   男    86
男生和女生的语文平均成绩:
        语文
性别
女    76. 666667
男    79. 666667
```

　　上述代码按照性别列的值把所有数据分成两组：女生和男生，然后在组内分别求语文的平均成绩。数据框的 groupby() 方法返回的也是一种对象，该对象有 mean() 方法，所以可以使用指令 df1. groupby("性别"). mean()。除了分组计算均值以外，还可以分组计算总和、方差、标准差等统计指标。

　　本章介绍的 Pandas 模块是使用 Python 进行数据导入、数据导出和数据清理的重要模块。Pandas 模块有两类数据结构：序列和数据框，序列是一维的，数据框是二维的。这两种数据结构既可基于位置进行引用，也可基于索引值进行引用，使用起来比 Numpy 模块的数组更加灵活。这两种数据结构都能方便地实现缺失值删除、重复值删除、内容合并等操作，劳动科学领域所需要的数据，Pandas 模块都能很好地处理。此外，数据框这种数据结构可与其他格式的数据（例如 Excel 数据、Stata 数据等）相互转换，从而为不同格式数据的交流和使用提供了便利。

第 11 章

Matplotlib 模块的使用

"文不如字，字不如表，表不如图"，这句话说的是数据可视化的重要性。如果数据处理结果都以文字呈现，读起来可能会比较枯燥，加入图形后会好很多，因为图形更加直观、醒目。本章介绍如何利用 Matplotlib 模块绘制常见的图形，例如折线图、散点图、条形图、饼状图、直方图等等。

11.1　Matplotlib 模块的简介和安装

Matplotlib 是一个 Python 绘图库，它是一个画图质量可以和 Matlab 软件媲美的 Python 库。

同 Numpy、Pandas 模块一样，如果电脑安装的是 Anaconda3，会自带 Matplotlib 模块，不需要额外安装。如果安装的是官网上的 Python，则需要在 cmd 窗口使用 pip3 install　matplotlib 之类的命令进行安装。安装完成后，可使用第 9 章介绍的方法去检验是否成功安装。

本章介绍的绘图内容，使用的是 Matplotlib 的子模块 pyplot，可使用 dir() 命令了解它的主要内容：

```
from matplotlib import pyplot as plt
print("pyplot 的主要内容:")
print(dir(plt))
```

上述指令运行后得到的是一个大列表。本章介绍的内容基本上都在这个列表里面，例如 figure() 函数、show() 函数等等。

图 11-1 是 Matplotlib 绘制的一个完整图形，它展示了不同品牌洗发水在某地的销售情况。图 11-1 中，横坐标表示月份，纵坐标表示销售额（单位：万元），深灰、浅灰和中灰分别代表甲、乙和丙三种不同的品牌。无论是条形图、折线图，还是饼状图，一个完整的图形都应该包括图题、图例、横纵坐标、单位刻度等基本元素。

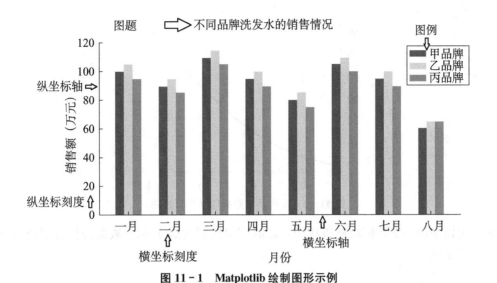

图 11 - 1　**Matplotlib 绘制图形示例**

11.2　使用 Matplotlib 绘图的基本流程

使用 Matplotlib 模块进行绘图的基本流程如下：（1）引入 Matplotlib 模块的子模块 pyplot；（2）准备数据；（3）使用 plot() 函数绘制图形；（4）使用 show() 函数显示图形，或者使用 savefig() 函数保存图形。这个流程跟现实中画作的创作流程类似，可以对比记忆。首先，邀请画家出场（引入模块）。其次，准备笔墨纸砚等各种工具（准备数据）。再次，画家进行创作（绘制图形）。最后，展示或者收藏画作（显示或保存图形）。下面以折线图为例说明绘图的基本流程，具体代码如下：

```
from matplotlib import pyplot as plt
import numpy as np
number_list = np. arange(1,9)
squares_list = [value * * 2 for value in range(1,9)]
plt. plot(number_list, squares_list)
plt. show()
# plt. savefig("figure_1. png")
```

上述代码绘制的图形如图 11 - 2 所示。

绘制折线图时，需要准备两串长度相同的数据，它们可以来自不同的对象类型，例如上述代码中第一串数据是数组形式，第二串数据是列表形式。plot() 函数是绘制折线图的函数，它一般需要两个参数，第一个参数是对应 X 轴的那串数据，第二个参数是对应 Y 轴的那串数据。show() 函数用于显示绘制好的图形，一般不需要参数。savefig() 函数把绘制好的图形保存在电脑硬盘上，它至少需要一个参数，该参数用于指明保存文件时的路径和文件名。使用了 show() 函数后，一般不再使用 savefig() 函数，因为 show() 函数运行完毕后会关闭绘制好的图形，savefig() 函数保存的图形将是空白的。

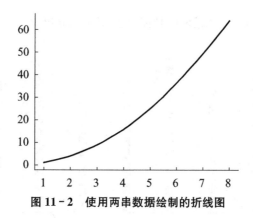

图 11 - 2　使用两串数据绘制的折线图

有时，可以使用一串数据绘制折线图，此时该串数据对应 Y 轴，数据的位置对应 X 轴，相关代码示例如下：

```
from matplotlib import pyplot as plt
squares_list = [value * * 2 for value in range(1,9)]
plt.plot(squares_list)
plt.show()
```

运行上述代码可得到图 11 - 3。观察图 11 - 2 和图 11 - 3，可以发现，图 11 - 3 在 X 轴的标注起点是 0，而图 11 - 2 在 X 轴的标注起点是 1，这是因为绘制图 11 - 3 时，X 轴对应的是数据位置，数据位置从 0 开始编号。

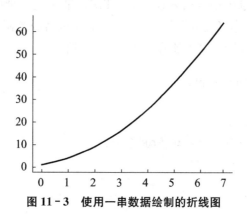

图 11 - 3　使用一串数据绘制的折线图

11.3　改变线条的粗细

使用 plot() 函数绘制图形，可以使用 "linewidth＝数值" 这个参数改变线条的粗细。相关代码示例如下：

```
from matplotlib import pyplot as plt
number_list = range(1,9)
```

```
squares_list = [value * * 2 for value in range(1,9)]
plt.plot(number_list,squares_list,linewidth = 6)
plt.show()
```

　　运行上述代码可得到图 11 - 4。比较图 11 - 4 和图 11 - 2 可以看出，虽然绘制两张图形时使用的数据相同，但图 11 - 4 中的线条比图 11 - 2 中的线条粗了很多。

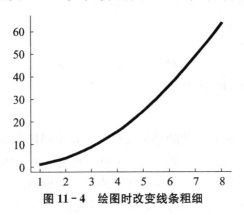

图 11 - 4　绘图时改变线条粗细

11.4　添加图形标题

　　很多时候要为图形添加标题。title( ) 函数可以给图形添加标题，一般使用两个参数，第一个参数是标题内容，第二个参数是字体大小。相关代码示例如下：

```
from matplotlib import pyplot as plt
number_list = range(1,9)
squares_list = [value * * 2 for value in range(1,9)]
plt.plot(number_list,squares_list)
plt.title("Figure5",fontsize = 24)
plt.show()
```

　　运行上述代码可得到图 11 - 5，标题 "Figure 5" 已经添加在该图的上方。

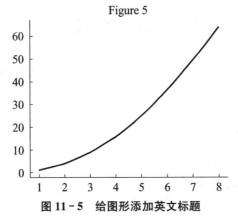

图 11 - 5　给图形添加英文标题

用 Matplotlib 模块画图时，如果要使用中文字符，则需要使用 Matplotlib 子模块 font _ manager 中的 FontProperties 函数，否则会出现乱码。添加中文标题的代码示例如下：

```
from matplotlib import pyplot as plt
from matplotlib import font_manager
number_list = range(1,9)
squares_list = [value ∗ ∗ 2 for value in range(1,9)]
plt.plot(number_list,squares_list)
font_file = 'C:\Windows\Fonts\simsun.ttc'
my_font = font_manager.FontProperties(fname = font_file,size = 24)
plt.title("图六",fontproperties = my_font)
plt.show()
```

上述代码中 simsun. ttc 是宋体的字体文件库，在不同操作系统中位置不同，需要根据自己电脑的操作系统寻找该字体文件库，也可以使用其他字体的文件库。FontProper-ties() 函数使用了两个参数，第一个参数指明中文字符使用的字体文件库，第二个参数指明字符的大小。my _ font 是 FontProperties() 函数创建的一个对象，它可以作为 title() 函数的参数，用来确保中文字符正确显示。除了图形标题以外，其他使用中文字符的地方，也要使用与上述代码类似的方法。上述代码运行结果如图 11 - 6 所示。

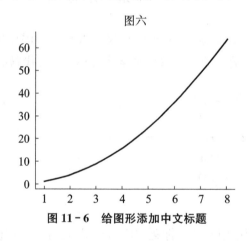

图 **11 - 6**　给图形添加中文标题

11.5　调整图形的尺寸

图形的尺寸可由 Matplotlib 模块自动选定，也可以通过 figsize() 函数指定。相关代码示例如下：

```
from matplotlib import pyplot as plt
number_list = range(1,9)
squares_list = [value ∗ ∗ 2 for value in range(1,9)]
plt.figure(figsize = (10,8),dpi = 80)
```

```
plt.plot(number_list,squares_list)
plt.show()
```

使用 figure() 函数时，首先要保证它要使用在 plot() 函数的前面，否则 figure() 函数的设置就不能应用到 plot() 绘制的图形上。"figsize=(10，8)"这个参数把图形的大小设置为长 10 英寸（1 英寸=2.54 厘米）、宽 8 英寸；"dpi=80"这个参数指的是每英寸有 80 个像素点。图形大小相同的情况下，每英寸设置的像素点越多，图形越清楚。figure() 函数返回的是一个 Figure 对象，也称为画布对象。上述代码运行结果如图 11 - 7 所示。

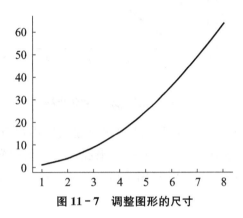

图 11 - 7 调整图形的尺寸

11.6 调整坐标轴的范围和设置标签

axis() 函数可以调整坐标轴的范围，它的参数通常是四个数值型元素的列表，四个数值对应的是 X 轴的最小刻度、X 轴的最大刻度、Y 轴的最小刻度和 Y 轴的最大刻度。xlabel() 函数、ylabel() 函数可用于设置 X 轴和 Y 轴的标签。相关代码示例如下。

```
from matplotlib import pyplot as plt
from matplotlib import font_manager
number_list = range(1,9)
squares_list = [value * * 2 for value in range(1,9)]
plt.axis([0,10,0,80])
# plt.axis([0,50,0,1000])
font_file = 'C:\Windows\Fonts\simsun.ttc'
my_font = font_manager.FontProperties(fname = font_file,size = 18)
plt.xlabel("月份",fontproperties = my_font)
plt.ylabel("销售额",fontproperties = my_font)
plt.plot(number_list,squares_list)
plt.show()
```

运行结果如图 11 - 8 所示。

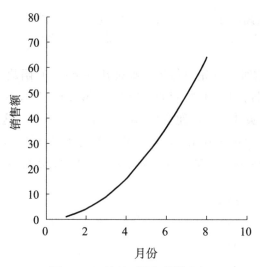

图 11 - 8　给图形添加横纵坐标

　　如果坐标轴的范围设置得不合理，例如在上述代码中把范围设置为 [0，50，0，1000]，图形就会显得不协调，整个图形被压缩在左下角的位置。因为 X 轴、Y 轴使用的标签含有中文字符，所以也要使用 font _ manager 子模块中的 FontProperties（）函数。

11.7　设置坐标轴的刻度和刻度标签

　　xticks（）函数和 yticks（）函数可用于设置坐标轴的刻度，相关代码示例如下：

```
from matplotlib import pyplot as plt
from matplotlib import font_manager
number_list = range(1,9)
squares_list = [value * * 2 for value in range(1,9)]
xtick_list = list(range(1,11,1))
xlabels = ["一月","二月","三月","四月","五月","六月","七月","八月"]
font_file = 'C:\Windows\Fonts\simsun.ttc'
my_font = font_manager.FontProperties(fname = font_file, size = 18)
plt.xticks(xtick_list,xlabels,fontproperties = my_font)
plt.plot(number_list,squares_list)
plt.show()
```

　　在上述代码中，xtick _ list 是标在 X 轴上的真实刻度，但显示内容由 xlabels 对应位置上的内容决定。xtick _ list 是 xticks（）函数的第一个参数，xlabels 是 xticks（）函数的第二个参数，第三个参数用于控制中文字符的显示。运行上述代码后，可绘制出图 11 - 9。

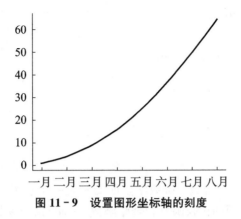

图 11 - 9　设置图形坐标轴的刻度

11.8　设置网格线

　　grid() 函数可以为图形增加网格线，网格线的透明度由参数 alpha 的值决定，代码示例如下：

```
from matplotlib import pyplot as plt
number_list = range(1,9)
squares_list = [value * * 2 for value in range(1,9)]
plt.plot(number_list,squares_list)
plt.grid(alpha = 0.6)
plt.show()
```

　　上述代码可绘制出图 11 - 10。

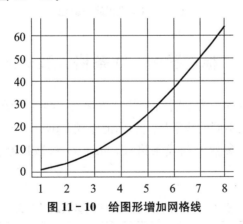

图 11 - 10　给图形增加网格线

11.9　同时画两条折线

　　在 Matplotlib 模块绘制图形时，连续两次使用 plot() 函数可以把两条折线绘制在同一张图形上。在绘制两条折线时，一般使用 color 参数为它们指定不同的颜色。相关代码示例如下：

```python
from matplotlib import pyplot as plt
import numpy as np
x = np.linspace(-2*np.pi, 2*np.pi, 100)
sinx = np.sin(x)
cosx = np.cos(x)
plt.plot(x, sinx, color="r")
plt.plot(x, cosx, color="b")
plt.show()
```

　　pi 是 Numpy 模块的一个常数，跟数学里面的 π 是一个意思，sin()、cos() 是 Numpy 模块的函数，对应数学里面的正弦函数和余弦函数。color 这个参数，指定线条的颜色，也可简写为"c=*"的形式。颜色的对应关系为：b 对应蓝色，g 对应绿色，r 对应红色，w 对应白色，m 对应洋红色，y 对应黄色，k 对应黑色。上述代码指定两条线的颜色分别为红色和蓝色，最后绘制出的图形如图 11-11 所示（此处颜色显示为深灰和浅灰）。

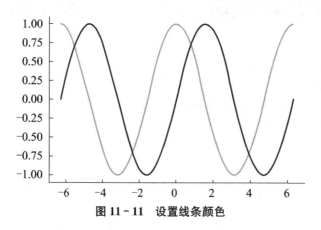

图 11-11　设置线条颜色

11.10　标注图例、线条格式和标记样式

　　在画两条线形图的时候，为了明确每条线的含义，会使用图例进行标注，为了突出两条线的区别，也会使用不同的线条格式和标记样式。pyplot 子模块的 legend() 函数控制图例的显示，linestyle 参数控制线条格式，marker 参数控制标记样式，具体用法见表 11-1。

表 11-1　控制线条和标记的参数及其含义

linestyle 参数	含义	marker 参数	含义
—	实线（默认）	.	实心点
— —	虚线	,	像素点
—.	间断线	o	实心圆
:	点状线	p	五角形

续表

linestyle 参数	含义	marker 参数	含义
		＋	＋形
		s	方块

相关的代码示例如下：

```
from matplotlib import pyplot as plt
import numpy as np
from matplotlib import font_manager
font_file = 'C:\Windows\Fonts\simsun. ttc'
my_font = font_manager. FontProperties(fname = font_file, size = 18)
x = np. linspace( - 2 * np. pi, 2 * np. pi, 100)
sinx = np. sin(x)
cosx = np. cos(x)
plt. plot(x, sinx, label = '正弦', linestyle = " - - ")
plt. plot(x, cosx, label = '余弦', linestyle = " - ")
plt. legend(prop = my_font, loc = 'upper left')
plt. savefig("figure_11. png")
plt. close( )
plt. plot(x, sinx, label = '正弦', marker = "s")
plt. plot(x, cosx, label = '余弦', marker = "o")
plt. legend(prop = my_font, loc = 'upper left')
plt. show( )
```

上述代码绘制的两张图如图 11 - 12 和 11 - 13 所示。代码中的 legend() 函数的 prop
参数用于处理中文字符的显示，loc 参数用于控制图例的显示位置。需要注意的是，绘制
完一张图以后，需要调用 close() 函数，结束第一张图的绘制，再开始绘制第二张图，
否则会在第一张图的画布上继续添加第二张图，而不是重新绘制第二张图。

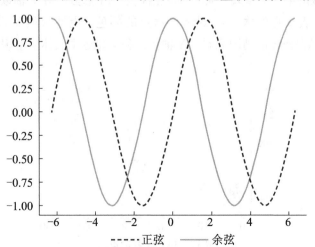

图 11 - 12　利用 linestyle 调整线条格式

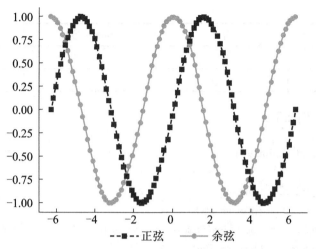

图 11 - 13 利用 marker 调整标记样式

11. 11 绘制散点图

在处理数据时，散点图有助于发现两个变量之间的关系，pyplot 子模块的 scatter( ) 函数可用于绘制散点图。相关代码示例如下：

```python
from matplotlib import pyplot as plt
import numpy as np
np. random. seed(888)
x = 50 * np. random. random(100)
y = 100 + 4 * x + 25 * np. random. randn(100)
plt. scatter(x, y, s = 60, color = 'r')
plt. show( )
```

scatter( ) 函数的第一个参数对应 X 轴数据，第二个参数对应 Y 轴数据，后面是一些装饰图形的参数，s 表示点的大小，color 表示点的颜色。上述代码最后绘制出的图形如图 11 - 14 所示，从散点图的情况来看，X 轴数据和 Y 轴数据大体上呈现出一种线性关系。

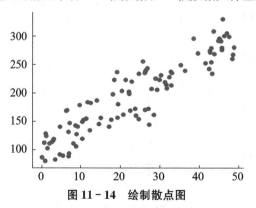

图 11 - 14 绘制散点图

11.12 绘制柱形图

柱形图也是数据展示时经常用到的图，它可以直观地反映出某变量在各类别（或样本）上的差异。Matplotlib 模块使用 bar() 函数绘制柱形图，相关代码示例如下：

```
from matplotlib import pyplot as plt
import numpy as np
from matplotlib import font_manager
font_file = 'C:\Windows\Fonts\simsun.ttc'
my_font = font_manager.FontProperties(fname = font_file, size = 18)
month_list = np.array([1,2,3,4,5,6,7,8])
sale_list = [100,90,110,95,80,105,95,60]
sale_list2 = [105,95,115,100,85,110,100,65]
sale_list3 = [95,85,105,90,75,100,90,65]
plt.bar(month_list, sale_list, width = 0.2)
plt.show()
plt.close()
xtick_labels = ["一月","二月","三月","四月","五月","六月","七月","八月"]
plt.xticks(month_list, xtick_labels, fontproperties = my_font)
plt.bar(month_list - 0.2, sale_list, width = 0.2, label = '甲品牌')
plt.bar(month_list, sale_list2, width = 0.2, label = '乙品牌')
plt.bar(month_list + 0.2, sale_list3, width = 0.2, label = '丙品牌')
plt.legend(prop = my_font, loc = 'upper right')
plt.show()
```

上述代码绘制出来的两个图形是图 11-15 和图 11-16。

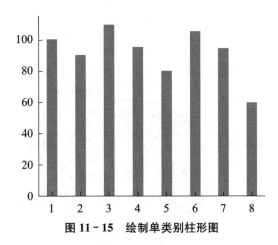

图 11-15 绘制单类别柱形图

上述代码的 sale_list 变量可视为各个月份甲品牌洗发水在某地的销售量，month_list 是月份，不同月份可理解为不同的样本或类别，使用 ndarray 对象主要是为了后面的

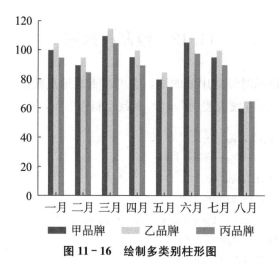

图 11-16　绘制多类别柱形图

数值运算。上述代码绘制的第一个柱状图比较简单，只绘制了甲品牌洗发水在某地不同月份销售量的差别，并且只使用了 width 这个选项，它规定了柱的宽度。上述代码绘制的第二个柱状图相对而言比较复杂，绘制了某地甲品牌、乙品牌和丙品牌洗发水在不同月份销售量的差别，并且使用了图例说明。

11.13　绘制饼状图

饼状图在呈现各样本数量占总体比例时非常方便。Matplotlib 模块使用 pie() 函数绘制饼状图，相关代码示例如下：

```
from matplotlib import pyplot as plt
number = [1,2,3,3,1]
label = 'Primary','Junior School','Senior School','College','University'
plt.pie(number,labels = label,autopct = '% 1.1f')
plt.show()
```

运行上述代码后，可绘制出图 11-17。

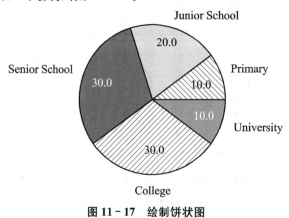

图 11-17　绘制饼状图

　　上述代码绘制的饼状图比较简单，只使用了 labels 和 autopct 两类参数，labels 为饼状图添加标签说明，autopct 为饼状图添加百分比显示。pie() 函数还可以使用其他参数，感兴趣的读者可搜索相关参数的使用方法。

11.14　绘制三维图

　　Matplotlib 模块也可以绘制三维图形，这需要使用 mpl_toolkits 模块（主要是它的子模块 mplot3d），mpl_toolkits 模块是在安装 Matplotlib 模块时自动安装的，可以视为 Matplotlib 模块的一部分。由于三维图形的展示要以二维图形为基础，所以绘制三维图形时也要加载 pyplot 模块。Axes3D 是绘制三维图形的一个类，它可从子模块 mplot3d 中载入。下面以绘制三维散点图和三维曲面图为例，介绍使用 Matplotlib 模块绘制三维图形的相关代码。

　　绘制三维散点图的代码示例如下：

```
from mpl_toolkits.mplot3d import Axes3D
from matplotlib import pyplot as plt
import numpy as np
x = np.linspace(-10,10,99)
y = np.linspace(-10,10,99)
z = np.square(x) + np.square(y)
fig = plt.figure()
axes3d = Axes3D(fig)
axes3d.scatter(x,y,z)
plt.show()
```

　　从上述代码可看出绘制三维图形的基本流程。首先，要创建一个二维的画布对象，即上述代码中的 fig。其次，使用 fig 作参数，基于 Axes3D 类创建实例 axes3d。最后，使用 axes3d 实例的相关方法绘制图形，例如 scatter() 方法绘制散点图，plot() 方法绘制线形图，plot_surface() 方法绘制曲面图，等等。绘制好图形后，类似于二维图形，也要使用 show() 函数来显示图形，或者使用 savefig() 函数进行保存。上述代码绘制的图形如图 11-18 所示。

　　绘制三维曲面图的代码示例如下：

```
from mpl_toolkits.mplot3d import Axes3D
from matplotlib import pyplot as plt
import numpy as np
x = np.linspace(-10,10,99)
y = np.linspace(-10,10,99)
X,Y = np.meshgrid(x,y)
Z = np.square(X) + np.square(Y)
```

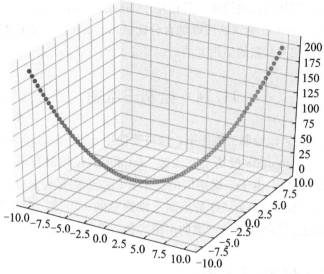

图 11 - 18　绘制三维散点图

```
fig = plt.figure()
axes3d = Axes3D(fig)
axes3d.plot_surface(X,Y,Z)
plt.show()
```

从上述代码可见，绘制三维曲面前的数据准备工作比较复杂，要使用 Numpy 模块的 meshgrid() 函数把普通数据生成网格点坐标矩阵，生成上述矩阵后，其他的流程与绘制三维散点图类似。最后绘制的图形如图 11 - 19 所示。

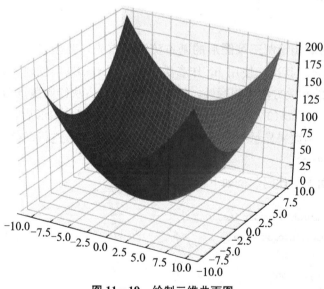

图 11 - 19　绘制三维曲面图

上面给出的绘制三维图形的例子都比较简单，实际上 Matplotlib 模块可通过一些可选参数绘制出更复杂、更漂亮的三维图形，图形质量可与 Matlab 软件绘制的图形媲美。

　　本章介绍的 Matplotlib 模块是一个功能强大的绘图库,它绘制的图形比 Stata、Excel 等软件绘制的图形更加美观。它不仅可以绘制常见的二维图形,如折线图、散点图、饼状图和柱形图等等,还可以绘制三维图形。Matplotlib 模块还提供了丰富的格式选项,能够对图例、线条、坐标轴等作出多种精细的设置。格式选项的内容十分琐碎,本书的建议是,没有必要记住所有细节,当使用到某些格式选项时,查询相关内容即可。

第 12 章

使用 Python 实现最小二乘估计

最小二乘估计（ordinary least squares estimation）是计量经济学中最基础、最重要的内容，涉及比较多的公式推导和矩阵运算。本章通过使用 Python 数据处理的相关模块，例如 Numpy 模块、Pandas 模块和 Matplotlib 模块等，介绍如何实现最小二乘估计。已有的数据数理软件，例如 Stata，已经有专门的做最小二乘估计的指令，这些指令给使用者带来便利。与此同时，这些软件也让部分使用者出现了一种倾向：重视软件使用，不重视计量经济学的公式推导和代码的编写。本章首先推导最小二乘估计的系数和方差公式，然后使用 Python 的相关数据处理模块实现相关公式的计算，最后显示结果。希望通过本章相关内容的介绍，读者能够把计量经济学知识和 Python 数据处理的相关知识更好地融合在一起，而不是仅限于学会使用某个软件的某条指令。

12.1　数据准备

首先，引入相关模块，包括 Numpy 模块、Pandas 模块、Matplotlib 模块和 OS 模块，相关代码示例如下：

```
import numpy as np
import pandas as pd
import os
from matplotlib import pyplot as plt
```

本章所使用的数据来自名为 discrim. csv 的文件，图 12 - 1 给出了文件前 19 条数据。

接下来，使用 Pandas 模块的相关命令读取 discrim. csv 中的数据，并将它转化为 DataFrame 的数据结构，代码如下：

```
df = pd. read_csv('discrim. csv')
print(df)
```

	A	B	C	D	E	F	G	H	I
1	obs	psoda	pfries	pentree	wagest	nmgrs	nregs	hrsopen	emp
2	1	1.12	1.06	1.02	4.25	3	5	16	27.5
3	2	1.06	0.91	0.95	4.75	3	3	16.5	21.5
4	3	1.06	0.91	0.98	4.25	3	5	18	30
5	4	1.12	1.02	1.06	5	4	5	16	27.5
6	5	1.12	NA	0.49	5	3	3	16	5
7	6	1.06	0.95	1.01	4.25	4	4	15	17.5
8	7	1.17	0.95	0.95	4.65	3	2	16	22.5
9	8	1.17	1.02	1.06	4.5	3	5	17	18.5
10	9	1.18	1.02	1.06	NA	4	4	17	17
11	10	1.17	1.12	1.02	4.25	3	5	18	27
12	11	1.06	1.02	2.34	4.75	3	5	12	11
13	12	1.06	1.05	1.06	4.5	4	2	15.5	20
14	13	1.05	0.95	2.74	4.25	3	5	13.5	17
15	14	1.17	1.06	1.17	4.35	4	NA	15	7.5
16	15	1.15	0.95	0.95	4.5	2	2	16	8
17	16	1.27	1.17	1.1	5	4	4	16.5	20
18	17	1.06	0.91	0.98	5.56	4	5	16	37.5
19	18	1.06	0.98	1.06	4.62	3	2	12.5	16.5
20	19	1.06	0.91	0.98	4.25	5	4	16	24

图 12 - 1　数据准备

由于 discrim. csv 是 csv 数据格式的文件，所以使用 read＿csv 命令；如果是 Excel 格式的文件，则需要使用 read＿excel 命令读取。上述代码得到的结果如图 12 - 2 所示。

图 12 - 2　把数据转化为 DataFrame 的数据结构

我们想以 psoda 为被解释变量，pentree 和 emp 为解释变量进行多元线性回归。为此，我们定义了一个包含所有变量的列表，命名为 varlist。为了方便起见，将被解释变量放在第一列，解释变量放在第二列至最后一列。构造变量列表 varlist 的代码如下：

```
varlist = ['psoda','pentree','emp']
```

从图 12 - 2 可看出，有些变量有缺失值，显示为 NaN。有缺失值的矩阵无法进行正常的矩阵运算，所以需要得到原数据集不含缺失值的子样本，记为 sample，以确保被解释变量和解释变量都不存在缺失值，相关的代码示例如下：

```
sample = df.dropna(subset = varlist, axis = 0, how = 'any')
print(sample)
```

上述代码的结果如图 12-3 所示，可以看到，当前的 DataFrame 结构由原来的 410×33 变为 389×33，此时 varlist 中所有变量均无缺失值，此时的样本就是进行多元线性回归所使用的样本。

```
     obs   psoda  pfries  pentree  wagest  ...  county  NJ  BK  KFC  RR
0     1    1.12    1.06    1.02     4.25   ...     18    1   0    0   1
1     2    1.06    0.91    0.95     4.75   ...     18    1   1    0   0
2     3    1.06    0.91    0.98     4.25   ...     12    1   1    0   0
3     4    1.12    1.02    1.06     5.00   ...     10    1   0    0   1
4     5    1.12    NaN     0.49     5.00   ...     10    1   1    0   0
..   ...   ...     ...     ...      ...    ...    ...   ..  ..   ..  ..
405  406   1.11    1.05    0.94     4.50   ...     20    0   0    0   1
406  407   0.95    0.74    2.33     4.75   ...     20    0   0    1   0
407  408   0.97    0.84    0.91     4.25   ...     20    0   1    0   0
408  409   0.97    0.86    0.89     4.75   ...     20    0   1    0   0
409  410   1.02    0.89    0.90     4.50   ...      3    0   1    0   0

[389 rows x 33 columns]
```

图 12-3　删除缺失值后的 DataFrame

12.2　矩阵的构建

假设多元线性回归模型中有 n 个观测值，$k+1$ 个待估计的参数，包括 1 个常数项和 k 个自变量前面的系数。在上述假设下，可以把多元线性回归模型用矩阵形式表示如下：

$$y = X\beta + \varepsilon \tag{12.1}$$

其中

$$y = \begin{pmatrix} y_1 \\ y_2 \\ \vdots \\ y_n \end{pmatrix}, \; X = \begin{pmatrix} 1 & x_{11} & x_{21} & \cdots & x_{k1} \\ 1 & x_{12} & x_{22} & \cdots & x_{k2} \\ \vdots & \vdots & \vdots & & \vdots \\ 1 & x_{1n} & x_{2n} & \cdots & x_{kn} \end{pmatrix}, \; \beta = \begin{pmatrix} \beta_0 \\ \beta_1 \\ \vdots \\ \beta_k \end{pmatrix}, \; \varepsilon = \begin{pmatrix} \varepsilon_1 \\ \varepsilon_2 \\ \vdots \\ \varepsilon_k \end{pmatrix}$$

为了估计上式中的系数矩阵 β，需要基于数据构建出类似于上式中的矩阵 y 和 X。首先构造被解释变量矩阵 y，代码示例如下：

```
vary = varlist[0]
ydf = sample[vary]
y = np.array(ydf)
print(y)
```

同理构建矩阵 X，代码如下：

```
varx = varlist[1:]   # 自变量 x 放在第二列至最后一列
first_column = np.ones((len(y),1))   # 生成长度与 y 相同的一列为 1 的数组
Xdf = sample[varx]
X = np.hstack((first_column,Xdf))  # hstack()实现两个数组水平方向的连接
print(X)
```

注意，y 和 X 都是 Numpy 模块的数组对象。

12.3　系数的估计

12.3.1　公式推导

式（12.1）中的 β 是真实的系数向量，是一个未知向量，我们需要使用数据对其进行估计，估计的思路是最小化残差平方和。设 b 为待估计的系数向量，那么预测值向量 $\hat{y}$ 为：

$$\hat{y} = Xb \tag{12.2}$$

残差向量 e 可以表示为：

$$e = y - \hat{y} = y - Xb \tag{12.3}$$

最小二乘估计需要最小化的是：

$$\begin{aligned} V = e'e &= (y - Xb)'(y - Xb) \\ &= (y - Xb)'y - (y - Xb)'Xb \\ &= y'y - b'X'y - y'Xb + b'X'Xb \\ &= y'y - 2b'X'y + b'X'Xb \end{aligned} \tag{12.4}$$

一阶条件如下：

$$\frac{\partial V}{\partial b} = 0 \tag{12.5}$$

即

$$-2X'y + 2X'Xb = 0 \tag{12.6}$$

所以 b 的估计式为：

$$b = (X'X)^{-1}X'y \tag{12.7}$$

12.3.2　代码实现

根据系数推导公式，下面使用 Python 编写代码求解系数。在 Numpy 模块中，求 X 矩阵的转置使用 X.T，Numpy 模块中的 linalg 子模块提供了很多与矩阵相关的运算函数，其中求逆运算可使用 inv（）函数。数组与数组相乘的符号是 ".dot"。基于上述知识，我们对 $b = (X'X)^{-1}X'y$ 这个公式编写了如下代码，代码每部分的含义如下：

$$\text{np. linalg. inv}(\underbrace{\underbrace{X.\ T.}_{X'}\ \text{dot}(\underbrace{X}_{X})}_{\underbrace{X'X}_{(X'X)^{-1}}}).\text{dot}(\underbrace{(\underbrace{X.\ T.}_{X'}).\text{dot}(y)}_{X'y})}_{(X'X)^{-1}X'y}$$

PyCharm 中编写的代码为:

```
beta = np.linalg.inv(X.T.dot(X)).dot((X.T).dot(y))   # beta 的计算公式
print(beta)
```

运行结果为:

```
[ 1.05206132e+00  -1.05651435e-02  4.26149127e-04]
```

从该结果可看出,常数项的估计系数为 $1.05206132e+00$,pentree 对应的估计系数为 $-1.05651435e-02$,emp 对应的估计系数为 $4.26149127e-04$。

12.4　系数方差的估计

12.4.1　公式推导

在满足线性回归的经典假设下,估计系数 b 的方差为:

$$\text{Var}(b) = \sigma^2 (X'X)^{-1} \tag{12.8}$$

其中,σ^2 是式(12.1)中随机扰动项 ε 的方差,它是不可直接测量的,需要使用下式中的 s^2 对其进行估计:

$$s^2 = \frac{e'e}{n-k-1} \tag{12.9}$$

式中,e 是残差向量,同式(12.3)中 e 的含义相同。在满足线性回归的经典假设下,可以证明 s^2 就是 σ^2 的无偏估计。所以,系数 b 的方差的最终计算公式为:

$$\text{Var}(b) = \frac{e'e}{n-k-1} (X'X)^{-1} \tag{12.10}$$

12.4.2　代码实现

计算残差向量的代码如下:

```
e = y - X.dot(beta)
```

计算 s^2 的代码如下:

```
s2 = (e.T.dot(e))/(len(y) - len(varlist))
```

计算 b 的方差的代码如下：

```
sigma2 = np. linalg. inv(X. T. dot(X)) * s2
```

取对角线上的数字然后开根号，可以得到各个系数的标准差，代码如下：

```
sigmabeta = np. sqrt(np. diag(sigma2))
```

打印结果的代码：

```
print(sigmabeta)
```

最后的运行结果为：

```
[0. 0160551 0. 00738103 0. 00051366]
```

从该结果可看出，常数项的估计系数的标准差为 0. 016 055 1，pentree 对应的估计系数的标准差为 0. 007 381 03，emp 对应的估计系数的标准差为 0. 000 513 66。

12.5　使用 Stata 软件进行验证

首先读取 csv 文件，利用 destring 命令把字符串的数据转化为数值型数据，代码如下：

```
destring psoda pentree emp, replace force
```

使用 reg 命令对相关变量进行回归，代码如下，回归结果见图 12 - 4。

```
reg psoda pentree emp
```

Source	SS	df	MS		Number of obs	=	389
					F(2, 386)	=	2.03
Model	.031433969	2	.015716984		Prob > F	=	0.1327
Residual	2.98840305	386	.007741977		R-squared	=	0.0104
					Adj R-squared	=	0.0053
Total	3.01983702	388	.007783085		Root MSE	=	.08799

psoda	Coef.	Std. Err.	t	P>|t|	[95% Conf.	Interval]
pentree	-.0105651	.007381	-1.43	0.153	-.0250772	.0039469
emp	.0004261	.0005137	0.83	0.407	-.0005838	.0014361
_cons	1.052061	.0160551	65.53	0.000	1.020495	1.083628

图 12 - 4　Stata 回归结果

通过对比可以发现，使用 Python 自己编写代码得到的结果和 Stata 软件得到的结果，无论是估计系数还是对应的标准差都完全相同。

12.6　全部代码

　　为了让读者能更方便地使用本书编写好的代码，本书把最小二乘估计方法封装到一个名为 OLSRegression 的类，在这个类里还定义了 _ init _() 方法、GetCoef() 方法、GetStd() 方法和 Result() 方法。_ init _() 方法用于初始化实例的一些属性，例如 beta _ 属性、std 属性等。GetCoef() 方法用于求解估计系数，GetStd() 方法用于获取估计系数的标准差，Result() 方法用于展示结果。通过这个例子，我们也可以看到使用类编程的一个优点，即可以在实例内部方便地传递信息，例如用 GetCoef() 方法可以修改 beta _ 属性，在 GetStd() 中使用 beta _ 属性最新的值。

　　创建 OLSRegression 类以后，就可以基于该类创建实例了。详细代码如下：

```
import numpy as np
import pandas as pd
import os
from matplotlib import pyplot as plt
from mpl_toolkits.mplot3d import Axes3D


class OLSRegression():
    def __init__(self, X, y):
        self.beta_ = None
        self.std = None
        self.X = X
        self.y = y
    def GetCoef(self):  # 按照计量经济学公式得到 beta 矩阵
        assert len(self.X) == len(self.y)  # 再次确认没有缺失值
    self.beta_ = np.linalg.inv(self.X.T.dot(self.X)).dot((self.X.T).dot(self.y))


    def GetStd(self):
        self.resid = self.y - (self.X).dot(self.beta_)
        self.sigma2 = (self.resid.T.dot(self.resid))/(len(self.y) - self.X.shape[1])
        self.sigma3 = np.linalg.inv(self.X.T.dot(self.X)) * self.sigma2
        self.sigmabeta = np.sqrt(np.diag(self.sigma3))


    def Result(self):
        print("模型的系数是:% s" % self.beta_)
        print("系数标准差是:% s" % self.sigmabeta)


    def Figure(self):
        if self.X.shape[1] == 2:
```

```python
            self.xplt = self.X[:,1]
            self.yplt = self.y
            self.y_predicted = (self.X).dot(self.beta_)
            plt.scatter(self.xplt, self.yplt)
            plt.plot(self.xplt, self.y_predicted, c = 'r')
            plt.show()
        elif self.X.shape[1] == 3:
            self.x1 = self.X[:,1]
            self.x2 = self.X[:,2]
            fig = plt.figure()
            axes3d = Axes3D(fig)
            axes3d.scatter(self.x1, self.x2, self.y)
            plt.show()
        else:
            print("变量个数较多,无法绘图展示!")
def main():
    #(1)读取数据
    df = pd.read_csv('discrim.csv')
    varlist = ['psoda','prpblck']
    # varlist = ['psoda','pentree','emp']


    #(2)使用 subset 确定回归所使用的样本
    sample = df.dropna(subset = varlist, axis = 0, how = 'any')


    #(3)得到系数公式中的 y 和 X,它们将作为实参被传入实例
    vary = varlist[0]    # 因变量 y 需要放在第一列
    varx = varlist[1:]   # 自变量 x 放在第二列至最后一列
    ydf = sample[vary]   # 得到被解释变量 y,它是一个向量
    y = np.array(ydf)
    first_column = np.ones((len(y),1))   # 得到一列为 1 的常数矩阵
    Xdf = sample[varx]  # 得到解释变量矩阵
    X = np.hstack((first_column, Xdf))  # 得到系数公式中的 X,包含常数列


    #(4)调用 OLSRegression 的类,进行求解
    reg1 = OLSRegression(X, y)   # reg1 是基于 OLSRegression 创建的一个实例
    reg1.GetCoef()   # 得到估计参数
    reg1.GetStd()  # 得到估计参数的方差
    reg1.Result()  # 打印结果


    #(4)画图
    reg1.Figure()
```

```
if __name__ == "__main__":
    main()
```

在上述代码中，如果使用 varlist＝［'psoda'，'prpblck'］做简单回归，得到的运行结果如下：

```
模型的系数是[1.03739917 0.06492685]
系数标准差是[0.00519045 0.02395696]
```

上述代码绘制的图形如图 12-5 所示。

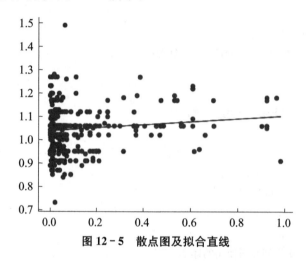

图 12-5　散点图及拟合直线

如果使用 varlist＝［'psoda'，'pentree'，'emp'］做多元回归，得到的运行结果如下：

```
模型的系数是[ 1.05206132e+00 -1.05651435e-02 4.26149127e-04]
系数标准差是[0.0160551 0.00738103 0.00051366]
```

绘制出的图形如图 12-6 所示。

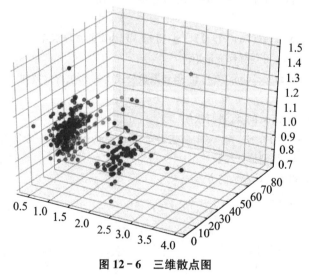

图 12-6　三维散点图

　　本章使用 Python 的数据处理方法实现了计量经济学的最小二乘估计。相对于借助已有软件（例如 Stata）获得回归结果，自己编写代码更有助于对计量经济学相关知识的理解。感兴趣的读者可以自己编写代码去实现计量经济学的极大似然估计，这种做法可能会花费比较多的时间和精力，但会提高数据处理的编程能力并加深对计量经济学的理解。

第三部分

爬虫基础知识

爬虫是从互联网上采集数据的一种技术，完整的爬虫代码至少包含两部分内容：访问网站服务器的代码和解析 html 字符串的代码。前者会使用 Requests 模块和 Selenium 模块，Requests 模块通常用于一般网站的访问，Selenium 模块通常用于具有反爬机制网站的访问。后者会使用 BeautifulSoup 类、Xpath 语法和正则表达式，BeautifulSoup 类和 Xpath 语法把 html 字符串先转变为树状结构，然后通过树状结构的内部关系提取所需内容，正则表达式把 html 字符串视为普通字符串，通过某些特定规则提取所需内容。相对于 BeautifulSoup 类和 Xpath 语法而言，正则表达式具有更强的普适性。

第 13 章

爬虫与大数据采集

劳动科学研究对数据的依赖性非常强。以前的研究大多使用调查数据，此类数据在时效性、总体代表性方面都存在一定的缺陷，而且高质量调查数据的采集成本也比较高。进入大数据和人工智能时代后，大数据为劳动科学研究提供了新的数据来源，对劳动科学研究所发挥的重要作用日渐凸显。首先，大数据有助于发现"真问题"。大数据的背后通常是众多微观主体的真实行为，基于大数据的研究通常更接地气，提出的政策建议更具有可行性和针对性。其次，使用大数据的研究将更好地权衡因果关系和相关关系的重要性。因果关系有利于验证理论，相关关系有利于发现新问题、构建新理论。从劳动科学最近几年的研究趋势来看，基于调查数据的实证研究有过于强调因果关系的倾向，大数据的使用可能会引发对相关关系重要性的重新认识。最后，大数据的使用可能会给劳动科学研究带来新的挑战。使用调查数据时，由样本推导总体的统计推断至关重要，t值、P值、显著性等都跟统计推断有关。使用大数据时，我们拿到的可能是所研究问题的总体数据，此种情况下统计推断的作用如何体现？t值、P值、显著性能否继续作为相关研究结论的判断标准？鉴于上述原因，使用大数据进行劳动科学研究可能是未来的一个趋势。

大数据的获取跟传统调查数据的获取有很大区别。大数据不是依靠调查问卷、电话访谈来获取数据，而是来自爬虫采集的网络数据、传感器（如手机）采集的实时数据、相关职能部门已有的行政数据等等。由于个人隐私和企业机密等方面的原因，学术研究很难使用传感器采集的实时数据和职能部门的行政数据，从目前阶段来看，使用爬虫采集数据是最可行的大数据采集方式。所以，本章专门介绍如何使用爬虫技术来采集信息并构建大数据，例如高校教师信息大数据、国内企业招聘岗位信息大数据等等。

13.1 网络爬虫简介

网络爬虫英文名为 Web Spider，常译为网络蜘蛛，指的是按照一定规则自动地从互联网上采集数据的工具，类似于在蛛网上不停工作的蜘蛛。制作网络爬虫需要借助各种编程语言，例如 Java、C 语言、Python 等等，其中性价比最高的是 Python。Python 的学习成本低，许多复杂的爬取功能已被封装到各种模块之中，我们只需要掌握如何传递参数、如何使用实例属性和方法就可以轻松地完成爬取工作，这就是本书第一部分花大量篇幅介绍 Python 基础知识的原因。

网络爬虫工作时，会把自己伪装成一个网页浏览器，所以，要想理解网络爬虫的工作原理，首先要理解网页浏览器如何访问互联网的网页。浏览器访问网页时，通过网址确定网页服务器，然后向服务器发送一个请求，服务器收到请求后，会向浏览器返回一个 html 字符串，网页的内容就包含在这个 html 字符串里面。当 Chrome 浏览器收到 html 字符串后，会把它翻译（渲染）成我们看到的网页效果，既有文字，又有图片，甚至还有动画。网络爬虫把自己伪装成浏览器后，也要向网页服务器发送请求，服务器收到请求后也会返回一个 html 字符串，爬虫收到 html 字符串后再使用相关方法把需要的信息提取出来。鉴于网络爬虫和网页浏览器的密切关系，本书建议读者在学习网络爬虫时也打开一个浏览器，对比通过爬虫和浏览器浏览网页的异同。我们推荐使用 Chrome 浏览器，它的开发者工具对学习网络爬虫有很大帮助。

爬虫基础知识这部分要介绍的内容包括：Requests 模块、Selenium 模块、BeautifulSoup 类、Xpath 语法和正则表达式。Requests 模块和 Selenium 模块主要负责发送网页请求并获取 html 字符串，简单的网页请求使用 Requests 模块，复杂的网页请求使用 Selenium 模块。BeautifulSoup 类、Xpath 语法和正则表达式负责解析 html 字符串，它们使用不同的方法进行解析，各有所长。

网络爬虫涉及一些专业术语，本章先对这些术语做一个简单的介绍。

13.2　网络爬虫常见术语

13.2.1　URL

URL(Uniform Resource Locator) 是统一资源定位器，通过它可以定位网页服务器的位置，因此通常把 URL 简称为网页地址。有了 URL 后，网络爬虫就知道应该向哪一台服务器发送请求。

一个完整的 URL 包括协议、服务器名、域名、路径和文件名。例如，163 邮箱的主页 URL 为 http：//mail. 163. com/index. html，在该 URL 中，http 是传输协议，mail 代表服务器名，163. com 是域名，路径为根目录，index. html 代表根目录下的一个文件。在编写爬虫程序时，通常把浏览器地址栏里的 URL 直接复制下来，作为参数传递给 Requests 模块的相关函数。

13.2.2　HTTP 协议

HTTP 协议是客户端和服务端相互传递信息的协议。显然，爬虫程序或者本地网页浏览器是客户端，要访问网页的服务器是服务端。完整的 HTTP 协议较为复杂，在没有必要了解 HTTP 协议详细内容的情况下，只需要了解客户端需要按照固定格式向服务端发送请求（HTTP 请求）、服务端会按照固定格式返回信息（HTTP 响应）、客户端再按照固定格式阅读返回来的信息等基本流程即可。

网页浏览器就是专门负责按照 HTTP 协议发送请求并返回信息的软件，例如 IE 浏览器、Chrome 浏览器和 360 浏览器等等。Python 的 Requests 模块也可按照 HTTP 协议发送请求并返回信息。网页服务器能够从网页浏览器、Requests 模块发送的请求判断哪个是真正的浏览器、哪个是 Python 程序，所以使用 Requests 模块编写爬虫程序时要进行必要的伪装，即把自己的请求信息设计得与浏览器的请求信息基本一致。

下面是 Chrome 浏览器访问中国人民大学劳动人事学院师资信息网页时发送的请求信息：

```
Accept:text/html,application/xhtml + xml,application/xml;q = 0.9,image/webp,image/apng, * / * ;
q = 0.8,application/signed - exchange;v = b3;q = 0.9
Accept - Encoding:gzip,deflate,br
Accept - Language:zh - CN,zh;q = 0.9
Connection:keep - alive
Host:www.ruc.edu.cn
Sec - Fetch - Dest:document
Sec - Fetch - Mode:navigate
Sec - Fetch - Site:none
Sec - Fetch - User:?1
Upgrade - Insecure - Requests:1
User - Agent: Mozilla/5.0 (Windows NT 6.1; Win64; x64) AppleWebKit/537.36 (KHTML, like Gecko)
Chrome/83.0.4103.106 Safari/537.36
```

Requests 模块访问中国人民大学主页时发送的请求信息为：

```
'Accept':' * / * '
'Accept - Encoding':'gzip,deflate'
'Connection':'keep - alive'
'User - Agent':'python - requests/2.22.0'
```

服务器通过查看两个请求信息的 User-Agent，就可判断出后面一个请求信息来自爬虫程序，从而可能拒绝提供服务。第 14 章会介绍如何修改 Requests 模块请求信息中的 User-Agent 内容。

13.2.3　HTML

HTML 是 Hyper Text Markup Language（超文本传输语言）的简写，可以看作一种编程语言，有一套专门的书写规范。使用 HTML 编写出来的内容，就是 html 字符串，它是客户端和服务端进行信息交流的主要载体，可以传输声音、图像、视频等超文本信息，当然也可以传输纯文本信息。爬虫从服务器获取的返回信息就是 html 字符串，要想从该字符串中提取出有用的数据，就要了解 HTML 的基本书写规范。

HTML 字符串由各种各样的标签（tag）组成，数据信息被存放在不同的标签之下。HTML 的基本书写规范包括：（1）标签基本上都是成对出现的，并且用<>括起来；（2）标签名使用小写英文字母；（3）标签可以嵌套；（4）标签通常有自己的一些属性，如 id 属性、class 属性等等。下面是一段简单的 HTML 字符串：

```
<!DOCTYPE html>
<html>
<head>
<title>Page Title</title>
</head>
<body>
<h1>This is a Heading</h1>
<p>This is a paragraph. </p>
<a href = "www.google.com">访问 google 官网</a>
</body>
</html>
```

HTML 还有其他一些书写规范，感兴趣的读者可查找相关资料了解。

13.2.4 开发者工具

开发者工具本来是帮助开发人员对网页进行布局测试、代码测试的工具，但它能够分析每个请求的头部构造和返回信息，即具备通常所说的抓包功能，因而成为爬虫必不可少的辅助工具。推荐使用 Chrome 浏览器的一个主要原因，就是该浏览器的开发者工具使用起来比较方便。在 Chrome 浏览器里面，使用开发者工具有两种方式：一是直接按下 F12(或 Fn＋F12)，二是在空白处点击右键，然后点击"检查"菜单，如图 13 - 1 所示。

图 13 - 1　开发者工具的打开方式

打开开发者工具页面后，可以看到 Elements、Console、Sources、Network 等选项卡，其中 Elements 选项卡和 Network 选项卡使用得较多。选择 Elements 选项卡后，可以查看该页面对应的 html 树状结构文档，在该文档中移动光标，可查看光标选中的标签在网页中所对应的内容。在开发者工具页面的左上侧，有一个箭头和方框组成的小图标，点击后，在网页内容上移动光标，可动态显示该内容所对应的标签，如图 13－2 所示。换言之，在开发者工具的 Elements 选项卡中，既可以根据标签定位内容，也可根据内容定位标签。

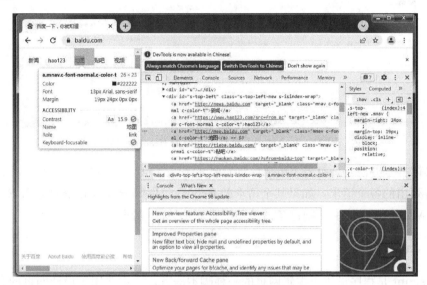

图 13－2 Elements 选项卡

点击开发者工具的 Network 选项卡后，可以看到所有请求的情况。选中某个请求时，右侧会出现 Headers、Preview、Response、Initiator 等选项卡。经常使用的是 Headers 选项卡，它列出了请求的 URL、HTTP 方法、响应状态码、请求头和响应头等信息。它由三部分构成：General、Response Headers、Request Headers。其中，Response Headers 是服务器返回内容的头部信息，Request Headers 是发送请求时的头部信息。Request Headers 中的 User Agent 和 Cookie 都是比较重要的内容，使用它们可让爬虫程序更好地模拟浏览器，上述信息见图 13－3。

13.2.5 Ajax 请求

Ajax 请求又称异步请求，是一种在不重新加载整个网页的前提下，对网页的某些部分进行更新的一种技术。Ajax 请求是通过 HTML 中的 Javascript 语句运行的。例如我们在浏览微博时，点击加载更多，就看到了更多新的内容，但原网页并未被刷新，这里使用的技术就是异步请求。

如果想要爬取的网页采用了 Ajax 技术，并且所需信息恰好在更新后的网页里面，那么，通过原网页地址获取的 html 字符串是没有用处的，必须通过开发者工具找到信息所在的真正的网页地址，然后访问该网页地址获取新的 html 字符串。

当爬虫获取的内容与浏览器展现的内容不一致时，就需要考虑网页是否使用了 Ajax

图 13 - 3　Network 选项卡下面的 Headers 选项卡

请求。具体检查办法是，打开 Chrome 浏览器的开发者工具，依次点击 Network、XHR 快速查看列出的各个请求，如果某个请求的 Request Headers 显示的属性是 X-Requested-With：XMLHttpRequest，则这条请求很可能就是 Ajax 请求。

13.2.6　Javascript

Javascript 是程序员用于编辑网页的一种脚本语言，它主要用于设计网页的各种动态功能，本地浏览器是 Javascript 代码的运行者。我们经常在网页源代码中看到<script></script>标签，该标签包裹的就是 Javascript 代码。

本地浏览器可运行 Javascript 代码，例如上面的 Ajax 请求，实际上就是浏览器运行了 Javascript 代码，在监测到某些动作时（例如鼠标向下滑动到指定位置时），激发了对另一个网页地址的请求。但是，Requests 模块不能运行 Javascript 代码，这可能会给信息爬取带来一些麻烦。例如，本地浏览器可以通过运行 Javascript 代码生成有关请求的一些必要参数（例如 Cookie），由于 Requests 模块不能运行 Javascript 代码，无法生成相关的必要参数，请求就不会成功。解决这类问题通常需要使用 JS 逆向技术或使用 Selenium 模块。JS 逆向技术比较难，遇到此类问题时，建议使用 Selenium 模块。

从本章内容可以看出，网络爬虫就是一个能够自动地、批量地从 html 字符串中提取数据的程序。编写网络爬虫程序，一般可分成两步。首先，通过网页地址向网页服务器返回请求，获取服务器返回的 html 字符串。其次，使用 BeautifulSoup 类、Xpath 语法和正则表达式等工具从 html 字符串中提取所需要的数据。使用爬虫技术采集数据可能会引发一些法律风险问题，所以我们要在法律允许的范围内使用爬虫技术，爬取数据时不要影响网站的正常运行，不要窃取网站的重要数据资源，不要泄露数据中所包含的用户个人信息。

第 14 章

Requests 模块的使用

Requests 模块是使用 Python 语言编写爬虫程序时经常使用的一个模块，主要负责向服务器发送请求并获取服务器返回的内容。服务器通常会有一些反爬机制，用于识别哪些请求是浏览器发送的，哪些是爬虫程序发送的，然后拒绝爬虫程序发送的请求。所以，如何反爬是爬虫程序的一个重要任务，这个任务也是由 Requests 模块负责的。通过 Requests 模块，我们可以对爬虫程序进行更好的伪装，使其更像一个真正的网页浏览器。

14.1　Requests 模块的安装和简介

Anaconda3 已经安装了 Requests 模块，所以不需要额外安装。如果安装的是官方的 Python，则需要安装 Requests 模块，安装的具体步骤以及检验是否成功安装的方法，请参考第 9 章 Numpy 模块的相关内容。Requests 模块安装成功后，可使用如下指令查看它的主要内容：

```
import requests
print(dir(requests))
```

运行上述指令后会得到一个大的列表，列表里面包含了 Requests 模块能够使用的各种函数和常数。我们使用比较多的是 get() 函数、post() 函数，Requests 模块发送请求的功能主要是由这两个函数完成的。Python 自带的 urllib3 也能实现向服务器发送请求的功能，Requests 模块的底层实际上就封装了 urllib3 模块，urllib3 模块能做的事情，Requests 模块都能做，但 Requests 模块使用起来要简单得多，所以在编写爬虫程序时，一般都使用 Requests 模块。Requests 模块中文文档的网址为：http://docs.python-requests.org/zh_CN/latest/user/quickstart.html。

感兴趣的读者可访问上述网页，了解 Requests 模块的详细用法。本章只介绍其中一些重要的内容。

14.2 get() 函数的使用

Requests 模块的 get() 函数可以向网页服务器发送 get 请求。get() 函数至少使用一个参数即访问网页的网页地址（URL），相关代码示例如下：

```
import requests
url = "http://slhr.ruc.edu.cn/szdw/zzjs/qb/index.htm"
response = requests.get(url)
print("response 的对象类型:",type(response))
print("该类对象的属性和方法:",dir(response))
```

运行结果为：

```
response 的对象类型:<class 'requests.models.Response'>
该类对象的属性和方法:[一个大的列表]
```

上述代码中的 get() 函数只使用了网址一个参数，返回值为一个 Response 实例对象，即结果中的<class 'requests.models.Response'>。该类对象有很多属性和方法，这些属性和方法对编写爬虫程序而言非常重要，下面会详细介绍。

Response 对象的 status_code 属性是连接状态码，如果它的值为 200，说明与服务器连接成功，如果是其他值，则说明连接不成功，例如 404 表示请求资源不存在，500 表示服务器内部错误，301 表示资源被永久转移到其他网页地址，等等。

Response 对象的 content 属性是服务器返回的二进制信息。如果传输的是图片之类的内容，可把这些二进制信息直接存为相关格式的文件。如果传输的是文本，特别是含有中文字符的文本，需要对这些二进制信息进行正确解码后才能正常显示，否则会显示乱码。Response 对象的 encoding 属性给出了上述二进制信息的解码方式，该解码方式是 Requests 模块自动给出的，可能会出现错误，如有错误仍然会出现乱码。Response 对象的 text 属性是对返回的二进制信息（content 属性）进行解码后得到的字符串，解码方式由 encoding 属性给出。如果 encoding 属性给出的解码方式有误，text 属性得到的字符串就会出乱码，此时需要通过手动修改 encoding 属性的值来重新解码。一般而言，中文字符容易出现乱码问题，英文字符一般不会出现此类现象，text 属性得到的字符串即使出现乱码，如果它是使用 HTML 语言编写的，也能顺利找到 charset = "*"这部分内容，双引号里面的内容就是正确的编码方式，可以对 encoding 属性进行重新赋值。上述内容的相关代码示例如下：

```
import requests
url = "http://slhr.ruc.edu.cn/szdw/zzjs/qb/index.htm"
response = requests.get(url)
print("状态码:",response.status_code)
print("content 属性:")
```

```
print(response. content)
print("原来的 encoding 属性:")
print(response. encoding)
print(response. text)
response. encoding = 'utf - 8'
print("修改后 coding 属性:")
print(response. encoding)
print(response. text)
```

运行结果为：

```
状态码:200
    content 属性:
    略
    原来的 encoding 属性:
    ISO - 8859 - 1
    略
    修改后 coding 属性:
    utf - 8
    略
```

上述代码中，连接的是中国人民大学劳动人事学院师资信息的网页。连接状态码的值为 200，说明连接服务器成功。Response 对象 content 属性的值为 b 开头的二进制数据，Response 对象 encoding 属性原来的值为 ISO - 8859 - 1，这种编码方式是错误的，所以使用这种编码方式对 content 属性进行解码得到的 text 属性会出现乱码问题。text 属性得到的字符串，前面几行有 charset＝'utf-8'，即正确的编码方式为 utf-8，所以需要修改 encoding 属性的值为 utf-8，修改后 text 属性得到的字符串就能正常显示，不再出现乱码问题。

Response 对象还有个名为 request 的属性，它也是一种对象，通过它可以得到请求的相关信息。该对象有个 headers 属性，它给出的是请求时所带的头部信息。相关代码示例如下：

```
import requests
url = "http://slhr. ruc. edu. cn/szdw/zzjs/qb/index. htm"
response = requests. get(url)
request1 = response. request
print("新对象的类型:",type(request1))
print("新对象的属性和方法:")
print(dir(request1))
print("请求的头部信息:")
print(request1. headers)
```

运行结果为:

```
新对象的类型:<class 'requests.models.PreparedRequest'>
新对象的属性和方法:
[一个大的列表]
请求的头部信息:
{'User-Agent':'python-requests/2.22.0','Accept-Encoding':'gzip,deflate','Accept':'*/*','Connection':'keep-alive'}
```

从运行结果可看出，Response 对象的 request 属性得到的是一个 PreparedRequest 对象，后者的 headers 属性得到的是一个字典。当我们使用一个新模块时，通常会遇到跟 Requests 模块类似的情况，里面涉及很多对象，对象的属性又是另外一个对象，这就需要熟悉掌握 Python "类"的相关知识。字典的 User-Agent 键的内容是 python-requests/2.22.0，服务器通过该内容就能判断这是爬虫程序发过来的请求。因此，我们需要进行必要的伪装，让爬虫程序更像一个浏览器。伪装需要用到 get() 函数的其他参数，这些参数多以不定长关键字参数的形式给出。相关代码示例如下:

```
import requests
url = "http://slhr.ruc.edu.cn/szdw/zzjs/qb/index.htm"
headers = {
"User-Agent":"Mozilla/5.0(Windows NT 6.1; Win64; x64)AppleWebKit/537.36(KHTML, like Gecko)
Chrome/83.0.4103.106 Safari/537.36"
}
response = requests.get(url, headers = headers)
print("请求的头部信息:")
print(response.request.headers)
```

运行结果为:

```
请求的头部信息:
{'User-Agent':'Mozilla/5.0(Windows NT 6.1; Win64; x64)AppleWebKit/537.36(KHTML, like Gecko)
Chrome/83.0.4103.106 Safari/537.36','Accept-Encoding':'gzip,deflate','Accept':'*/*','Connection':'keep-alive'}
```

在上述代码中，get() 函数又使用 "headers＝字典" 形式的参数。字典的键为 User-Agent，与之对应的值是一个字符串，这个字符串一般要从 Chrome 浏览器开发者工具中得到，具体操作步骤如下。

首先使用 Chrome 浏览器打开中国人民大学劳动人事学院的师资网页，单击右键，点击 "检查" 可以得到如图 14-1 的页面。

在图 14-1 显示页面的基础上，点击 Network 选项，此时右侧显示是空白的，如图 14-2 所示。这时需要在地址栏中重新回车，并选择 index.htm，就能得到图 14-3 所示的页面。

图 14 - 1　Chrome 浏览器的开发者工具

图 14 - 2　Network 选项卡

这时我们就得到了 General、Response Headers、Requests Headers 三大类内容。Requests Headers 里面 User-Agent 对应的字符串就是我们需要的字符串，复制后粘贴到代码中即可。

Requests Headers 里面还有其他内容，有时也需要把这些内容修改为字典的键值对形式，并传给 headers 参数。除了 User-Agent 对应的内容外，经常还会使用 Cookie 对应的内容。由于上述网页的 Requests Headers 不含 Cookie，所以本书以北京大学国家发展研究院的师资队伍的网页为例介绍 Cookie。

首先打开网页 https://nsd.pku.edu.cn/szdw/qzjs/index.htm，找到 Requests Headers，就出现了 Cookie 的内容，如图 14 - 4 所示，在伪装时也要把这个参数传入，才能伪装成真实的浏览器。

如果爬取每个网页时都要提前获取浏览器的 Cookie，并作为参数传入爬取程序中，那么爬取过程就变得极为烦琐。而且最重要的是 Cookie 常常会失效过期，为了解决这一

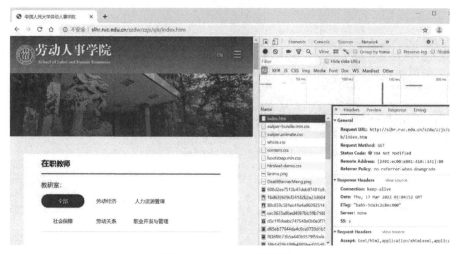

图 14-3　Headers 选项卡

图 14-4　Cookie 展示

问题，可以使用 browsercookie 模块来获取并保存浏览器的 Cookie，从而提高爬取效率。

使用 browsercookie 模块时，首先要使用命令 pip install browsercookie 进行安装。有时会出现安装了 browsercookie 模块却不能使用的情况，出错的原因通常是 Chrome 浏览器的版本太高了，目前的最新版本号以 100 开头，我们可以下载一个旧版 Chrome 浏览器，例如以 75 或 80 开头的浏览器，问题便可解决。

browsercookie 获取 Cookie 的基本原理是：浏览器的 Cookie 保存在某个文件里，例如 "C:\Users\Administrator\AppData\Local\Google\Chrome\User Data\Default" 下面的 cache 文件。这个文件通常是加密的，但 browsercookie 模块能够读取这些加密内容。于是，使用 browsercookie 模块就可以把真实浏览器的 Cookie 放入 headers 参数中，进而将其传入 Requests 模块的 get() 函数顺利完成对服务器的访问。

把开发者工具中 Headers 选项卡里面的 User-Agent 和 Cookie 转化成字典形式有两种方法。第一方法是，将它们复制到记事本文件里面，手动添加键和值所需要的双引

号。第二种方法是，编写如下的 format_headers() 函数，从而实现把 Headers 选项卡复
制的内容自动转化为字典形式。相关代码如下：

```python
def format_headers(param):
    '''把从浏览器复制过来的内容转化为字典!'''
    if param is None:
        return False,'Headers 为空'
    list_header = param. split('\n')
    headers = {}
    for each in list_header:
        buff = each. split(': ')  # 注意这里是冒号加空格
        if buff:
            try:
                headers[buff[0]] = buff[1]
            except IndexError:
                continue
    return headers
```

当有多个需要转化为字典的内容时，使用上述的 format_headers() 函数可以实现批
量转化，减少工作量。

get() 函数除了使用 url、headers 参数外，有时还会使用 params 参数，这个参数也
采用字典的形式。相关代码示例如下：

```python
import requests
url = "http://www. httpbin. org"
params = {
    'name':'John',
    'id':'007'
}
response = requests. get(url, params = params)
print("连接的状态码:")
print(response. status_code)
print("请求的网页地址:")
print(response. request. url)
print("请求的头部信息:")
print(response. request. headers)
```

运行结果为：

```
连接的状态码:
200
```

请求的网页地址：
http://www.httpbin.org/?name=John&id=007
请求的头部信息：
{'User-Agent':'python-requests/2.22.0','Accept-Encoding':'gzip,deflate','Accept':'*/*','Connection':'keep-alive'}

上述代码涉及的网页 http://www.httpbin.org 是一个代码测试网页，可以通过此网页测试代码是否正确。在上述代码中，原来计划访问的网页地址为 http://www.httpbin.org，但是加了 params 参数后，我们可看到实际访问的网页地址为 http://www.httpbin.org/?name=John&id=007。这说明 params 参数的作用就是在原网页地址加上一些查询语句，例如"?name=John&id=007"。

14.3 post() 函数的使用

客户端向服务端发送请求，一般有两种方式：get 请求和 post 请求。使用 get() 函数发送的请求就是 get 请求。post 请求与 get 请求的区别是，post 请求的参数并不会直接放在网页地址里面，所以使用账号和密码登录某网站时，通常使用 post 请求而不是 get 请求。使用 get 请求，会通过 params 参数把账号和密码等信息传给服务器，但这些信息完全暴露在请求的网页地址里面，不能保密。post 请求既能把账号和密码等信息传给服务器，还能对这些信息保密。post 请求通过 post() 函数来实现，post() 函数一般需要两个参数，第一个参数是网页地址，第二个参数是向服务器传递的保密信息，例如账号和密码等。相关代码示例如下：

```
import requests
url = "http://www.httpbin.org/post"
params = {
    'name':'John',
    'id':'007'
}
response = requests.post(url,data=params)
print("连接的状态码:")
print(response.status_code)
print("请求的网页地址:")
print(response.request.url)
print("返回内容:")
print(response.text)
```

运行结果为：

```
连接的状态码:
    200
```

```
请求的网页地址:
http://www.httpbin.org/post
返回内容:
{
  "args":{},
  "data":"",
  "files":{},
  "form":{
    "id":"007",
    "name":"John"
  },
  "headers":{
    "Accept":"*/*",
    "Accept-Encoding":"gzip,deflate",
    "Content-Length":"16",
    "Content-Type":"application/x-www-form-urlencoded",
    "Host":"www.httpbin.org",
    "User-Agent":"python-requests/2.22.0",
    "X-Amzn-Trace-Id":"Root=1-620627a5-7e08523a3e89eb4249cde517"
  },
  "json":null,
  "origin":"106.120.213.84",
  "url":"http://www.httpbin.org/post"
}
```

　　上述代码仍然使用了测试代码的那个网页。post() 函数的第二个参数要使用 data＝字典的形式，字典里面的内容经常称为表单内容。从运行结果来看，请求的网页地址没有变化，跟使用 params 参数的 get() 函数完全不同。从返回的内容来看，服务器已经收到相关信息，它们被放在 form 对应的字典里面。

　　Requests 模块是编写爬虫程序时使用最多的模块，主要负责向服务器发送请求、接收服务器返回的 html 字符串。一般的网页请求，使用的是 Requests 模块的 get() 函数，使用账号和密码进行登录的网页请求，需要使用 Requests 模块的 post() 函数。get() 函数和 post() 函数的 headers 参数可以对爬虫程序进行必要的伪装，使其更像一个真正的浏览器。使用 get() 函数和 post() 函数发送请求后，将返回一个 Response 对象，该对象的 text 属性就是服务返回的 html 字符串，后续可使用 BeautifulSoup 类、Xpath 语法和正则表达式从 html 字符串中提取所需要的信息。

第 15 章

BeautifulSoup 类和 Xpath 语法

使用 Requests 模块的 get() 函数或 post() 函数连接服务器后，服务器会返回一个 html 字符串。爬取程序接下来的任务，就是从这个 html 字符串中提取我们需要的信息。经常使用的提取方式有 BeautifulSoup 类、Xpath 语法和正则表达式。本章介绍如何使用 BeautifulSoup 类和 Xpath 语法，第 16 章介绍如何使用正则表达式。BeautifulSoup 类和 Xpath 语法首先把 html 字符串变成一种树状结构，然后通过树状结构的位置关系找到信息所在的标签，最后把标签里面的内容提取出来。正则表达式直接从 html 字符串中提取信息，与 BeautifulSoup 类和 Xpath 语法的提取思路有很大不同。

15.1 BeautifulSoup 的安装和简介

BeautifulSoup 是 bs4 模块的一个类，要使用 BeautifulSoup 首先需要安装 bs4 模块。Anaconda3 自带 bs4 模块，不需要额外安装。如果安装的是官方的 Python 软件，需要在 cmd 窗口中输入 pip install bs4 命令进行安装。

从 html 字符串中提取信息的一般流程如下。首先，基于 BeautifulSoup 类创建 BeautifulSoup 实例，创建时会把 html 字符串作为参数，BeautifulSoup 实例把 html 字符串变成一种树状结构，这种树状结构跟 HTML 语言使用标签的树状结构类似。其次，使用 BeautifulSoup 实例对象的select() 方法选择满足某些条件的标签对象。最后，使用标签对象的 get_text() 方法获取所需要的信息。

15.2 使用 BeautifulSoup 类创建实例

使用 BeautifulSoup 类创建实例时，一般需要使用两个参数。第一个参数是要解析的 html 字符串，第二个参数是解析方式。经常使用的解析方式有四种：html5lib、lxml、xml、html，前面两种方式使用得较多，缺省情况下使用的是最后一种。创建出来的 BeautifulSoup 实例对象是一种树状结构，这种树状结构有利于我们定位满足相关条件的标签。相关代码示例如下：

```
html_str = '''
<html><head><title>The Dormouse's story</title></head>
<body>
<p class = "title" name = "dromouse"><b>The Dormouse's story</b></p>
<p class = "story">Once upon a time there were three little sisters; and their names were
<a href = "http://example.com/elsie" class = "sister" id = "link1"><!--Elsie--></a>,
<a href = "http://example.com/lacie" class = "sister" id = "link2">Lacie</a> and
<a href = "http://example.com/tillie" class = "sister" id = "link3">Tillie</a>;
and they lived at the bottom of a well. </p>
<p class = "story">…</p>
'''
print("原来的对象类型:",type(html_str))
soup1 = BeautifulSoup(html_str,'html5lib')
print("后来的对象类型:",type(soup1))
print("该对象的属性和方法:")
print(dir(soup1))
print(soup1)
# print(soup1.prettify())
```

运行结果为：

```
原来的对象类型:<class 'str'>
后来的对象类型:<class 'bs4.BeautifulSoup'>
该对象的属性和方法:
[一个大的列表]
<html><head><title>The Dormouse's story</title></head>
<body>
<p class = "title" name = "dromouse"><b>The Dormouse's story</b></p>
<p class = "story">Once upon a time there were three little sisters; and their names were
<a class = "sister" href = "http://example.com/elsie" id = "link1"><!--Elsie--></a>,
<a class = "sister" href = "http://example.com/lacie" id = "link2">Lacie</a> and
<a class = "sister" href = "http://example.com/tillie" id = "link3">Tillie</a>;
and they lived at the bottom of a well. </p>
<p class = "story">…</p>
</body></html>
```

在上述代码中，html_str 就是一个普通的 html 字符串，通过 BeautifulSoup 类创建的实例 soup1 是一个 BeautifulSoup 对象，创建时使用了两个参数，第一个参数是字符串 html_str，第二个参数是字符串 html5lib，它指定了把字符串解析成 html 树状结构的方式。打印 soup1 的内容，可以发现与原来 html_str 的内容有一些细微差别，在 soup1 的最后部分，增加了</body></html>之类的内容，把残缺不全的标签补全了。使用 soup1 的 prettify() 方法能够更清楚地看出 soup1 的树状结构，例如最大的标签是 html 标签，它有两个子标签 head 和 body，head 下面有个名为 title 的子标签，body 下面有三个名为 p 的子标签。上述树状结构与 html 的树状结构大体相同，我们可以打开 Chrome 浏览器的开发者工具，点击 Elements 查看 html 的树状结构。

15.3 BeautifulSoup 实例对象的 select() 方法

在 15.2 节的代码中，soup1 是一个 BeautifulSoup 对象，给出了标签之间相互关系的树状结构。下一步的任务是，定位到所需信息所在的标签，然后通过标签对象的相关方法把信息提取出来。例如，所需要的信息为 The Dormouse's story，它所在的标签名为 title，要提取信息需要先定位到 title 标签。BeautifulSoup 对象的 select() 方法可用于定位标签，该方法的参数是表示标签选取条件的字符串，返回值为一个列表，列表内的每个元素都是标签对象。相关代码示例如下：

```
html_str = "'''同样的 html 字符串'''"
soup1 = BeautifulSoup(html_str,'html5lib')
list1 = soup1.select("title")
print("返回值的对象类型",type(list1))
print("列表内元素的对象类型:",type(list1[0]))
print("列表内元素的内容:")
print(list1[0])
```

运行结果为：

```
返回值的对象类型 <class 'list'>
列表内元素的对象类型:<class 'bs4.element.Tag'>
列表内元素的内容:
<title>The Dormouse's story</title>
```

因为 html_str 的内容重复，所以使用了一种简单的表示法 '''同样的 html 字符串'''，在实际练习时，需要把它的内容补充完整。在上述代码中，select() 方法只使用了一个参数 title，意思是定位（或查找）名称为 title 的标签，它的返回值是一个列表，即使只查到一个标签，也使用列表的形式。列表内每个元素都是标签对象，在运行结果里面打印了该标签对象的内容，以后我们会通过标签对象的方法把标签里面的信息提取出来。

在上述代码的 select() 方法中，使用了通过标签名查找标签的方式，这是一种最简单的查找方式。在实际编写爬虫程序时，我们还会使用更多的标签查找方式，例如通过标签的属性值、父标签和子标签的关系等等，这些查找方式与网页设计中的 CSS 选择器密切相关。表 15-1 给出了一些常用的标签查找方式，更为复杂的查找方式可通过百度查找。

表 15 - 1　CSS 选择器式的标签查找方式

选择器	例子	例子描述
. class	. intro	选择 class= "intro" 的所有元素
♯id	♯firstname	选择 id= "firstname" 的所有元素
*	*	选择所有元素
Element	p	选择所有 p 元素
element，element	div, p	选择所有 div 元素和所有 p 元素
element element	div p	选择 div 元素内部的所有 p 元素
element>element	div>p	选择父元素为 div 元素的所有 p 元素
element+element	div+p	选择紧接在 div 元素之后的所有 p 元素
[attribute]	[target]	选择带有 target 属性的所有元素
[attribute=value]	[target=_blank]	选择 target="_blank" 的所有元素

使用上述方式来查找标签的代码示例如下：

```
from bs4 import BeautifulSoup
html_str = '''同样的 html 字符串'''
soup1 = BeautifulSoup(html_str,'html5lib')
tag1 = soup1. select('a♯link1')
print("id 属性 = link1 的 a 标签:")
print(tag1[0])
tag2 = soup1. select("a[id='link2']")
print("id 属性 = link2 的 a 标签:")
print(tag2[0])
tag3 = soup1. select('p. title')
print("class 属性 = title 的 p 标签:")
print(tag3[0])
tag4 = soup1. select("body a")
print("body 所有名称为 a 的标签:")
print(tag4[0])
tag5 = soup1. select("body > a")
print("body 所有名称为 a 的子标签:")
print(tag5)
```

相关运行结果如下：

```
id 属性 = link1 的 a 标签:
<a class = "sister" href = "http://example. com/elsie" id = "link1"><! - - Elsie - - ></a>
id 属性 = link2 的 a 标签:
```

```
<a class="sister" href="http://example.com/lacie" id="link2">Lacie</a>
class 属性 = title 的 p 标签:
<p class="title" name="dromouse"><b>The Dormouse's story</b></p>
body 所有名称为 a 的标签:
<a class="sister" href="http://example.com/elsie" id="link1"><!--Elsie--></a>
body 所有名称为 a 的子标签:
[]
```

使用 CSS 选择器方式查找标签，需要一些 HTML 语言和标签属性方面的知识。使用标签名♯id属性值、标签名.class属性值的方式比较常见，但标签名［属性＝属性值］方式的普适性更强一些，无论是对 id 属性、class 属性，还是其他属性，都可以使用。body＞a 的意思是选择 body 标签下名称为 a 的所有子标签，在上述例子中，body 标签下面没有名为 a 的子标签，只有名为 p 的子标签，所有得到的是一个空列表。body a（中间使用空格隔开）的意思是，选择 body 标签下名为 a 的所有标签，无论它是子标签，还是孙标签。在上述例子中，会得到三个满足条件的 a 标签，不过只打印了一个 a 标签的内容。

15.4　从标签对象提取信息

BeautifulSoup 对象的 select() 方法返回的是一个列表，列表的每个元素都是标签对象，该类对象也有很多属性和方法，通过这些属性和方法可以把标签里面的内容提取出来。标签对象仍然可使用 select() 方法，其使用方式跟 BeautifulSoup 对象的 select() 方法是相同的，可让我们在标签对象中继续查找符合条件的标签。从标签对象里面提取文本内容，经常会使用标签对象的 text 属性和 get_text() 方法，相关代码示例如下：

```
from bs4 import BeautifulSoup
html_str = '''同样的 html 字符串'''
soup1 = BeautifulSoup(html_str,'html5lib')
tag1 = soup1.select("p")[1]
tag2 = tag1.select("a")[1]
text1 = tag2.text
print("text1:")
print(text1)
tag3 = soup1.select("a♯link2")[0]
text2 = tag3.get_text()
print("text2:")
print(text2)
```

运行结果为：

```
text1:
Lacie
text2:
Lacie
```

上述代码使用两种方法把文本内容 Lacie 提取出来。第一种方法是先选择 soup1 中的第二个 p 标签，在该标签里面继续选择第二个 a 标签，然后使用标签对象的 text 属性把内容提取出来。第二种方法是，直接选择 id 属性值为 link2 的 a 标签，然后使用标签对象的 get_text() 方法把内容提取出来。第二种方法的提取方式更为直接。

提取标签里面的文本内容时，经常用到标签对象的 stripped_strings 属性，该属性得到的是一个 Python 生成器对象，使用 list() 可把它转换为一个列表，列表里面的每个元素是标签对象下面最小标签的文本内容。相关代码示例如下：

```
from bs4 import BeautifulSoup
html_str = '''同样的 html 字符串'''
soup1 = BeautifulSoup(html_str,'html5lib')
list1 = list(soup1.stripped_strings)
for str in list1:
    print(str)
```

运行结果为：

```
The Dormouse's story
The Dormouse's story
Once upon a time there were three little sisters; and their names were
,
Lacie
and
Tillie
;
and they lived at the bottom of a well.
...
```

借助 stripped_strings 属性，可以得到某个标签的全部文本内容，但这些文本内容的组织形式比较混乱。例如，如果所需要的信息只是最终列表某个元素的内容，我们就会发现，确定该元素在列表中的位置是件比较复杂的事情。

有时，我们需要的信息不是标签对象的文本内容，而是它某个属性的属性值，例如我们经常依靠 href 值得到网页的地址。为此，可使用标签对象名［'属性键'］的形式来进行提取，相关代码示例如下：

```
from bs4 import BeautifulSoup
html_str = '''同样的 html 字符串'''
```

```
soup1 = BeautifulSoup(html_str,'html5lib')
tag1 = soup1. select("a#link2")[0]
href1 = tag1['href']
print("href 属性的值:")
print(href1)
class1 = tag1['class']
print("class 属性的值:")
print(class1)
```

运行结果为:

```
href 属性的值:
http://example.com/lacie
class 属性的值:
['sister']
```

在上述代码中,tag1 就是一个标签对象,tag1 ['href'] 可以得到 href 属性的值,tag1 ['class'] 可以得到 class 属性的值。因为标签对象可能会有多个 class 属性,所以 tag1 ['class'] 返回的是一个列表。

15.5　Xpath 的简介和安装

Xpath 是 XML Path Language 的简写,XML 同 HTML 类似,也是一种语言,感兴趣的读者可以查阅一下 XML 和 HTML 的区别。Xpath 是一种通过路径在 XML 文本中寻找信息的语言。在 Python 编程中,要想使用 Xpath,需要提前安装 lxml 模块。Anaconda3 自带 lxml 模块,不需要额外安装。如果安装的是官方的 Python,则需要在 cmd 窗口中使用 pip install lxml 之类的命令进行安装。检验是否成功安装 lxml 模块的方法,请参见第 9 章 Numpy 模块的相关内容。

使用 Xpath 的流程跟使用 BeautifulSoup 的流程类似。首先,要将服务器返回来的 html 字符串转化为一种树状结构。以前,该工作是由 bs4 模块中的 BeautifulSoup 类完成的,使用 Xpath 时,需要使用 lxml 子模块 etree 下面的 HTML 类来完成。其次,定位相关信息所在的节点。以前该工作是由 BeautifulSoup 实例的 select() 方法完成的,现在由 xpath() 方法来完成。最后,把节点里面的内容提取出来。以前该工作由标签对象的 text 属性或 get_text() 方法来完成,现在是由节点对象的相关方法来完成。下面介绍使用 Xpath 的详细步骤。

15.6　使用 HTML 类创建实例

使用 Xpath 时,需要使用 HTML 类创建实例,把 html 字符串转成所需的树状结构。相关代码示例如下:

```
from lxml import etree
print(dir(etree))
html_str = '''同样的 html 字符串'''
html1 = etree.HTML(html_str)
print("所得到的对象类型:",type(html1))
print(html1)
inter1 = etree.tostring(html1,encoding = "utf-8")
print("tostring 所得到的对象类型:",type(inter1))
inter2 = inter1.decode("utf-8")
print(inter2)
print("inter2 的对象类型:",type(inter2))
```

运行结果为:

```
[一个大的列表]
所得到的对象类型:<class 'lxml.etree._Element'>
<Element html at 0x22189c8>
tostring 所得到的对象类型:<class 'bytes'>
<html><head><title>The Dormouse's story</title></head>
<body>
<p class = "title" name = "dromouse"><b>The Dormouse's story</b></p>
<p class = "story">Once upon a time there were three little sisters; and their names were
<a href = "http://example.com/elsie" class = "sister" id = "link1"><!--Elsie--></a>,
<a href = "http://example.com/lacie" class = "sister" id = "link2">Lacie</a> and
<a href = "http://example.com/tillie" class = "sister" id = "link3">Tillie</a>;
and they lived at the bottom of a well.</p>
<p class = "story">…</p>
</body></html>
inter2 的对象类型:<class 'str'>
```

　　HTML 这个类创建的对象类型是 element（元素节点，以下简称节点），该对象不能直接使用 print( ) 函数打印详细内容，需要调用 etree 模块中的 tostring( ) 函数，该函数得到的是一个二进制字符串，解码后可变成正常的字符串。上述代码只是为了验证如何打印 element 对象的内容，实际得到的字符串与原来的 html_str 的内容是相同的。与 BeautifulSoup 对象类似，element 对象也是一种树状结构，不过，它的组成元素是节点，而不是标签。

15.7　xpath( ) 方法的使用

　　element 对象的 xpath( ) 方法可以定位信息所在的节点，该方法使用的参数是一个字符串，这个字符串需符合 Xpath 语法，该方法的返回值是一个列表，列表的每个元素是 element 对象。可以看出，element 对象的 xpath() 方法，跟 BeautifulSoup 对象的
select() 方法是类似的。相关代码示例如下：

```
from lxml import etree
html_str = '''同样的 html 字符串'''
html1 = etree.HTML(html_str)
elements1 = html1.xpath("//title")
print("xpath 返回内容的对象类型:")
print(type(elements1))
print("各元素的对象类型:")
print(type(elements1[0]))
```

运行结果为：

```
xpath 返回内容的对象类型:
<class 'list'>
各元素的对象类型:
<class 'lxml.etree._Element'>
```

上述代码中，//title 是 Xpath 语法，意思是选择名称为 title 的节点。element 对象
的 xpath() 方法返回的是一个列表，列表中的元素仍为 element 对象。

15.8 Xpath 语法

Xpath 语法的作用类似于 BeautifulSoup 对象 select() 方法中参数（CSS 选择器）的
作用，用于选择满足条件的节点。在 Xpath 中，有七种类型的节点：元素、属性、文本、
命名空间、处理指令、注释以及文档节点。总体来说，Xpath 语法同 linux 操作系统下的
文件夹操作有些类似。表 15-2 给出了常用的 Xpath 的路径表达式。

表 15-2 常用的 Xpath 的路径表达式

表达式	描述
/	从根节点选取
.	选择当前节点
..	选择当前节点的父节点
//	选择匹配的所有节点，不考虑节点位置
nodename	选择此节点上与给定名称匹配的所有子节点
[@]	选择属性

使用 Xpath 语法的代码示例如下：

```
from lxml import etree
html_str = '''同样的 html 字符串'''
html1 = etree.HTML(html_str)
```

```
elements1 = html1.xpath(".")
print("elements1:")
print(elements1)
elements2 = html1.xpath("/html/head/title")
print("elements2:")
print(elements2)
elements3 = html1.xpath("body/*")
print("elements3:")
print(elements3)
elements4 = html1.xpath("body/p/a")
print("elements4:")
print(elements4)
elements5 = html1.xpath("a[@id='link2']")
print("elements5:")
print(elements5)
elements6 = html1.xpath("//a[@id='link2']")
print("elements6:")
print(elements6)
```

运行结果为：

```
elements1:
[<Element html at 0x2cae108>]
elements2:
[<Element title at 0x2cae088>]
elements3:
[<Element p at 0x2cae048>,<Element p at 0x2cae148>,<Element p at 0x2cae188>]
elements4:
[<Element a at 0x2cae1c8>,<Element a at 0x2cae208>,<Element a at 0x2cae248>]
elements5:
[]
elements6:
[<Element a at 0x2cae208>]
```

　　elements1 匹配的是当前节点，匹配结果是名称为 html 的节点，小圆点在 Xpath 语法中表示当前节点，在 CSS 选择器中表示 class 属性。elements2 匹配的结果是名称为 title 的节点，/html/head/title 语法跟前面出现过的//title 匹配的是同一个节点，在节点路径比较多的情况下，使用后者更为简单。elements3 匹配的结果是 body 节点的所有子节点。elements4 匹配的是 body 下面所有 p 节点的所有名称为 a 的子节点。elements5 想匹配 id 属性值为 link2 的 a 节点，但返回的是一个空列表，原因是，在 Xpath 语法中要明确指明路径，默认情况下是当前路径（html 节点），a[@id='link2'] 的意思是，在

html 节点中寻找 id 属性值为 link2 的 a 节点，此类节点没有匹配成功。elements6 成功地匹配了相关节点，它使用的 Xpath 语法是//a［@id＝'link2'］，意思是全范围内匹配 id 属性值为 link2 的 a 节点，而不仅仅局限于当前节点。在编写爬虫程序时，经常见到 elements6 所使用的 Xpath 表达式。

15.9 提取节点里面的内容

使用 Xpath 语法定位到 element 对象以后，下一步就要把 element 对象里面的内容提取出来。element 对象的 text 属性可用于提取该对象里面的文本节点的内容，相关代码示例如下：

```
from lxml import etree
html_str = "'''同样的 html 字符串'''"
html1 = etree. HTML(html_str)
elements1 = html1. xpath("//a[@id = 'link2']")
print(elements1[0]. text)
elements2 = html1. xpath("body/p/a")
for element in elements2:
    print(element. text)
```

运行结果如下：

```
Lacie
None
Lacie
Tillie
```

从上述代码可看出，element 对象 text 属性的作用跟标签对象的 text 属性、get_text() 方法类似，但是 element 对象没有 xpath() 方法。elements2 匹配的第一个 a 节点没有文本内容，所以返回值为 None。从节点对象提取的内容与从标签对象提取的内容也有很大的不同，前者不包含子元素节点的对象，后者包含子标签的内容。体现两者区别的代码示例如下：

```
from lxml import etree
from bs4 import BeautifulSoup
html_str = "'''同样的 html 字符串'''"
html1 = etree. HTML(html_str)
soup1 = BeautifulSoup(html_str,'html5lib')
elements1 = html1. xpath("//head")
print("从 head 节点提取的内容：")
print(elements1[0]. text)
```

```
tags1 = soup1.select("head")
print("从 head 标签提取的内容:")
print(tags1[0].text)
elements2 = html1.xpath("//p")
print("从第二个 p 标签提取的内容:")
print(elements2[1].text)
tags2 = soup1.select("p")
print("从第二个 p 标签提取的内容:")
print(tags2[1].text)
```

运行结果为:

```
从 head 节点提取的内容:
None
从 head 标签提取的内容:
The Dormouse's story
从第二个 p 标签提取的内容:
Once upon a time there were three little sisters; and their names were

从第二个 p 标签提取的内容:
Once upon a time there were three little sisters; and their names were

,
Lacie and
Tillie;
and they lived at the bottom of a well.
```

head 节点里面有一个子节点 title,其内容是 The Dormouse's story,除此以外,head 节点再无其他文本内容,从节点中提取内容会扣除子节点的内容,所以 elements1 [0]. text 的结果为 None。但是,从 head 标签提取内容时,会把该标签下所有文本内容,包括后代标签的内容全部提取出来,所以 tags1 [0] .text 是有内容的,实际上是子标签 title 的内容。从第二个 p 节点提取内容时,也会把子节点的内容扣除,但从第二个 p 标签提取内容时,会把该标签下面的内容、所有后代标签的内容全部提取出来。

除了使用节点对象的 text 属性以外,Xpath 语法/text() 可直接提取某节点内所有文本子节点的内容,类似地,//text() 也可直接提取某节点内所有文本节点(无论是子文本节点,还是孙文本节点)的文本内容,代码示例如下:

```
from lxml import etree
    from bs4 import BeautifulSoup
html_str = """"
html1 = etree.HTML(html_str)
contents1 = html1.xpath("//p/text()")
```

```
print("contents1:")
print(contents1)
contents2 = html1.xpath("//p//text()")
print("contents2:")
print(contents2)
soup1 = BeautifulSoup(html_str,"html5lib")
tags = soup1.select("p")
for tag in tags:
    print(list(tag.strings))
    print(" * " * 50)
```

运行结果为：

```
contents1:
['Once upon a time there were three little sisters; and their names were\n',',\n',' and\n',';\nand
they lived at the bottom of a well.','…']
contents2:
["The Dormouse's story",'Once upon a time there were three little sisters; and their names were\n',
',\n','Lacie',' and\n','Tillie',';\nand they lived at the bottom of a well.','…']
["The Dormouse's story"]
 **************************************************
['Once upon a time there were three little sisters; and their names were\n',',\n','Lacie',' and\n','
Tillie',';\nand they lived at the bottom of a well.']
 **************************************************
['…']
 **************************************************
```

　　上述代码提取的是所有 p 节点（总共三个）的内容，为了简单起见，我们可以从结果中先去找第一个 p 节点的文本内容，再去找第二个 p 节点的内容，最后去找第三个 p 节点的内容。从运行结果可以看出/text() 和//text() 的区别，/text() 提取的是某节点但不包含任何子节点的内容，//text() 提取的是某节点包含所有子节点的内容。//text() 提取出来的内容跟标签对象的 strings 属性提取出来的内容类似，strings 属性和 stripped_strings 属性的差别是，前者没有去掉 \ n 之类的字符，而后者去掉了此类字符。

　　本章介绍了从 html 字符串中提取信息的两类方法：BeautifulSoup 类和 Xpath 语法。在实际编写爬虫程序时，BeautifulSoup 类使用得比较多，Xpath 语法使用得比较少。我们学习 Xpath 语法是为了使用 Scrapy 框架。Scrapy 框架是使用 Python 编写批量爬取网页数据的应用框架，它里面封装了 Xpath 语法。为简单起见，我们在本章中仅以一个简单的 html 字符串而不是从网站服务器返回的内容为例，但两者的原理都是相同的，本章介绍的内容可直接用于 Requests 模块访问服务器后所得到的 html 字符串。

第 16 章

正则表达式

　　正则表达式（regular expression）是指按照某种规则给出的一个表达式。手机号码一般是 11 位数字，这就是一种正则表达式。正则表达式经常用于校验输入的内容，例如在某网站或某个 App 上使用手机号码进行注册，如果输入的是 11 个数字，就通过验证，否则通不过验证。当然，也可以使用正则表达式从字符串中提取所需要的信息，例如从一个大的字符串中提取由 11 个数字所组成的字符串，提取出来的字符串大概率就是手机号码。爬虫程序向服务器发送请求成功后，服务器向爬虫程序返回的内容就是一个字符串，只不过该字符串使用 HTML 语言书写而已，我们完全可以使用正则表达式从该字符串中提取所需要的信息，例如上述例子中的手机号码。

　　正则表达式提取信息的方式，与 BeautifulSoup 类、Xpath 语法两种提取方式相比，有很大区别。BeautifulSoup 类基于标签对象提取信息，Xpath 语法基于节点对象提取信息，而正则表达式既不需要标签对象，也不需要节点对象，直接从字符串中提取信息。当然，正则表达式可以和 BeautifulSoup 类、Xpath 语法配合使用，因为后两者提取的信息也是字符串，正则表达式可以从这些字符串中进一步提取信息。

　　Python 使用正则表达式时，首先要引入 Re 模块，该模块是 Python 的内置模块，不需要安装。引入 Re 模块后，可使用下列代码查看其主要内容：

```
import re
print("Re 模块的主要内容:")
print(dir(re))
```

　　运行结果是一个列表，本章下面介绍的就是该列表中某些元素的相关内容，例如match() 函数、search() 函数和 findall() 函数等等。

16.1　Re 模块的函数

16.1.1　match() 函数

　　match() 函数的功能是从字符串的开始部分寻找匹配对象，它一般需要两个参数，第一个参数指明匹配规则，第二个参数是待匹配的字符串。如果匹配成功，返回一个 match 对象，如果匹配不成功，返回 None。相关代码示例如下：

```
import re
match1 = re. match('a','ab')
print("match1:",match1)
match2 = re. match('a','ba')
print("match2:",match2)
```

运行结果如下：

```
match1:<re. Match object; span = (0,1),match = 'a'>
match2:None
```

即使不使用 type（）函数，从上述结果也可看出，match（）函数匹配成功后，返回的 match1 是一个 match 对象。如果第二个参数是 ba，则匹配不成功，返回的 match2 是个空值。上述例子中的匹配规则比较简单，是普通字符串。更常见的情况是，匹配规则会使用一些特殊字符表示特定含义，例如 \ d 表示十进制的单个数字，\ s 表示空格等，前面的 \ 是转义符，意在指明 \ d 中的 d 不是普通小写字母 d，含义已经转变了。匹配规则还会使用〔N〕表示匹配 N 次前面出现的字符。这些特殊字符会在本章后面介绍。match（）函数使用特殊字符作为匹配规则的代码示例如下：

```
import re
match1 = re. match('\d\d','23 日')
print("match1:",match1)
match2 = re. match('\d{2}','1 月 23 日')
print("match2:",match2)
```

运行结果为：

```
match1:<re. Match object; span = (0,2),match = '23'>
match2:None
```

在上述代码中，\ d {2} 同 \ d \ d 的意思是完全一致的，都是要匹配两个十进制数字。字符串"23 日"前面的两个字符是两个数字，所以与规则匹配；字符串"1 月 23 日"前面只有一个数字，所以与规则不匹配。

16. 1. 2 search（）函数

search（）函数的使用方法跟 match（）函数类似，也使用两个参数，第一个参数指明匹配规则，第二个参数是待匹配的字符串。与 match（）函数不同的是，search（）函数不要求从字符串的开始部分进行匹配，可以从任何位置开始匹配。同样，如果匹配成功，就返回一个 match 对象，如果匹配不成功，就返回 None。使用 search（）函数的相关代码示例如下：

```
import re
search1 = re. search('\d{2}','23 日')
print("search1:",search1)
search2 = re. search('\d{2}','1 月 23 日')
print("search2:",search2)
```

运行结果为：

```
search1:<re. Match object; span = (0,2),match = '23'>
search2:<re. Match object; span = (2,4),match = '23'>
```

从代码运行结果可看出 search() 函数和 match() 函数的不同，对同一个字符串 "1月 23 日"，match() 函数返回的是空值，search() 函数返回的是 match 对象。从运行结果来看，还可以猜出 span 后面两个数字的含义，它们分别指的是匹配字符串在原字符串的起始位置和终止位置。通过起始位置和终止位置，我们可以使用字符串的相关知识把匹配字符串提取出来，不过，match 对象有更简单的方法来提取匹配字符串，这就是 group() 方法。相关代码示例如下：

```
import re
search1 = re. search('\d{2}','1 月 23 日')
print("search2:",search1)
print("匹配字符串为:")
print(search1. group())
```

运行结果如下：

```
search2:<re. Match object; span = (2,4),match = '23'>
匹配字符串为:
23
```

group() 方法不带任何参数，可把匹配的内容全部提取出来，在上述例子中，全部匹配内容就是一个简单的字符串。group() 方法后面也可以带参数，本章后续部分会对此内容进行详细介绍。

16. 1. 3 findall() 函数

findall() 函数的使用方法跟 match() 函数类似，也使用两个参数，第一个参数指明匹配规则，第二个参数是待匹配的字符串。findall() 函数可从字符串的任意位置开始匹配，这一点跟 search() 函数类似，但找到一个匹配结果后，findall() 函数会继续寻找，直至把所有的匹配结果都找到。如果匹配成功，就返回一个列表，列表中的每个元素是什么需要视情况决定；如果匹配不成功，则返回一个空列表。相关代码示例如下：

```
import re
findall_1 = re. findall('\d','12 月 23 日')
print(type(findall_1))
print("findall_1:")
print(findall_1)
findall_2 = re. findall('\d{2}','12 月 23 日')
print("findall_2:")
print(findall_2)
findall_3 = re. findall('\d{3}','12 月 23 日')
print("findall_3:")
print(findall_3)
```

运行结果为：

```
<class 'list'>
findall_1:
['1', '2', '2', '3']
findall_2:
['12', '23']
findall_3:
[]
```

从运行结果可看出，findall() 函数返回来的列表，其元素个数与匹配结果的个数有关，每个元素对应一个匹配结果。findall_1 对应四个匹配结果，findall_2 对应两个匹配结果，findall_3 对应零个匹配结果。我们可以使用列表的相关知识，把需要的信息从上述列表中提取出来，列表的每个元素已经是匹配内容，不需要使用 match 对象的 group() 方法，从这个角度而言，使用 findall() 函数后，提取匹配结果的相关内容反而更简单。

16.1.4 split ( ) 函数

split() 函数可按照某种规则把某个字符串进行切割，一般使用两个参数，第一个参数是分隔规则，分隔规则可使用正则表达式的特殊符号，第二个参数是要被分隔的字符串。split() 函数的返回值是一个列表。相关代码示例如下：

```
import re
split1 = re. split('\d{2}','12 月 23 日')
print("split1:")
print(split1)
split2 = re. split('\d','12 月 23 日')
print("split2:")
print(split2)
```

运行结果为：

```
split1:
[' ','月','日']
split2:
[' ',' ','月',' ',' ','日']
```

上述结果验证了 split() 函数返回的是一个列表，该列表中空字符串的情况需要注意，它可以帮助我们理解切割（split）的含义，特别是 spilt2 这个列表。如果被切割字符串的开始部分就满足分隔规则，分隔符的左边要补一个空格，一个满足规则的分隔符得到两个元素，N 个分隔符得到 $N+1$ 个结果。字符串对象自带 split() 方法，但 Re 模块的 split() 函数功能更强大，因为它的分隔规则更加灵活。

16.1.5 sub ( ) 函数

sub() 函数可以按照某些规则替换指定字符串，它一般使用三个参数，第一个参数是替换规则，第二个参数是修改后的数值，第三个参数是被替换的字符串。sub() 函数的返回值为按规则替换后的字符串。相关代码示例如下：

```
import re
sub1 = re. sub('\d','*','12 月 23 日')
print("sub1:")
print(sub1)
```

运行结果为：

```
sub1:
**月**日
```

Re 模块的 sub() 函数同字符串对象的 replace() 方法实现的功能类似，replace() 方法也可使用正则表达式。

本部分讨论了 Re 模块的一些常用函数，使用的代码示例都比较简单。实际上，Re 模块能够使用非常复杂的规则，这些规则跟上述函数结合起来使用的话，可以解决更多的问题，但使用的难度也会增加。

16.2 正则表达式的匹配规则

在正则表达式里面，\d 表示十进制的单个数字，\s 表示空格，{N} 表示重复前面字符 N 次。正则表达式还有很多类似的规则，为简单起见，我们把它们统称为匹配规则，这些匹配规则大体上可以分为三类：普通字符的匹配规则、限定符的匹配规则和其他规则。

16.2.1　普通字符的匹配规则

有时，我们仅仅需要检查普通字符是否符合我们的要求。比如，我们需要匹配符合规定的大小写字母、数字、标点符号和其他符号，这时就需要用到表 16-1 中的匹配规则。

表 16-1　普通字符的匹配规则

匹配符	规则
.	匹配任意一个字符（除了 \n、\r）
\d	匹配任意一个数字
\D	匹配任意非数字
\s	匹配空白，即空格、tab 键
\S	匹配非空白
\w	匹配单词字符，即 a~z，A~Z，0~9，_ 和中文
\W	匹配非单词字符
[]	匹配 [] 中列举的某单个字符，可以使用-表示范围，如 \d= [0-9]
[^]	匹配除了 [] 中列举的所有字符

下面，我们使用 search() 函数验证一下上面的部分匹配规则。相关代码示例如下：

```
import re
search1 = re. search(".\D",'12 月 23 日')
print("search1:")
print(search1)
search2 = re. search(".[^0-9月]",'12 月 23 日')
print("search2:")
print(search2)
```

运行结果如下：

```
search1:
<re. Match object; span = (1,3),match = '2 月'>
search2:
<re. Match object; span = (4,6),match = '3 日'>
```

在上述代码中，规则 ".\D" 指的是，第一个字符可为任意字符，第二个字符不能为数字，所以最后得到的匹配结果为 "2 月"。规则 ".[^0-9月]" 指的是，第一个字符可为任意字符，第二个字符不能为数字也不能为月，其中 0-9 表示从 0 到 9 的所有数字，所以最后得到的匹配结果为 "3 日"。

16.2.2　限定符的匹配规则

限定符用来指定正则表达式的一个给定组件必须要出现多少次才能满足匹配条件，

表 16-2 给出了限定符的匹配规则。

表 16-2　限定符的匹配规则

匹配符	规则
*	匹配前一个字符出现 0 次或者无限次，即可有可无
+	匹配前一个字符出现 1 次或者无限次，即至少 1 次
?	匹配前一个字符出现 0 次或 1 次
{m}	匹配前一个字符出现 m 次
{m,}	匹配前一个字符至少出现 m 次
{m, n}	匹配前一个字符出现 m~n 次

从上述规则可以看出，"＊"跟"＝{0,}"是等价的，"＋"跟"{1,}"是等价的，"?"跟"{0，1}"是等价的。使用 search() 函数验证上述规则的代码示例如下：

```
import re
search1 = re. search("[^0-9]. * \d",'12 月 23 日')
print("search1:")
print(search1)
search2 = re. search("[^0-9]. * ?\d",'12 月 23 日')
print("search2:")
print(search2)
```

运行结果如下：

```
search1:
<re. Match object; span = (2,5),match = '月 23'>
search2:
<re. Match object; span = (2,4),match = '月 2'>
```

为什么 search1 的结果是"月 23"呢？首先，规则"[^0-9]"意味着第一个字符不能是数字，所以 1 和 2 都不满足条件，只能从月开始。其次，规则"[^0-9]. * \ d"意味着最后一个字符必须是数字。最后，中间可以是任意数量的任意字符。"月 23"和"月 2"都满足上述规则，但是". ＊"采纳的是一种贪婪模式，即该规则尽可能多地匹配字符，能匹配 1 个就不会满足于 0 个，能匹配 2 个就不会满足于 1 个，所以规则"[^0-9]. ＊\ d"最终得到的匹配结果为"月 23"，而不是"月 2"。当然，我们可以把贪婪模式关闭，这就需要在"＊"后面加"?"。match2 就是关闭贪婪模式后的结果：月 2。

16.2.3　其他规则

除了普通字符和限定符以外，正则表达式在运用的过程中还需要用到其他规则，表 16-3 列出了这些规则。例如，想表示一些有特殊含义的字符时，需要使用"\ "表示转义字符；要表示"或"时，需要用到"｜"。

表 16 - 3　正则表达式的其他常用规则

匹配符	规则
\	打印正则表达式的保留字符时，要引用保留字符，需要使用该转义字符
|	匹配左边或右边的内容
\ num	引用分组 num 匹配到的字符串，如 \ 1 表示引用第一个括号中的内容
（? P）	当用括号分组过多，无法通过位置查找括号时，可以采用（? P）分组起别名，（? P= name）表示引用别名为 name 的分组匹配的字符串

使用上述规则的代码示例如下：

```python
import re
search1 = re. search(". * \\d. ",'\d 是数字')
print("search1:")
print(search1)
search2 = re. search(". * \\\d. ",'\d 是数字')
print("search2:")
print(search2)
search3 = re. search("\d 日|月",'12 月 23 日')
print("search3:")
print(search3)
search4 = re. search("\d(日|月)",'12 月 23 日')
print("search4:")
print(search4)
search5 = re. search("(\d(日|月))",'12 月 23 日')
print("search5:")
print(search5)
search6 = re. findall("(\d(日|月))",'12 月 23 日')
print("search6:")
print(search6)
```

运行结果如下：

```
search1:
None
search2:
<re. Match object; span = (0,3),match = '\\d 是'>
search3:
<re. Match object; span = (2,3),match = '月'>
search4:
<re. Match object; span = (1,3),match = '2 月'>
search5:
<re. Match object; span = (1,3),match = '2 月'>
```

```
search6:
[('2 月','月'),('3 日','日')]
```

上述代码中，为什么 search1 的结果为 None？规则中\\的意思是 \，它跟后面的 d 合在一起还是数字的意思。正确的方法是 search2。为了避免这个问题，推荐使用原始字符串。search3 的结果比较难理解，"\d 日|月"这个规则，我们原来的预期是，第一个字符是日，第二个字符是日或者是月。实际上，这个规则的意思是，或者是一个数字加日，或者为月，首先找到月，所以 search3 的结果为月。search4 只有一对小括号，而 search5 里面有两对小括号，但 search4 和 search5 的结果为什么是一样的呢？这就涉及 match 对象的 group() 方法的问题。直接使用 print() 函数打印 match 对象的内容是总体匹配结果，也就是 group() 方法不使用任何参数的结果，该结果跟使用 0 作为参数的结果是相同的。group() 方法使用 1 作为参数时，指的是第一对小括号里面对应的内容，使用 2 作为参数时，指的是第二对小括号里面对应的内容，依次类推。相关的代码示例如下：

```
import re
group1 = re. search("\d(日|月)",'12 月 23 日')
print("直接打印的内容:")
print(group1)
print("不使用参数的 group()方法:")
print(group1. group())
print("0 作为参数的 group()方法:")
print(group1. group(0))
print("1 作为参数的 group()方法:")
print(group1. group(1))
print("2 作为参数的 group()方法:")
# print(group1. group(2))
group2 = re. search("(\d(日|月))",'12 月 23 日')
print("不使用参数的 group()方法:")
print(group2. group())
print("0 作为参数的 group()方法:")
print(group2. group(0))
print("1 作为参数的 group()方法:")
print(group2. group(1))
print("2 作为参数的 group()方法:")
print(group2. group(2))
```

运行结果为：

```
直接打印的内容:
<re. Match object; span = (1,3),match = '2 月'>
```

```
不使用参数的 group() 方法:
2 月
0 作为参数的 group() 方法:
2 月
1 作为参数的 group() 方法:
月
2 作为参数的 group() 方法:
不使用参数的 group() 方法:
2 月
0 作为参数的 group() 方法:
2 月
1 作为参数的 group() 方法:
月
2 作为参数的 group() 方法:
月
```

在上述代码中，group1.group（2）会汇报错误："IndexError：no such group"，因为得到 group1 的规则里面只含有一对小括号，不能使用 2 作为参数。得到 group2 的规则里面含有两对小括号，group2.group（2）会顺利执行。另外，需要注意每对小括号的起始位置，在规则"（\d(日｜月))"中，第二对小括号在第一对小括号的里面，第二对小括号的内容不是日就是月。基于上述内容就可以理解 search6 打印出来的内容了，2 月和 3 日都满足规则，所以首先是找到两个匹配结果，匹配结果里面又有两个元素与两对小括号对应。通过 findall() 方法返回的列表，我们可以提取任意一个匹配结果里面任意一对小括号所对应的内容。

16.3 使用正则表达式的常见例子

16.3.1 匹配 0～100 的整数

在录入成绩时，会用到 0～100 的整数，如何使用正则表达式把这些整数从字符串中提取出来呢？请看下面的代码示例：

```
import re
pattern = '100|[1-9]?\d'
str1 = '语文 0 分'
str2 = '数学 8 分'
str3 = '物理 82 分'
str4 = '化学 100 分'
print("语文:", re.search(pattern, str1).group())
print("数学:", re.search(pattern, str2).group())
```

```
print("物理:",re.search(pattern,str3).group())
print("化学:",re.search(pattern,str4).group())
```

运行结果如下:

```
语文:0
数学:8
物理:82
化学:100
```

从运行结果看,一位数、两位数、三位数的情况都能提取出来。规则"[1-9]?\d"的意思是,可以是一位数,也可以是两位数,但两位数不能以数字 0 开头。

16.3.2　匹配电子邮箱

使用正则表达式提取电子邮箱信息也比较方便,相关代码示例如下:

```
import re
pattern = '[0-9a-zA-Z_]{0,19}@.{1,30}?\.(cn|com|net)'
str1 = '人大邮箱:geyuhao@ruc.edu.cn'
str2 = 'QQ 邮箱:4409296@qq.com'
print("人大邮箱:",re.search(pattern,str1).group())
print("QQ 邮箱:",re.search(pattern,str2).group())
```

运行结果如下:

```
人大邮箱:geyuhao@ruc.edu.cn
QQ 邮箱:4409296@qq.com
```

上述代码中的规则能把大多数邮箱信息提取出来,有些特殊邮箱格式的提取,只要在上述规则基础上稍做修改即可。注意,邮箱信息中有小圆点,它是正则表达式的保留字符,所以在前面需要使用转义字符 \ 。

16.3.3　匹配手机号码

手机号码也是经常要提取的信息,使用正则表达式提取手机号码也比较容易。相关示例代码如下:

```
import re
pattern = '(13[0-9]|14[57]|15[0-35-9]|166|17[6-8]|18[0-9]|19[89])\d{8}'
str1 = '测试用号码:13321881798'
print("提取出来的手机号码:")
print(re.search(pattern,str1).group())
```

运行结果如下:

提取出来的手机号码:
13321881798

上述代码的提取思路是,按照手机号码的前三位数进行分类,这跟我们通常所说的号段有关系。上述代码的匹配规则中需要注意 [] 的用法,[] 里面只能取其中的一个字符。

16.3.4　匹配身份证号码

身份证号码也是经常要提取的信息,相比手机号码,提取身份证号码的规则更复杂一些,身份证号码前 6 位数字表示出生地址信息,接下来的 8 位是出生日期。使用正则表达式提取身份证号码的代码示例如下:

```
import re
pattern = '([1-6][1-9]|50)\d{4}(18|19|20)\d{2}((0[1-9])|(10|11|12))((([0-2][1-9])|10|20|30|31)\d{3}[0-9Xx]'
str1 = "测试用号码:370727198808188888"
print("提取出来的身份证号码:")
print(re.search(pattern,str1).group())
```

运行结果如下:

提取出来的身份证号码:
370727198808188888

从运行结果来看,正则表达式能够顺利提取身份证号码。

16.4　从 html 字符串提取信息

对爬虫程序而言,使用正则表达式的主要目的还是从 html 字符串中提取信息。相对于普通字符串,html 字符串更复杂,里面有很多标签符号和属性值。无论 html 字符串多么复杂,只要使用正则表达式设定好匹配规则,就能把需要的信息提取出来。

为简单起见,我们先以介绍 BeautifulSoup 类时使用的 html 字符串为例,看一下如何使用正则表达式提取 html 字符串中的信息。相关代码示例如下:

```
import re
html_str = '''
<html><head><title>The Dormouse's story</title></head>
<body>
<p class = "title" name = "dromouse"><b>The Dormouse's story</b></p>
<p class = "story">Once upon a time there were three little sisters; and their names were
<a href = "http://example.com/elsie" class = "sister" id = "link1"><!--Elsie--></a>,
```

```
<a href = "http://example.com/lacie" class = "sister" id = "link2">Lacie</a> and
<a href = "http://example.com/tillie" class = "sister" id = "link3">Tillie</a>;
and they lived at the bottom of a well. </p>
<p class = "story">…</p>
"""
pattern = '<title>(. * ?)</title>'
search1 = re. search(pattern, html_str)
print("search1:")
print(search1. group(1))
pattern = '<p. * ?<b>([^<>]{1, })</b></p>'
search2 = re. search(pattern, html_str)
print("search2:")
print(search2. group(1))
pattern = '<a. * ?link2. * ?>([^<>]{1, })</a>'
search3 = re. search(pattern, html_str)
print("search3:")
print(search3. group(1))
```

运行结果如下：

```
search1:
The Dormouse's story
search2:
The Dormouse's story
search3:
Lacie
```

上述代码分别提取了 title 标签里面的内容、第一个 p 标签的内容、id 值为 link2 的 a 标签的内容。

下面以中国人民大学劳动人事学院师资网页为例，介绍如何使用正则表达式提取真实网页的信息。相关代码示例如下：

```
import requests
import re
url = "http://slhr. ruc. edu. cn/szdw/zzjs/qb/index. htm"
response = requests. get(url)
response. encoding = 'utf - 8'
print(response. status_code)
# print(response. text)
pattern = '<span>姓名:(. * )</span>'
findall1 = re. findall(pattern, response. text)
```

```
for each in findall1:
    print(each)
```

运行结果：

各位老师的姓名

　　上述代码使用正则表达式抓取了劳动人事学院师资网页上各位老师姓名的相关信息，为了简单起见，上述代码略去了伪装的相关过程，在第 18 章我们会介绍爬取的详细代码。

　　正则表达式是处理字符串的一个强大工具，甚至能胜任很多与自然语言处理相关的工作。实际上，正则表达式是一块相对独立的内容，Python 可使用正则表达式，R 语言、Stata 软件也可使用正则表达式，Python 使用正则表达式需要借助于 Re 模块。本章重点讨论了正则表达式在解析 html 字符串中的应用，它比 BeautifulSoup 类、Xpath 语法有更强的适用性。

第 17 章

Selenium 模块的使用

第 14 章介绍的 Requests 模块可以模拟浏览器向网页服务器发送请求，如果请求成功，服务器便返回 html 字符串。但是，反爬机制比较强大的网页服务器能够识别出哪些请求来自真正的浏览器，哪些请求来自爬虫程序，并且拒绝爬虫程序发来的请求。在服务器有反爬机制的情况下，Requests 模块可通过设置 Cookie 或使用 JS 逆向等方法解决请求不成功之类的问题。还有一种比较简单的方法是借助 Selenium 模块来实现请求。Selenium 模块的工作原理是，使用真实浏览器访问相关网页，中途截取服务器向浏览器返回的 html 字符串，然后对其进行解析并提取信息。Selenium 的强项是能保证成功请求网页，因为它背后使用的是真实的浏览器。Selenium 的弱项是爬取速度慢，打开真实的浏览器需要的时间比较长，不适合爬取大量网页。本章会对如何使用 Selenium 模块做一个简单介绍，详细的使用方法可参考官方文档 https://selenium-python.readthedocs.io/api.html。

17.1 Selenium 模块的安装

使用 Selenium 模块前，不仅要安装该模块，还要安装浏览器及浏览器的驱动器。我们建议安装 Chrome 浏览器，与之相对应，还要安装该浏览器的驱动器 chromedriver。安装 Chrome 浏览器的步骤与安装其他软件的步骤相同，不再详细介绍。安装好 Chrome 浏览器后，需要查看它的版本，查看方法是：首先找到 chrome.exe 所在的文件夹。在 Windows 操作系统下，应在 C:\Users\Administrator\AppData\Local\Google\Chrome\Application 下。其次右键点击 chrome.exe。最后，依次点击"属性""详细信息"，就能看到 Chrome 浏览器的版本，如图 17-1 所示。

chromedriver 的官方网页地址为：http://chromedriver.storage.googleapis.com/index.html。

结合自己电脑上浏览器的版本，下载对应版本的 chromedriver，然后安装即可。由于电脑上的 Chrome 浏览器会自动更新，可能导致 Chrome 浏览器和 chromedriver 版本不

图 17-1 查看 Chrome 浏览器的版本

匹配，这就需要下载更新版本的 chromedriver，或者在操作系统里面禁止 Chrome 浏览器自动更新。

Anaconda3 没有自带 Selenium 模块，需要我们自己安装。如果系统里面安装了其他版本的 Python，建议卸载。然后从 Windows 系统的"开始"菜单栏中打开 Anaconda Prompt，如果没有其他版本的 Python，可以直接使用 pip install selenium 进行安装，如果还有其他版本的 Python，需要先使用相关命令定位到 Anaconda3 中 python. exe 所在的文件夹，例如 C：\ProgramData\Anaconda3，再使用 pip install selenium 进行安装。如果安装速度太慢，也可从清华大学镜像网站下载安装。如果只是偶尔安装一些新的模块，可输入如下命令进行安装。

```
pip install i https://pypi. tuna. tsinghua. edu. cn/simple selenium
```

如果经常安装新的模块，可在 C：\ Users \ Administrator 下面建立名称为 pip 的子文件夹，在该子文件夹下创建名称为 pip. ini 的文本文件，在文件中输入以下内容：

```
[global]
index - url = https://pypi. tuna. tsinghua. edu. cn/simple
```

输入后进行保存，返回 Anaconda Prompt，直接输入 pip install selenium 便可从清华大学镜像网站下载相关模块进行安装。

17. 2 Selenium 模块的使用

使用 Selenium 模块时，首先要创建一个 WebDriver 实例对象，相关代码示例如下：

```
from selenium import webdriver
browser = webdriver.Chrome()
print("browser 的对象类型:")
print(type(browser))
print("该类对象的属性和方法:")
print(dir(browser))
```

运行结果为：

```
browser 的对象类型:
<class 'selenium.webdriver.chrome.webdriver.WebDriver'>
该类对象的属性和方法:
[一个大的列表]
```

在上述代码中，browser 就是一个变量，名称由我们自己给定。从结果来看，brow-ser 是一个 WebDriver 实例对象（图 17-2），该类对象有很多属性和方法，本章后续会用到这些属性和方法。运行上述代码后，可以打开一个 Chrome 浏览器窗口。

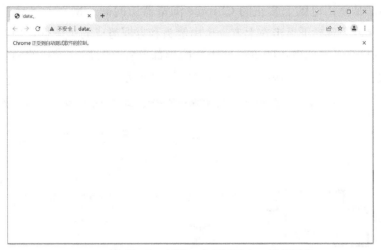

图 17-2　创建一个 WebDriver 实例对象

我们也可以使用相关命令在浏览器地址栏里面输入网页地址访问相关网页，例如中国人民大学邮箱系统的网页地址，这需要使用 WebDriver 对象的 get() 方法，相关代码示例如下：

```
from selenium import webdriver
browser = webdriver.Chrome()
test_url = 'http://mail.ruc.edu.cn/'
browser.get(test_url)
```

运行上述代码后，程序会打开一个浏览器，并且在地址栏里面输入网页地址 http://mail.ruc.edu.cn/，然后完成访问，类似于我们在浏览器里面敲了回车键，如图 17-3 所示。

图 17-3　访问中国人民大学邮箱系统的网页地址

　　下一步是输入用户名和密码。为此，我们需要找到输入这些内容所在的标签（或节点）。通常做法是使用电脑上真正的 Chrome 浏览器访问同一网页，然后打开开发者工具，在 Elements 菜单栏下点击左上方一个由箭头和方框组成的小图标，使其变色后，移动鼠标至输入用户名的框内，Elements 下面阴影部分就是我们要寻找的标签，例如输入用户名的标签，其 id 属性为 username，如图 17-4 所示。

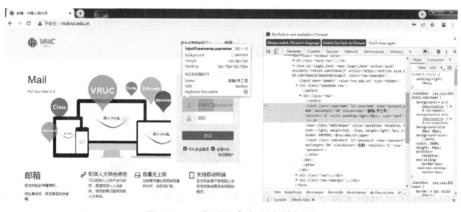

图 17-4　找到用户名所在的标签

　　知道输入框所在标签以后，就可使用 Selenium 模块模拟输入用户名。模拟输入密码的过程与模拟输入用户名的过程类似。相关代码示例如下：

```python
from selenium import webdriver
import time
browser = webdriver.Chrome()
test_url = 'http://mail.ruc.edu.cn/'
browser.get(test_url)
```

```
input_account = browser. find_element('id','username')
print("input_account 的对象类型:")
print(type(input_account))
print("该类对象的所有属性和方法:")
print(dir(input_account))
input_password = browser. find_element('id','password')
time. sleep(1)
input_account. send_keys("账户号码")
input_password. send_keys("密码")
```

运行结果为:

```
input_account 的对象类型:
<class 'selenium. webdriver. remote. webelement. WebElement'>
该类对象的所有属性和方法:
[一个大的列表]
```

WebDriver 对象的 find_element() 方法可通过 id 属性值匹配标签,该对象还有其他匹配标签的方法,例如通过 class 属性值、名称和 Xpath 路径等等,大家可通过百度了解这些方法的具体使用方式。find_element() 方法返回的是 WebElement 对象,该对象的 send_keys() 方法可让我们向输入框中输入文本。为了更清楚地看出输入的动态效果,上述代码使用 time 模块的 sleep () 方法让程序暂停 1 秒钟。中国人民大学的学生和教师,可以在上述代码中输入自己的用户名和密码进行测试。使用其他邮箱的读者,可对上述代码修改后进行测试,虽然邮箱网页不同,背后原理是相同的。程序全部运行后,将会得到类似于图 17-5 的网页页面。

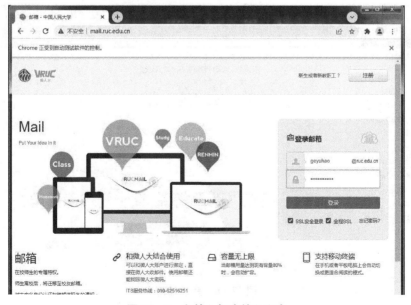

图 17-5　向输入框中输入文本

使用真实浏览器登录邮箱时，在输入用户名和密码后，下一步就要点击"登录"按钮。所以，我们下一步的任务就是使用 Selenium 模块模拟点击"登录"按钮的操作，这需要使用 WebElement 对象的 click() 方法。相关代码示例如下：

```
from selenium import webdriver
import time
browser = webdriver. Chrome()
test_url = 'http://mail. ruc. edu. cn/'
browser. get(test_url)
input_account = browser. find_element('id', 'username')
input_password = browser. find_element('id', 'password')
time. sleep(1)
input_account. send_keys("账户号码")
input_password. send_keys("密码")
button_name = browser. find_element('id', 'login - btn')
button_name. click()
time. sleep(1)
```

通过上述代码可看出，我们也是首先使用 Chrome 浏览器的开发者工具，搜寻"登录"按钮所在标签，发现该标签的 id 属性值为 login-btn，然后使用 find_element_by_id() 匹配到该标签（button_name），最后使用 WebElement 对象的 click() 方法模拟点击"登录"按钮的动作。运行上述代码后，可得到类似于图 17 - 6 的网页页面。

图 17 - 6　登录邮箱

接下来的任务就是中途截取服务器发给浏览器的信息，实际上就是把上图所示的该网页的信息保存下来，这需要使用 WebDriver 对象的 page_source 属性。相关代码示例如下：

```python
from selenium import webdriver
import time
browser = webdriver.Chrome()
test_url = 'http://mail.ruc.edu.cn/'
browser.get(test_url)
input_account = browser.find_element('id', 'username')
input_password = browser.find_element('id', 'password')
time.sleep(1)
input_account.send_keys("账户号码")
input_password.send_keys("密码")
button_name = browser.find_element('id', 'login-btn')
button_name.click()
time.sleep(1)
html_str = browser.page_source
print("网页内容为:")
print(html_str)
browser.quit()
```

运行结果为：

```
网页内容为:
<!DOCTYPE html><html 一个很长的字符串 /html>
```

WebDriver 对象的 page_source 属性所得到的内容（html_str），跟 Requests 模块中 Response 对象的 text 属性的内容是类似的。由于相关内容涉及私人信息，就略去了这些内容。程序的最后，一般要使用 WebDriver 对象的 quit() 方法关闭该对象。得到 html_str 之类的内容后，后续可使用 BeautifulSoup 类、Xpath 语法和正则表达式对其进行解析，提取我们想要的信息。

本章讨论的 Selenium 模块最初是一个网页测试工具。爬虫程序使用 Selenium 模块，是为了绕过网页服务器的反爬机制，确保能够成功访问相关网页。使用 Selenium 模块后，爬虫程序会使用真实的浏览器去访问网页，并且能完美地模拟浏览器的相关操作，例如输入、点击和跳转等等。在实践中，我们一般是在 Requests 模块访问网页不成功时，才会使用 Selenium 模块，这是因为使用 Selenium 模块爬取数据时，耗费时间比较长。

第四部分
爬虫技术应用的具体例子

第三部分讨论了 Requests 模块、BeautifulSoup 类、Xpath 语法和正则表达式等内容，第四部分将使用上述方法采集相关网页的数据。第一个例子介绍如何提取中国人民大学劳动人事学院所有教师的信息。第二个例子介绍如何提取百度百科上的个人信息。第三个例子介绍如何提取前程无忧网页上的岗位信息。三个例子的侧重点有所不同。通过第一个例子，我们想强调使用面向过程的形式（函数）提取信息。通过第二个例子，我们想强调使用面向对象的形式（类）提取信息。通过第三个例子，我们想强调使用 Scrapy 框架对结构类似的网页大规模地提取信息。

第 18 章

提取劳动人事学院教师信息

本章将系统地介绍如何提取中国人民大学劳动人事学院教师的信息。需要注意的是，劳动人事学院网页有一定程度的反爬机制，如果一个 IP 在短时间内多次访问网页，服务器可能会封禁该 IP 访问，某段时间会出现访问服务器不成功的情况。为了避免这个问题，建议每次成功访问网页后，就立刻把该网页的 html 字符串以文件形式保存至自己的电脑，以后可直接从电脑里读取相关文件完成信息提取。本章后面的代码示例没有这么做，是因为不同电脑上的文件夹位置不一样，如果在程序里面涉及具体的文件夹，读者直接复制的程序可能无法运行。所以，为了保证程序的顺利运行，我们还是直接对 Response 对象的 text 属性进行操作，没有将它保存为文件。

18.1 提取的信息

首先，我们需要确定提取哪些信息。劳动人事学院师资信息首页网址为：

http://slhr. ruc. edu. cn/szdw/zzjs/qb/index. htm

在该网页地址的右下方，点击 2，3，4 可查看师资信息的其他网页，网址分别为：

http://slhr. ruc. edu. cn/szdw/zzjs/qb/index1. htm

http://slhr. ruc. edu. cn/szdw/zzjs/qb/index2. htm

http://slhr. ruc. edu. cn/szdw/zzjs/qb/index3. htm

在上述网页里面，可以看到每位教师的照片和基本信息。图 18-1 给出了本书作者的基本信息。

此类信息是我们需要提取的信息，称为第一层次信息，意思是在学院师资信息网页上就能看到的信息。点击教师照片后，可进入该教师的个人网页，里面包含了诸如研究领域、教育背景、工作经历和研究成果之类更详细的信息。为简单起见，本章只提取教师个人网页里面的教育背景信息。图 18-2 给出了某教师个人网页上的教育背景信息。

我们把教育背景之类的信息称为第二层次信息，意思是进入教师个人网页后才能获

姓名：葛玉好

职称职务： 副教授

办公房间： 求是楼237

办公电话： 82502360

电子邮箱： geyuhao@ruc.edu.cn

所属教研室： 劳动经济

图 18 - 1   师资网页上的教师基本信息

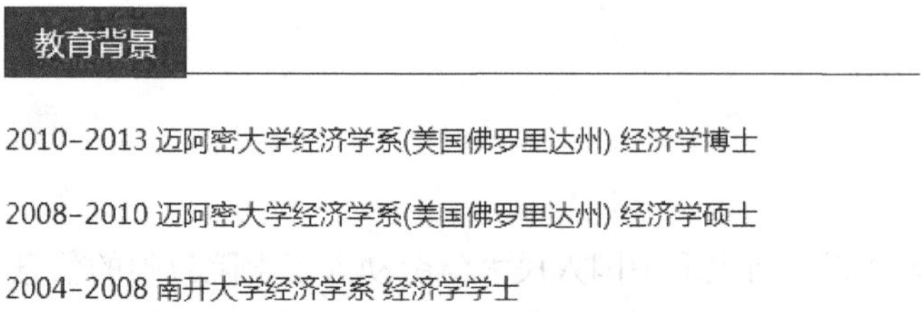

教育背景

2010-2013 迈阿密大学经济学系(美国佛罗里达州) 经济学博士

2008-2010 迈阿密大学经济学系(美国佛罗里达州) 经济学硕士

2004-2008 南开大学经济学系 经济学学士

图 18 - 2   某教师个人网页上的教育背景信息

得的信息。下面分别介绍如何提取第一层次信息和第二层次信息。

18.2   第一层次信息的提取

首先，需要定位第一层次信息所在的标签。为此，我们打开 Chrome 浏览器的开发者工具，点击 Elements 选项卡，把左上方的图标（图 18 - 3 中的圆圈）点亮后，把光标移动到某位教师信息的首行，就可得到图 18 - 3 所示的界面。

图 18 - 3   查找教师信息所在的标签

在浏览器中对图 18-3 所示的树状结构进行分析，可发现每位教师的信息存放在一个 a 标签中，a 标签的父标签是 li 标签，li 标签的父标签是 class 属性值为 TeacherList 的 ul 标签。基于上述分析，我们可使用 BeautifulSoup 类定位教师信息所在的 a 标签。

接下来，分析该标签内的有效信息。第一，要提取 a 标签的 href 属性值，基于它可构建教师个人网页地址，18.3 节我们需要使用该网页地址获取第二层次信息。第二，要提取姓名、职称职务、办公房间、办公电话、电子邮箱、所属教研室等信息，这些信息存放在 class 属性值为 content_text 的 div 标签下面的 span 标签里面，上述信息有个特点，真正有用的信息在"冒号"后面，例如在"职称职务：讲师"中，只需要提取讲师即可，可使用字符串的 split（）方法提取上述真正有用的信息。

最后，为了把爬取的所有教师的信息存储为 Excel 文件，我们把单个教师的信息以字典的形式存储，再将所有字典存储在列表中，这种列表里面嵌套字典的形式很容易转化为 Pandas 模块的数据框。关于数据框的相关内容，请参看第 10 章。数据框形式的数据结构可以很容易地转换为 Excel 文件。

此外，我们在第 14 章介绍 Requests 模块时，提到过 Requests 模块对劳动人事学院网页使用的解码方式是有问题的：原网页的编码方式是 utf-8，但 Requests 模块使用的是 ISO-8859-1。以前我们通过手动修改 Response 对象的 encoding 属性来解决该问题，现在我们学习了正则表达式，可以使用正则表达式自动从 html 字符串寻找编码方式，从而更好地解决这个问题。

综合考虑以上因素后，对单个师资信息网页，我们编写了如下提取代码：

```
import requests
import re
from bs4 import BeautifulSoup
szweb = 'http://slhr.ruc.edu.cn/szdw/zzjs/qb/index.htm'
headers = {
    "User-Agent":"Mozilla/5.0(Windows NT 6.1; Win64; x64)AppleWebKit/ 537.36(KHTML, like
Gecko)Chrome/71.0.3578.98 Safari/537.36"
          }
response = requests.get(szweb, headers = headers)
reg_result = re.search(r'charset = "?(.*?)"', response.text)
if reg_result:
    code_style = reg_result.group(1)
else:
    code_style = 'utf-8'
response.encoding = code_style

teachers = []
soup1 = BeautifulSoup(response.text,'html5lib')
tags = soup1.select("ul.TeacherList > li > a")
```

```
for tag in tags:
    ind_dict = {}
    href_inter = tag['href'].replace("..","")
    ind_dict["url"] = "http://slhr.ruc.edu.cn/szdw/zzjs" + href_inter
    infors = tag.select("div.content_text > span")
    ind_dict["姓名"] = infors[0].text.split(":")[1]
    ind_dict["职称"] = infors[1].text.split(":")[1]
    ind_dict["办公室"] = infors[2].text.split(":")[1]
    ind_dict["办公电话"] = infors[3].text.split(":")[1]
    ind_dict["电子邮箱"] = infors[4].text.split(":")[1]
    ind_dict["教研室"] = infors[5].text.split(":")[1]
print(ind_dict)
teachers.append(ind_dict)
```

运行结果：

各位老师的网页地址、姓名、职称、办公室、办公电话、电子邮箱和教研室等信息.

在上述代码中，使用正则表达式搜索网页编码方式的代码段与其他部分的功能较为独立，并且有一定的普适性，因此可把这部分编写为一个函数，我们给该函数取名为 HtmlConnect。从运行结果还可看出，教师的职称、办公室等信息里面有很多制表符（\t）和换行符（\n），我们编写了一个名为 DelSpace 的函数处理该问题。此外，上述代码只是爬取了劳动人事学院师资信息首页的数据，师资信息共有四个网页，对这四个网页需要重复运行上述代码，为简化操作，我们为单个网页的信息提取编写了一个名为 ParseFirst 的函数。所有教师信息提取出来后，要保存至一个 Excel 表中。最终，爬取劳动人事学院所有教师第一层次信息的程序如下：

```
def HtmlConnect(url_input):
    import requests
    import re
    headers = {
        "User-Agent":"Mozilla/5.0(Windows NT 6.1; Win64; x64)AppleWebKit /537.36(KHTML,like
Gecko)Chrome/71.0.3578.98 Safari/537.36"
        }
    try:
        response = requests.get(url_input,headers = headers)
        if response.status_code == 200:
            reg_result = re.search(r'charset = "?(.*?)"',response.text)
            if reg_result:
                code_style = reg_result.group(1)
            else:
```

```
                print("网页编码格式没有找到,设置为缺省值.")
                code_style = 'utf-8'
            response. encoding = code_style
            return response
        else:
            print("获取以下网页不成功:%s" % url_input)
            return None
    except Exception as ret:
        print("获取以下网页时出现异常:%s" % url_input)
        print(ret)
        return None


def ParseFirst(html_str):
    from bs4 import BeautifulSoup
    soup1 = BeautifulSoup(html_str,'html5lib')
    tags = soup1. select("ul. TeacherList > li > a")
    teachers = [ ]
    for tag in tags:
        ind_dict = { }
        href_inter = tag['href']. replace("..","")
        ind_dict["url"] = "http://slhr. ruc. edu. cn/szdw/zzjs" + href_inter
        infors = tag. select("div. content_text > span")
        ind_dict["姓名"] = DelSpace(infors[0]. text). split(":")[1]
        ind_dict["职称"] = DelSpace(infors[1]. text). split(":")[1]
        ind_dict["办公室"] = DelSpace(infors[2]. text). split(":")[1]
        ind_dict["办公电话"] = DelSpace(infors[3]. text). split(":")[1]
        ind_dict["电子邮箱"] = DelSpace(infors[4]. text). split(":")[1]
        ind_dict["教研室"] = DelSpace(infors[5]. text). split(":")[1]
        teachers. append(ind_dict)
    return teachers


def DelSpace(alist):
    if isinstance(alist,list):
        return_list = [ ]
        for each_item in alist:
        inter = each_item. replace('\xa0','')
        inter = inter. replace('\n','')
        inter = inter. replace('\t','')
        inter = inter. replace('\u3000','')
        inter = inter. replace(' ','')
```

```
        return_list.append(inter)
        return return_list
    elif isinstance(alist,str):
        inter = alist.replace('\xa0','')
        inter = inter.replace('\n','')
        inter = inter.replace('\u3000','')
        inter = inter.replace('\t','')
        inter = inter.replace(' ','')
        return inter
    else:
        return None


def main():
    sz_webs = ['http://slhr.ruc.edu.cn/szdw/zzjs/qb/index.htm',
               'http://slhr.ruc.edu.cn/szdw/zzjs/qb/index1.htm',
               'http://slhr.ruc.edu.cn/szdw/zzjs/qb/index2.htm',
               'http://slhr.ruc.edu.cn/szdw/zzjs/qb/index3.htm']
    teachers = []
    for sz_web in sz_webs:
        response = HtmlConnect(sz_web)
        if response:
            teachers = teachers + ParseFirst(response.text)
    import pandas as pd
    df1 = pd.DataFrame(teachers)
    df1.to_excel("劳人院教师第一层次信息.xlsx",index=False)


if __name__ == "__main__":
    main()
```

运行上述代码后，会在程序所在文件夹下面生成一个名为"劳人院教师第一层次信息"的 Excel 文件，该文件里面包含了劳动人事学院所有教师在第一层次网页显示的相关信息。

18.3 第二层次信息的提取

使用电脑上的浏览器访问劳动人事学院师资信息网页时，点击教师照片，便可进入教师的个人网页，里面包含教育背景、工作经历等信息，本节介绍如何把这些信息提取出来。为简单起见，我们只提取教育背景信息。

在 18.2 节，我们已经构建了教师的个人网页地址，把该网页地址传给 Requests 模块的 get() 函数，或者 18.2 节中编写的 HtmlConnect() 函数，我们同样可进入某位教

师的个人网页，跟真实浏览器里面点击教师照片是同样的效果。所以，我们的爬虫程序
也能拿到服务器返回的 html 字符串，下一步的任务就是从该字符串中提取教育背景
信息。

　　使用电脑浏览器进入教师个人网页后，可发现有些教师有教育背景信息，有些教师
没有教育背景信息。即使在有教育背景信息的个人网页里面，教育背景信息的位置也不
是固定的，有的在研究领域信息后面，有的在开放课程信息后面。如果使用一般的定位
标签、提取标签内容的思路来提取的话，可以把某位教师的信息提取出来，但这个提取
程序对其他教师的网页就失效了。所以，我们需要寻找新的提取思路。

　　观察教师个人网页后，我们可以发现这样的规律：教育背景信息都在教育背景这个
大标题下面，一般不超过五条教育背景信息。于是，我们提出第一种提取思路。首先，
使用 BeautifulSoup 类中标签对象的 stripped_strings 属性，把个人网页里面的内容转化
为一个大的列表。其次，在该列表中查找"教育背景"这个字符串，若找到则记录下该
位置，设其为 n。再次，对列表中 $n+1$ 至 $n+5$ 位置的内容使用正则表达式逐一判断是
不是教育背景信息，如果不是教育背景信息，则停止搜索。最后，对得到确认的教育背
景信息，进行更详细的提取，例如每条教育背景信息中的入学年份、毕业年份、毕业院
校等。使用第一种思路提取信息的代码如下：

```python
def HtmlConnect(url_input):
    import requests
    import re
    headers = {
        "User-Agent":"Mozilla/5.0(Windows NT 6.1; Win64; x64)AppleWebKit/537.36(KHTML,like
Gecko)Chrome/71.0.3578.98 Safari/537.36"
        }
    try:
        response = requests.get(url_input,headers = headers)
        if response.status_code = = 200:
            reg_result = re.search(r'charset = "?(.*?)"',response.text)
            if reg_result:
                code_style = reg_result.group(1)
            else:
                print("网页编码格式没有找到,设置为缺省值.")
                code_style = 'utf-8'
            response.encoding = code_style
            return response
        else:
            print("获取以下网页不成功:%s" % url_input)
            return None
    except Exception as ret:
        print("获取以下网页时出现异常:%s" % url_input)
```

```python
            print(ret)
            return None
def DelSpace(alist):
    if isinstance(alist,list):
        return_list = []
        for each_item in alist:
            inter = each_item.replace('\xa0','')
            inter = inter.replace('\n','')
            inter = inter.replace('\t','')
            inter = inter.replace('\u3000','')
            inter = inter.replace(' ','')
            return_list.append(inter)
        return return_list
    elif isinstance(alist,str):
        inter = alist.replace('\xa0','')
        inter = inter.replace('\n','')
        inter = inter.replace('\u3000','')
        inter = inter.replace('\t','')
        inter = inter.replace(' ','')
        return inter
    else:
        return None
def EduExtract(str_reg):
    import re
    edu_begin = ''
    edu_finish = ''
    edu_degree = ''
    edu_univ = ''
    reg_pattern1 = r'([^0-9,:\.]*?(大学|学院|科院|研究所))'
    reg_result1 = re.search(reg_pattern1,str_reg)
    if reg_result1:
        edu_univ = DelSpace(reg_result1.group(1).strip())
    reg_pattern2 = r'博士后|博士|硕士|本科|学士|读硕|硕博|读博|直博|高中|访问学者'
    reg_result2 = re.search(reg_pattern2,str_reg)
    reg_pattern3 = r'专业|研究生'
    reg_result3 = re.search(reg_pattern3,str_reg)
    if reg_result2:
        edu_degree = reg_result2.group(0)
    elif reg_result3:
        edu_degree = reg_result3.group(0)
```

```python
            print(edu_degree)
            if edu_degree == "专业":
                edu_degree = "本科"
            elif edu_degree == "研究生":
                edu_degree = "硕士"
            else:
                pass
        return edu_begin, edu_finish, edu_univ, edu_degree
def ManageEdu(edu_list, ind_dict = {}):
    for edu_str in edu_list:
        inter = EduExtract(edu_str)
        if inter[3] == "学士" or inter[3] == "本科":
            ind_dict['edu1'] = edu_str
            ind_dict['edu1' + 'begin'], ind_dict['edu1' + 'finish'], \
            ind_dict['edu1' + 'univ'], ind_dict['edu1' + 'degree'] = inter
            ind_dict['edu1' + 'degree'] = '本科'
        elif inter[3] == "硕士":
            ind_dict['edu2'] = edu_str
            ind_dict['edu2' + 'begin'], ind_dict['edu2' + 'finish'], \
            ind_dict['edu2' + 'univ'], ind_dict['edu2' + 'degree'] = inter
        elif inter[3] == "博士":
            ind_dict['edu3'] = edu_str
            ind_dict['edu3' + 'begin'], ind_dict['edu3' + 'finish'], \
            ind_dict['edu3' + 'univ'], ind_dict['edu3' + 'degree'] = inter
        elif inter[3] == "博士后":
            ind_dict['edu4'] = edu_str
            ind_dict['edu4' + 'begin'], ind_dict['edu4' + 'finish'], \
            ind_dict['edu4' + 'univ'], ind_dict['edu4' + 'degree'] = inter
        elif inter[2] and inter[3]:
            ind_dict['edu5'] = edu_str
            ind_dict['edu5' + 'begin'], ind_dict['edu5' + 'finish'], \
            ind_dict['edu5' + 'univ'], ind_dict['edu5' + 'degree'] = inter
        else:
            break
    return ind_dict


def main():
    from bs4 import BeautifulSoup
    teacher _ url = " http://slhr.ruc.edu.cn/szdw/zzjs/ldjj/cx/3df9875c8de84e5aa902
737bc1d00563.htm"
```

```
    response = HtmlConnect(teacher_url)
    soup1 = BeautifulSoup(response. text,"html5lib")
    content_tag = soup1. select("div. resume")
    contents = list(content_tag[0]. stripped_strings)
    if "教育背景" in contents:
        edu_begin = contents. index("教育背景")
        edu_list = contents[edu_begin + 1:edu_begin + 6]
        ind_dict = ManageEdu(edu_list)
    print(ind_dict)
if __name__ = = "__main__":
    main()
```

上述代码使用的 HtmlConnect() 函数、DelSpace() 函数前面已经介绍过。EduEx-tract() 函数的主要功能是从一个教育信息字符串中提取入学年份、毕业年份、毕业院校和学历水平。EduExtract() 函数可以灵活处理各种情况的教育背景信息字符串,例如有些字符串年份在前、院校在后,有些字符串院校在前,年份在后。但是,一个有效的教育信息字符串必须有毕业院校和学历水平,否则就不视为一个教育背景信息字符串。

ManageEdu() 函数主要有两个功能。第一,它能识别不是教育背景信息的字符串并停止搜索。第二,它会更好地组织提取出来的入学年份、毕业年份、毕业院校和学历水平等信息,把本科阶段的相关信息统一放入 edu1 开头的键,把硕士阶段的信息统一放入 edu2 开头的键,把博士阶段的信息统一放入 edu3 开头的键,把其他阶段的信息放入 edu4 开头的键。需要注意的是,有些教师的教育背景信息中混杂了访问学者之类的信息,例如图 18-4 中的教育背景信息。

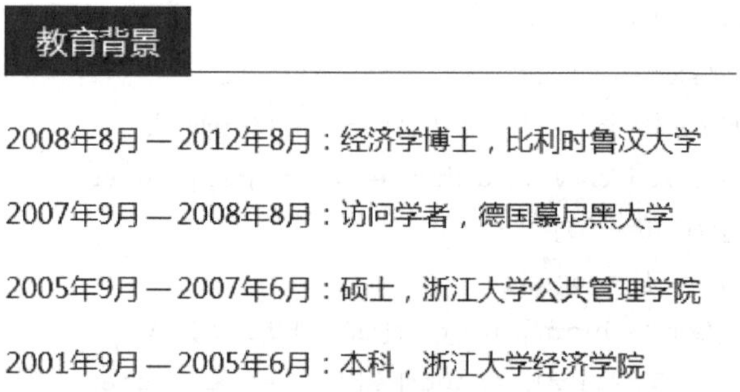

教育背景

2008年8月—2012年8月:经济学博士,比利时鲁汶大学

2007年9月—2008年8月:访问学者,德国慕尼黑大学

2005年9月—2007年6月:硕士,浙江大学公共管理学院

2001年9月—2005年6月:本科,浙江大学经济学院

图 18-4 混杂了访问学者信息的教育背景信息

如果访问学者不视为一种学历,程序将判断第二条信息不属于教育背景信息,于是在此停止搜索,第三、四条信息的内容也就提取不出来了,所以我们把访问学者也当成一种学历。

上述代码只提取了一位教师的教育背景信息,为了提取所有教师的教育背景信息,我们需要多次执行类似代码,为简化起见,我们把上述代码改写为一个名为 ParseSec-ond1 的函数。

第一种提取教育背景信息的思路,依靠教育背景这个大标题定位教育背景信息的起始位置，如果没有教育背景这个大标题，上述提取思路就会出现问题，它的普适性比基于标签的思路有了提高，但还可以继续改进。提取教育背景信息的另外一种逻辑是，不规定起止位置，对所有的信息都进行判断，把确认为教育背景信息的内容保存起来以便进行提取。即使教育背景信息不集中在一起，这种提取逻辑也能把所有的教育背景信息提取出来，不过，一般来说教育背景信息还是集中在一起的，所以我们还是先找到教育背景信息的起始位置，再重点分析起始位置后面的五条信息。

　　第二种思路不再依赖教育背景之类的标题确定起始位置，而是判断每条内容是否属于教育背景信息，然后确定起始位置。相对于第一种思路，第二种思路在普适性上有了很大提高，但提取的准确性有所下降，它可能把一些工作经历的信息错误识别为教育背景信息。例如，在字符串"2008 年起，入职中国人民大学劳动人事学院，负责博士专业外语的教学工作"里面，有年份、院校名称和学历水平（博士），该字符串有可能会被错误地判断为是一条教育背景信息。为解决这个问题，我们在原来的判断条件上添加了新的条件。原来的条件是，既要有院校信息，还要有学历水平信息，而新条件还要求不能出现诸如工作、教授、教学之类的词语，从而提高信息获取的准确性。

　　使用第二种思路提取信息，也会使用 HtmlConnect() 函数、DelSpace() 函数、EduExtract() 函数和 ManageEdu() 函数，为简单起见，我们不再展示这些函数的详细内容。使用第二种思路提取教育背景信息的代码示例如下：

```
HtmlConnect()
DelSpace()
EduExtract()
ManageEdu()

def main():
    from bs4 import BeautifulSoup
    import re
    teacher_url = "http://slhr.ruc.edu.cn/szdw/zzjs/ldjj/cx/3df9875c8de84e5aa902737bc1d00563.htm"
    response = HtmlConnect(teacher_url)
    soup1 = BeautifulSoup(response.text,"html5lib")
    content_tag = soup1.select("div.resume")
    contents = list(content_tag[0].stripped_strings)
    edu_begin = 0
    for content in contents:
        reg_pattern1 = r'(导师|教授|主任|所长|讲师|院长|学报|教师|教学|从事|工作|教员|访问学者|主编|咨询|联合|经典|优秀|课题|原因|课程)'
        reg_result1 = re.search(reg_pattern1,content)
        if not reg_result1:
            inter = EduExtract(content)
            if inter[3]and inter[2]:
                edu_begin = contents.index(content)
```

```
            break
    if edu_begin>0:
        edu_list = contents[edu_begin:edu_begin+5]
        ind_dict = ManageEdu(edu_list)
    print(ind_dict)
if __name__ == "__main__":
    main()
```

运行上述代码后，我们也会得到某位教师的教育背景信息，为了更方便地得到全部教师的教育背景信息，我们把这种提取思路改写为一个名为 ParseSecond2 的函数。

18.4 合并第一层次和第二层次的全部信息

18.2 和 18.3 节分别介绍了如何提取第一层次信息和第二层次信息。下面，我们想把第一层次和第二层次的信息一次性全部提取出来。为此，我们需要做两方面的工作。其一，把第一层次信息中的网页地址提取出来，并且以此为基础，创建对相关教师个人网页的请求。其二，把第一层次的全部信息作为参数传入第二层次，并且以此为基础，添加第二层次提出来的信息。

在第一层次信息和第二层次信息的提取中，使用了很多函数，为了提高程序的可读性，我们把这些函数统一放到一个名为 slhr_functions.py 的程序文件中，爬取的主程序放入一个名为 slhr_teachers.py 的程序文件中。此外，在运行前文代码时，细心的记者可能已经发现，最后得到的 Excel 文件，变量排列比较乱，此次编写的代码对此做了改进，我们可以指定哪几个变量出现在 Excel 文件的最前面几列。这个改进功能是通过 FirstPop() 函数来实现的，该函数使用了数据框和列表的相关知识。

slhr_functions.py 文件的内容如下：

```
def HtmlConnect(url_input):
    import requests
    import re
    headers = {
        "User-Agent":"Mozilla/5.0(Windows NT 6.1; Win64; x64)AppleWebKit/537.36(KHTML, like
Gecko)Chrome/71.0.3578.98 Safari/537.36"
            }
    try:
        response = requests.get(url_input,headers = headers)
        if response.status_code == 200:
            reg_result = re.search(r'charset = "?(.*?)"',response.text)
            if reg_result:
                code_style = reg_result.group(1)
            else:
```

```
                print("网页编码格式没有找到,设置为缺省值.")
                code_style = 'utf - 8'  # 使用缺省的编码方式
            response. encoding = code_style
            return response
        else:
            print("获取以下网页不成功:% s" % url_input)
            return None
    except Exception as ret:
        print("获取以下网页时出现异常:% s" % url_input)
        print(ret)
        return None


def ParseFirst(html_str):
    from bs4 import BeautifulSoup
    soup1 = BeautifulSoup(html_str, 'html5lib')
    tags = soup1. select("ul. TeacherList > li > a")
    teachers = [ ]
    for tag in tags:
        ind_dict = {}
        href_inter = tag['href']. replace("..", "")
        ind_dict["url"] = "http://slhr. ruc. edu. cn/szdw/zzjs" + href_inter
        infors = tag. select("div. content_text > span")
        ind_dict["姓名"] = DelSpace(infors[0]. text). split(":")[1]
        ind_dict["职称"] = DelSpace(infors[1]. text). split(":")[1]
        ind_dict["办公室"] = DelSpace(infors[2]. text). split(":")[1]
        ind_dict["办公电话"] = DelSpace(infors[3]. text). split(":")[1]
        ind_dict["电子邮箱"] = DelSpace(infors[4]. text). split(":")[1]
        ind_dict["教研室"] = DelSpace(infors[5]. text). split(":")[1]
        teachers. append(ind_dict)
    return teachers


def DelSpace(alist):
    if isinstance(alist, list):
        return_list = [ ]
        for each_item in alist:
            inter = each_item. replace('\xa0', '')
            inter = inter. replace('\n', '')
            inter = inter. replace('\t', '')
            inter = inter. replace('\u3000', '')
            inter = inter. replace(' ', '')
```

```
            return_list. append( inter)
        return return_list
    elif isinstance(alist, str):
        inter = alist. replace('\xa0','')
        inter = inter. replace('\n','')
        inter = inter. replace('\u3000','')
        inter = inter. replace('\t','')
        inter = inter. replace(' ','')
        return inter
    else:
        return None


def EduExtract(str_reg):
    import re
    edu_begin = ''
    edu_finish = ''
    edu_degree = ''
    edu_univ = ''
    reg_pattern1 = r'([^0-9,:\. ]*?(大学|学院|科院|研究所))'
    reg_result1 = re. search(reg_pattern1, str_reg)
    if reg_result1:
        edu_univ = DelSpace(reg_result1. group(1). strip())
    reg_pattern2 = r'博士后|博士|硕士|本科|学士|读硕|硕博|读博|直博|高中|访问学者'
    reg_result2 = re. search(reg_pattern2, str_reg)
    reg_pattern3 = r'专业|研究生'
    reg_result3 = re. search(reg_pattern3, str_reg)
    if reg_result2:
        edu_degree = reg_result2. group(0)
    elif reg_result3:
        edu_degree = reg_result3. group(0)
        if edu_degree = = "专业":
        edu_degree = "本科"
    elif edu_degree = = "研究生":
        edu_degree = "硕士"
    else:
        pass
    reg_pattern5 = r'(\d{4}). *?(\d{4})'
    reg_result5 = re. search(reg_pattern5, str_reg)

    reg_pattern6 = r'(\d{4}). *?[考]. *?(大学|学院|科院|研究所)'
```

```
        reg_result6 = re. search(reg_pattern6, str_reg)
        reg_pattern7 = r'(\d{4})'
        reg_result7 = re. search(reg_pattern7, str_reg)
        if reg_result5:
            edu_begin = reg_result5. group(1)
            edu_finish = reg_result5. group(2)
        elif reg_result6:
            edu_begin = reg_result6. group(1)
        elif reg_result7:
            edu_finish = reg_result7. group(1)
        return edu_begin, edu_finish, edu_univ, edu_degree


def ManageEdu(edu_list, ind_dict = {}):
    for edu_str in edu_list:
        inter = EduExtract(edu_str)
        if inter[3] = = "学士" or inter[3] = = "本科":
            ind_dict['edu1'] = edu_str
            ind_dict['edu1' + 'begin'], ind_dict['edu1' + 'finish'], \
            ind_dict['edu1' + 'univ'], ind_dict['edu1' + 'degree'] = inter
        ind_dict['edu1' + 'degree'] = '本科'
elif inter[3] = = "硕士":
            ind_dict['edu2'] = edu_str
            ind_dict['edu2' + 'begin'], ind_dict['edu2' + 'finish'], \
            ind_dict['edu2' + 'univ'], ind_dict['edu2' + 'degree'] = inter
        elif inter[3] = = "博士":
            ind_dict['edu3'] = edu_str
            ind_dict['edu3' + 'begin'], ind_dict['edu3' + 'finish'], \
            ind_dict['edu3' + 'univ'], ind_dict['edu3' + 'degree'] = inter
        elif inter[3] = = "博士后":
            ind_dict['edu4'] = edu_str
            ind_dict['edu4' + 'begin'], ind_dict['edu4' + 'finish'], \
            ind_dict['edu4' + 'univ'], ind_dict['edu4' + 'degree'] = inter
        elif inter[2]and inter[3]:
            ind_dict['edu5'] = edu_str
            ind_dict['edu5' + 'begin'], ind_dict['edu5' + 'finish'], \
            ind_dict['edu5' + 'univ'], ind_dict['edu5' + 'degree'] = inter
        else:
            break
    return ind_dict
```

```python
def ParseSecond1(html_str,ind_dict = {}):
    from bs4 import BeautifulSoup
    soup1 = BeautifulSoup(html_str,"html5lib")
    content_tag = soup1.select("div.resume")
    contents = list(content_tag[0].stripped_strings)
    if "教育背景" in contents:
        edu_begin = contents.index("教育背景")
        edu_list = contents[edu_begin + 1:edu_begin + 6]
        ind_dict = ManageEdu(edu_list,ind_dict)
    return ind_dict


def ParseSecond2(html_str,ind_dict = {}):
    from bs4 import BeautifulSoup
    import re
    soup1 = BeautifulSoup(html_str,"html5lib")
    content_tag = soup1.select("div.resume")
    contents = list(content_tag[0].stripped_strings)
    edu_begin = 0
    for content in contents:
        reg_pattern1 = r'(导师|教授|主任|所长|讲师|院长|学报|教师|教学|从事|工作|教员|访
问学者|主编|咨询|联合|经典|优秀|课题|原因|课程)'
        reg_result1 = re.search(reg_pattern1,content)
        if not reg_result1:
            inter = EduExtract(content)
            if inter[3]and inter[2]:
                print(inter[3])
                edu_begin = contents.index(content)
                break
    if edu_begin>0:
        edu_list = contents[edu_begin:edu_begin + 5]
        ind_dict = ManageEdu(edu_list,ind_dict)
    return ind_dict


def FirstPop(first_list,all_list):
    first_list.reverse()
    for first in first_list:
        try:
            if first[ - 1:] = = " * ":
                find = 0
                index_begin = 0
```

```
                index_finish = 0
                for element in all_list:
                    if element[0:len(first) - 1] = = first[0:len(first) - 1]:
                        if find = = 0:
                            index_begin = all_list. index(element)
                        find = find + 1
                    index_finish = index_begin + find - 1
                index_stay = index_finish
                while index_finish > = index_begin:
                    all_list. insert(0,all_list. pop(index_stay))
                    index_finish = index_finish - 1
            else:
                all_list. insert(0,all_list. pop(all_list. index(first)))
        except Exception:
            print("% s 在原列表中不存在!" % first)
            return None
    return all_list
```

slhr_teachers. py 文件的内容为:

```
from slhr_functions import *
import time
def main():
    sz_webs = ['http://slhr. ruc. edu. cn/szdw/zzjs/qb/index. htm',
            'http://slhr. ruc. edu. cn/szdw/zzjs/qb/index1. htm',
            'http://slhr. ruc. edu. cn/szdw/zzjs/qb/index2. htm',
            'http://slhr. ruc. edu. cn/szdw/zzjs/qb/index3. htm']
    teachers_1 = []
    teachers_2 = []
    for sz_web in sz_webs:
        response = HtmlConnect(sz_web)
        if response:
            teachers_1 = teachers_1 + ParseFirst(response. text)
    for teacher in teachers_1:
        response = HtmlConnect(teacher['url'])
        time. sleep(0. 5)
        if response:
            html_str = response. text
            print("正在处理 % s 老师的信息!" % teacher['姓名'])
            # information = ParseSecond1(html_str,teacher)
            information = ParseSecond2(html_str,teacher)
```

```
        teachers_2.append(information)

    import pandas as pd
    df1 = pd.DataFrame(teachers_2)
    order = list(df1)
    first_vars = ['姓名','url','职称','edu*']
    order = FirstPop(first_vars,order)
    df1 = df1[order]    # 对原来的 DataFrame 数据按新的列次序排列.
    # df1.to_excel("劳人院教师信息.xlsx",index = False)
    df1.to_excel("劳人院教师信息2.xlsx",index = False)
if __name__ == "__main__":
    main()
```

在不同电脑上运行上述代码时，第一条指令可能要做一些改动。如果 slhr_functions.py 和 slhr_teachers.py 两个文件都在 PyCharm 当前项目所对应的文件夹下面，第一条指令就可以顺利执行。但如果 slhr_functions.py 和 slhr_teachers.py 两个文件不在同一文件夹下，则需要在指令里面添加 slhr_functions.py 所在文件夹的名称。上述代码中，使用#注释的两条指令是使用第一种思路提取第二层次的信息，并保存相应结果。目前代码给出的是使用第二种思路提取第二层次信息后得到的结果。运行上述代码，可得到一个 Excel 文件，该文件包含劳动人事学院所有教师第一层次网页和第二层次网页的相关信息。

本章以中国人民大学劳动人事学院为例介绍了如何采集高校教师的相关信息。与劳动人事学院类似，其他高校的教师信息基本上也是采取两层次网页的设计方式，我们可以借鉴本章的方法去采集其他高校教师的信息。在采集第二层次网页信息时，我们推荐使用第二种思路，它不依赖于网页的具体设计结构，直接使用正则表达式进行提取，具有很强的普适性。此外，在这种思路的基础上稍做修改，也可以采集工作经历、论文成果、专著、科研课题等相关信息。

第 19 章

爬取百度百科上的个人信息

第 18 章介绍了如何提取中国人民大学劳动人事学院全体教师的师资信息。从提取结果可以看出，有些教师的信息不完整，例如多位教师的教育背景信息缺失。大部分的信息缺失不是因为爬虫程序不完善，而是因为原网页上就没有相关信息。如果教育背景之类的重要信息缺失，会对数据分析和研究结果产生非常大的影响。所以，我们需要挖掘其他来源的信息，尽可能补上这些缺失值。百度百科是个不错的信息来源，能够获取高校教师的很多个人信息，我们可以利用这些信息补全已经爬取的内容。

本章还有另外一个目标。第 18 章提取中国人民大学劳动人事学院教师信息时，使用了很多函数，体现的是面向过程的编程思想。本章 19.5 节在爬取百度百科个人信息时，尝试使用 Python 中类的知识，体现面向对象的编程思想。与面向过程的编程相比，面向对象的编程对使用者更加友好，也更有利于程序编写人员进行分工协作。

我们首先对百度百科的网页进行分析并确定爬取方法。教师在百度百科中一般归为科学人物类，这类词条的网页样式如图 19-1 所示。本章我们想要爬取的信息是图中的基础信息、人物经历等内容。使用开发者工具查看上述网页，可得到图 19-2 所示的界面。我们发现它是静态网页，不同类别的信息都存储在对应标签中，不仅位置是固定的，而且文字内容也有统一格式，有章可循。考虑到上述特点，我们计划以 Requests 模块和 BeautifulSoup 类为主提取所需信息，辅以正则表达式，并将提取的信息保存为 Pandas 模块中的数据框，最后将所有结果写入 Excel 文档。

爬取百度百科信息的具体步骤可拆分如下：首先，确定爬取的目标网页 URL。其次，根据 URL 请求网页。第三，解析网页，基于网页标签定位提取信息。第四，用适当方式组织信息，将结果保存至本地电脑。下面，我们先使用函数分散地实现某些功能，相关代码保存在名为 baike_crawl_1.py 的程序文件里面，然后使用类及相关知识编写完整代码，这些代码保存在名为 baike_crawl_2.py 的程序文件里面。需要调用的一些函数保存在 baike_functions.py 里面，其中很多函数在第 18 章里使用过。

图 19 – 1　百度百科科学人物类词条的网页

图 19 – 2　百度百科科学人物类词条的网页结构

19.1 确定目标网页

百度百科中每位教师对应的网页地址格式为：https://baike.baidu.com/item/教师中文姓名。但是，可能存在姓名重复的情况，故我们编写了 choose_web() 函数来解决该问题，代码如下：

```python
from baike_functions import *
from bs4 import BeautifulSoup
def choose_web(name,keyword):
    first_url = 'https://baike.baidu.com/item/%s' % name
    response = HtmlConnect(first_url)
    if response:
        if response.status_code == 200:
            url = response.url
            soup = BeautifulSoup(response.text,"html5lib")
            tags = soup.select("div.before-content ul li")
            if tags:
                for tag in tags:
                    if keyword in tag.xpath().strip():
                        if tag.select("a"):
                            url = 'https://baike.baidu.com' + tag.select("a")[0]["href"]
            return url
    else:
        return None
teachername = '葛玉好'
teacherurl = choose_web(teachername,'中国人民大学')
print(teacherurl)
```

代码运行结果为：

```
https://baike.baidu.com/item/%E8%91%9B%E7%8E%89%E5%A5%BD
```

choose_web() 函数有两个参数，第一个参数 name 为教师姓名，在爬取网页前我们需要先准备好教师名单，例如，用 Pandas 模块读取第 18 章得到的 "劳人院教师信息 2.xlsx" 的 "姓名" 列，构造循环逐个处理教师姓名。为简单起见，本例直接传入一位教师的姓名作为实参。传入实参后，函数根据百度百科的 URL 格式拼接字符串，将该教师对应词条的 URL 存储为 first_url，接着用 HtmlConnect() 方法请求网页，得到 Response 对象。由于字符串 first_url 中包含的中文不是 ASCII 字符，不符合 URL 的编码规范，我们从 Response 对象的 url 属性中得到可通过互联网直接传输的 URL，如运行结果所示，原本的中文字符被转换为 16 进制数字。

第二个参数 keyword 用来处理重名问题。百度百科将重名人物归入同一多义词词条中，其网页结构如图 19 - 3，在标签路径 div. before-content ul 下包含多个 li 标签，分别存储重名者的信息，li 标签下有一个 a 标签，其 href 属性为每人唯一对应的 URL，a 标签的文本内容是人物身份，例如中国人民大学劳动人事学院讲师。通过这段文本，我们可以从重名者中筛选出属于某一学院的教师并得到准确的 URL。考虑到百度百科中人物身份有时只包含学校，并未精确到学院的层次，所以代码示例中以中国人民大学作为实参。如果同一高校有重名教师，上述程序可能会出现问题。对于非重名人物，网页中 class 属性为 before-content 的 div 标签为空，程序不会对 URL 作出处理。

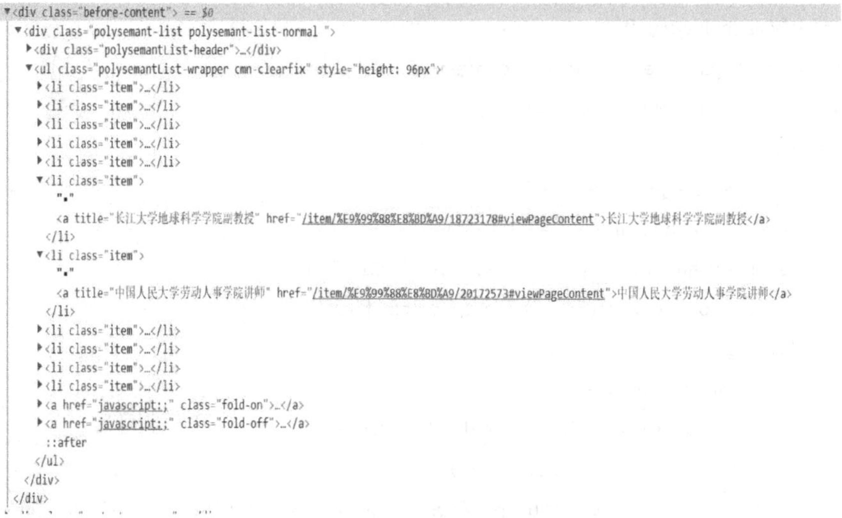

```
▼<div class="before-content"> == $0
  ▼<div class="polysemant-list polysemant-list-normal ">
    ▶<div class="polysemantList-header">…</div>
    ▼<ul class="polysemantList-wrapper cmn-clearfix" style="height: 96px">
      ▶<li class="item">…</li>
      ▶<li class="item">…</li>
      ▶<li class="item">…</li>
      ▶<li class="item">…</li>
      ▶<li class="item">…</li>
      ▼<li class="item">
          "."
          <a title="长江大学地球科学学院副教授" href="/item/%E9%99%88%E8%BD%A9/18723178#viewPageContent">长江大学地球科学学院副教授</a>
       </li>
      ▼<li class="item">
          "."
          <a title="中国人民大学劳动人事学院讲师" href="/item/%E9%99%88%E8%BD%A9/20172573#viewPageContent">中国人民大学劳动人事学院讲师</a>
       </li>
      ▶<li class="item">…</li>
      ▶<li class="item">…</li>
      ▶<li class="item">…</li>
      ▶<li class="item">…</li>
      ▶<a href="javascript:;" class="fold-on">…</a>
      ▶<a href="javascript:;" class="fold-off">…</a>
        ::after
     </ul>
   </div>
</div>
```

图 19 - 3　百度百科多义词词条的网页结构

19.2　请求网页

目前我们掌握的信息比只有教师姓名的最初信息更进一步，已获得与某位教师对应的百度百科 URL。接下来我们编写 crawl_baike() 函数，它调用 HtmlConnect() 函数请求网页并将响应内容以 html 字符串的形式存入本地电脑。该函数有两个参数，第一个参数 url 为目标网页的 URL，第二个参数 name 是教师姓名。

```
from baike_functions import *
def crawl_baike(url,name):
    response = HtmlConnect(url)
    if response:
        html = response.text
        with open(name,"w",encoding = 'utf-8')as f:
            f.write(response.text)
        return html
teacherhtml = crawl_baike(teacherurl,teachername)
```

上述代码运行后，便会在项目文件夹中创建一个以教师姓名命名的文件。以后，可以直接从本地电脑读取该文件进行解析，节省了连接服务器请求网页的时间，也可避免多次访问对方服务器。

19.3　解析网页

获取 html 文件后，就可以开始解析网页的工作了。从组织方式来看，百度百科网页上的信息可分为两类，存放于前面表格栏中的信息和存放于普通标签中的信息。前者格式整齐，提取后不需要再次整理，为提取此类信息，我们编写了 construct_basic_info() 函数。后者格式各异，为提取此类信息，我们先编写 construct_biglist() 函数获取所有普通标签中的信息，然后使用 parse_baike() 函数提取有用的信息。

存放于表格栏中的信息包括人物的中文名、毕业院校、学位/学历等，如图 19-4 所示。在网页结构中，该部分内容位于 class 属性为 basic-info J-basic-info cmn-clearfix 的div 标签中，这类格式统一的信息适合用字典对象键值对的形式存储。

图 19-4　百度百科表格栏中的信息

construct_basic_info() 函数的代码如下：

```
from baike_functions import *
from bs4 import BeautifulSoup
def construct_basic_info(html):
    soup = BeautifulSoup(html,"html5lib")
```

```
    tags1 = soup.select("div.basic - info dl dt")
    tags2 = soup.select("div.basic - info dl dd")
    information = {}
    assert len(tags1) = = len(tags2)
    for each_tag in tags1:
        keyname = DelSpace(each_tag.get_text().strip())
        inter_index = tags1.index(each_tag)
        value = DelSpace(tags2[inter_index].get_text().strip())
        information[keyname] = value
    return information
basic_information = construct_basic_info(teacherhtml)
print(basic_information)
```

运行结果为：

{'中文名':'葛玉好','毕业院校':'北京大学','学位/学历':'博士','职业':'教师','专业方向':'劳动经济学、计量经济学、老年经济学、Stata 软件的使用','就职院校':'中国人民大学'}

construct_basic_info() 函数需要的参数是 html 字符串，它或者来自 crawl_baike() 函数的返回值，或者来自本地电脑保存的 html 文件。在网页标签路径 div.basic-info dl 下，dt 标签的内容依次为"中文名""毕业院校""学位/学历"等，它们可作为字典的键，dd 标签对应内容依次为"葛玉好""北京大学""博士"等，它们可作为字典的值。存储这些信息之前，我们用 assert 语句判断两个列表是否等长，确保键值一一对应。for…in…循环中存储信息的实现过程为：第一步，逐个读取列表 tags1 的元素，得到键名 keyname 及列表索引 inter_index。第二步，利用键值对应关系找到列表 tags2 中索引相同的值 value。第三步，每次循环后把 keyname 和 value 以键值对的形式保存。该函数的返回值为字典 information。

我们编写了 construct_biglist() 函数用来提取普通标签里面的信息，详细代码如下：

```
from baike_functions import *
from bs4 import BeautifulSoup
def construct_biglist(html):
    soup = BeautifulSoup(html,"html5lib")
    tags = soup.select("div.para")
    biglist = []
    for tag in tags:
        biglist.append(tag.get_text().strip())
    biglist = DelSpace(biglist)
    return biglist
teacherbiglist = construct_biglist(teacherhtml)
print(teacherbiglist[0:9])
```

上述代码的运行结果为一个大的列表，为节约篇幅，下面仅给出该列表的部分元素：

['葛玉好,男,博士,中国人民大学劳动人事学院副教授.[1]','①劳动经济学;②计量经济学;③老年经济学;④Stata 软件的使用.[1]','教育经历:','2003 年 9 月—2008 年 1 月,北京大学中国经济研究中心读博.','2000 年 9 月—2003 年 7 月,山东大学经济学院读硕','1996 年 9 月—2000 年 7 月,宁波大学国际金融学院读本科','1993 年 9 月—1996 年 7 月,山东高密一中读高中','工作经历:','2007 年 9 月—2008 年 8 月,香港中文大学博士后.']

construct_biglist() 函数需要的参数，也是网页内容的 html 字符串。该函数提取了div.para 下面所有子标签的内容。该函数的返回值是列表 biglist，每个元素为一个子标签的文本内容，例如研究方向、教育经历、工作经历等等。

接下来，使用 parse_baike() 函数提取有用的信息，跟第 18 章的相关内容类似，为了简单起见，我们仍然只提取教育方面的信息。相关代码示例如下：

```
from baike_functions import *
def parse_baike(biglist,information):
    inter_dict = ParseModel(biglist,information)
    information = inter_dict
    return information
teacherparse = parse_baike(teacherbiglist,basic_information)
print(teacherparse['edu1'])
print(teacherparse['edu1begin'])
```

上述代码得到的 teacherparse 是一个比较大的字典，为节省篇幅，下面只打印了第一段教育经历信息和它的起始年份。代码运行结果如下：

1996 年 9 月—2000 年 7 月,宁波大学国际金融学院读本科

parse_baike() 函数需要两个参数。第一个形参 biglist 是包含所有标签文本内容的大列表，它对应的实参就是 construct_biglist() 函数的返回值。第二个形参 information 是包含已提取信息的字典，它对应的实参就是 construct_basic_info() 函数的返回值。inter_dict 接收 ParseModel() 函数的返回值，更新字典对象 information 里面的内容，parse_baike() 函数的返回值是信息更新后的字典对象 information。上述代码使用的 ParseModel() 函数是利用正则表达式提取教育等信息的函数，它在 baike_functions.py 里面。

至此，我们已完成信息提取的全部工作，我们又编写了 construct_info_dict() 函数汇总所有信息，将教师姓名、URL 等内容也一并保存至 information 中，该函数返回包含所有信息的字典对象。

```
def contruct_info_dict(information,name,url,keyword = ''):
    information["name"] = name
    information["keyword"] = keyword
```

```
    information["homepage"] = url
    return information
teacher = contruct_info_dict(teacherparse,teachername,teacherurl)
print(teacher['name'])
print(teacher['homepage'])
```

代码运行结果为：

```
葛玉好
https://baike.baidu.com/item/%E8%91%9B%E7%8E%89%E5%A5%BD
```

19.4　保存爬取结果

19.3 节的代码可以把某位教师的信息保存为一个字典，按照类似步骤，可以把多位教师的信息保存为一个列表，列表里面的元素是字典。这种列表里面嵌套字典的形式很容易转化成 Pandas 模块的数据框对象。数据框对象又可以很容易地保存为 Excel 文件。在 Excel 文件中，我们想让某些列出现在 Excel 文件的最前面，所以又编写了 FirstPop() 函数，它也在 baike_functions.py 里面。最终，保存爬取结果的代码示例如下：

```
from baike_functions import *
import pandas as pd
teacher_all = []
teacher_all.append(teacher)
df = pd.DataFrame(teacher_all,index = [0])
cols = list(df)
first_vars = ['name','homepage','edu*']
order = FirstPop(first_vars,cols)
df = df[order]
df.to_excel('baidubaike_1.xlsx')
```

运行上述代码后，会在指定的工作路径下，创建一个指定名称的 Excel 文件，该文件里面包含了爬取的多位教师的信息。

19.5　使用类改写程序

19.1 节至 19.4 节的代码体现了面向过程编程的思想，我们逐步分析了爬取的步骤，并用函数依次实现相关功能，这些函数各自独立，函数与函数之间使用参数传递信息。这种方法适用于小型的项目，当项目的复杂程度较高时，面向过程编程会面临挑战，面向对象编程的思想将体现出优势。下面，我们将使用类的相关知识改写程序，完成百度百科网页信息的爬取。这部分的相关代码被保存在名称为 baike_crawl_2.py 的程序文件中。

　　首先，我们创建一个名称为 BaiKe 的类。在该类的 __init__() 方法里面，初始化了 name、url、html、biglist 等属性，下面的方法会使用这些属性。

　　其次，定义其他实例方法。这些实例方法的功能和前面所述的函数并无差别，所以我们仅把前面函数复制到类里面，变成各种实例方法。相对于函数而言，这些方法之间使用参数会更加方便，因为它们是同一个实例的方法，每个方法都可以使用实例属性。与本章前半部分相对应，这里定义的实例方法包括 choose_web() 方法、crawl_baike() 方法、construct_basic_info() 方法、construct_biglist() 方法、parse_baike() 方法和 construct_info_dict() 方法等。

　　最后，基于类创建实例。创建实例时，必须使用的一个参数是教师姓名，有可能会使用的参数是关键字 keyword，使用关键字主要是为了解决教师姓名重复的问题。

　　在爬取的过程中，我们会调用其他函数，例如 HtmlConnect() 函数。这些函数在第 18 章中也使用过，我们把这些函数集中在名称为 baike_functions.py 的程序文件中，它跟 baike_crawl_2.py 在同一个文件夹下面。该程序文件的详细内容如下：

```python
def HtmlConnect(url_input):
    '可自己选择最优编码方式.网址作为参数,返回值为一个response对象.'
    import requests
    import re
    headers = {
        "User-Agent":"Mozilla/5.0(Windows NT 6.1; Win64; x64)AppleWebKit/537.36(KHTML,like Gecko)Chrome/71.0.3578.98 Safari/537.36"
        }
    try:
        response = requests.get(url_input,headers = headers) # 连接网页.
        if response.status_code == 200:
            reg_result = re.search(r'charset = "?(.*?)"',response.text) # charset = "gb2312"
            if reg_result: # 如果找到了原来网页的编码方式
                code_style = reg_result.group(1) # 使用原网页的编码方式
            else:
                print("网页编码格式没有找到,设置为缺省值.")
                code_style = 'utf-8' # 使用缺省的编码方式
            response.encoding = code_style
            return response
        else:
            print("获取以下网页不成功:%s" % url_input)    # 打印错误消息!
            return None
    except Exception as ret:
        print("获取以下网页时出现异常:%s" % url_input)
        print(ret) # 打印错误类型
```

```
        return None

def DelSpace(alist):
'''把一个字符串或字符串列表中各个元素里面的空格都去掉.只有一个参数,就是原来的字符串(或列
表);返回值是处理后的字符串(或列表).'''
    if isinstance(alist,list):
        return_list = []
        for each_item in alist:
            inter = each_item.replace('\xa0','')
            inter = inter.replace('\n','')
            inter = inter.replace('\t','')
            inter = inter.replace('\u3000','')
            inter = inter.replace(' ','')
            return_list.append(inter)
        return return_list
    elif isinstance(alist,str):
        inter = alist.replace('\xa0','')
        inter = inter.replace('\n','')
        inter = inter.replace('\u3000','')
        inter = inter.replace('\t','')
        inter = inter.replace(' ','')
        return inter
    else:
        return None


def EduExtract(str_reg):
    import re
    edu_begin = ''
    edu_finish = ''
    edu_degree = ''
    edu_univ = ''
    #(一)提取毕业院校信息
    reg_pattern1 = r'([^0-9,:\. ]*?(大学|学院|科院|研究所))'
    reg_result1 = re.search(reg_pattern1,str_reg) # 注意这里使用的是 search.
    if reg_result1:
        edu_univ = DelSpace(reg_result1.group(1).strip())
    #(二)提取学历信息
    reg_pattern2 = r'博士后|博士|硕士|本科|学士|读硕|硕博|读博|直博|高中|访问学者'
    reg_result2 = re.search(reg_pattern2,str_reg)
    reg_pattern3 = r'专业|研究生'
```

```
        reg_result3 = re.search(reg_pattern3,str_reg)
    if reg_result2:
        edu_degree = reg_result2.group(0)
    elif reg_result3:
        edu_degree = reg_result3.group(0)
        print(edu_degree)
        if edu_degree = = "专业":
            edu_degree = "本科"
        elif edu_degree = = "研究生":
            edu_degree = "硕士"
        else:
            pass
    #(三)提取年份信息
    # 两个年份的情况
    reg_pattern5 = r'(\d{4}).*?(\d{4})'
    reg_result5 = re.search(reg_pattern5,str_reg)


    # 只有一个年份的情况
    reg_pattern6 = r'(\d{4}).*?[考].*?(大学|学院|科院|研究所)'
    reg_result6 = re.search(reg_pattern6,str_reg)    # 注意这里使用的是 search.
    reg_pattern7 = r'(\d{4})'
    reg_result7 = re.search(reg_pattern7,str_reg)    # 注意这里使用的是 search.
    if reg_result5:
        edu_begin = reg_result5.group(1)
        edu_finish = reg_result5.group(2)
    elif reg_result6:
        edu_begin = reg_result6.group(1)
    elif reg_result7:
        edu_finish = reg_result7.group(1)


    return edu_begin,edu_finish,edu_univ,edu_degree


def ManageEdu(edu_list,ind_dict = {}):
    for edu_str in edu_list:
        inter = EduExtract(edu_str)
        if inter[3] = = "学士" or inter[3] = = "本科":
            ind_dict['edu1'] = edu_str
            ind_dict['edu1' + 'begin'],ind_dict['edu1' + 'finish'],ind_dict['edu1' + 'univ'],\
            ind_dict['edu1' + 'degree'] = inter
            ind_dict['edu1' + 'degree'] = '本科'
        elif inter[3] = = "硕士":
```

```python
            ind_dict['edu2'] = edu_str
            ind_dict['edu2'+'begin'],ind_dict['edu2'+'finish'],ind_dict['edu2'+'univ'],\
            ind_dict['edu2'+'degree'] = inter
        elif inter[3] == "博士":
            ind_dict['edu3'] = edu_str
            ind_dict['edu3'+'begin'],ind_dict['edu3'+'finish'],ind_dict['edu3'+'univ'],\
            ind_dict['edu3'+'degree'] = inter
        elif inter[3] == "博士后":
            ind_dict['edu4'] = edu_str
            ind_dict['edu4'+'begin'],ind_dict['edu4'+'finish'],ind_dict['edu4'+'univ'],\
            ind_dict['edu4'+'degree'] = inter
        elif inter[2]and inter[3]:
            ind_dict['edu5'] = edu_str
            ind_dict['edu5'+'begin'],ind_dict['edu5'+'finish'],ind_dict['edu5'+'univ'],\
            ind_dict['edu5'+'degree'] = inter
        else:
            break
    return ind_dict


def FirstPop(first_list,all_list):
    '''这个程序主要是重新排序使用!把 first_list 中的变量名放在所有变量的最前面.'''
    first_list.reverse()    # 先进行逆序.从最后一个位置开始找
    for first in first_list:
        try:
            if first[-1:] == " * ":
                find = 0
                index_begin = 0
                index_finish = 0
                for element in all_list:
                    if element[0:len(first)-1] == first[0:len(first)-1]:
                        if find == 0:
                            index_begin = all_list.index(element)
                        find = find+1
                        index_finish = index_begin+find-1
                index_stay = index_finish  # 注意只要插入一个后,位置就变了
                while index_finish >= index_begin:
                    all_list.insert(0,all_list.pop(index_stay))
                    index_finish = index_finish-1
            else:
                all_list.insert(0,all_list.pop(all_list.index(first)))    # 找到任何一个,就
把它放在最前面
```

```
        except Exception:
            print("%s在原列表中不存在!" % first)
            return None
    return all_list


def ParseModel(contents, ind_dict = {}):
    import re
    edu_begin = 0
    for content in contents:
        reg_pattern1 = r'(导师|教授|主任|所长|讲师|院长|学报|教师|教学|从事|工作|研究
生(|优秀|»|高水平|一流|实验室|年会|学会|研讨会|论坛|奖学金|教员|访问学者|主编|咨询|联
合|经典|优秀|课题|原因|课程)'
        reg_result1 = re.search(reg_pattern1, content)
        if not reg_result1:
            inter = EduExtract(content)
            if inter[3]:
                edu_begin = contents.index(content)
                break
    if edu_begin > 0:
        edu_list = contents[edu_begin:edu_begin + 5]
        ind_dict = ManageEdu(edu_list, ind_dict)
    return ind_dict
```

baike_crawl_2.py 里面的全部代码如下：

```
from baike_functions import *
from bs4 import BeautifulSoup
import pandas as pd
import os


class BaiKe(object):

    def __init__(self, name, keyword = ''):
        self.name = name
        self.keyword = keyword
        self.information = {}
        self.url = ''
        self.html = ''
        self.biglist = []


    def choose_web(self):
        first_url = 'https://baike.baidu.com/item/%s' % self.name
```

```python
            response = HtmlConnect(first_url)
        if response:
            if response.status_code == 200:
                print(response.status_code)
                self.url = response.url
                print(self.url)
                soup = BeautifulSoup(response.text, "html5lib")
                tags = soup.select("div.before-content ul li ")
                if tags:
                    for tag in tags:
                        print(tag.get_text().strip())
                        if self.keyword in tag.get_text().strip():
                            if tag.select("a"):
                                self.url = 'https://baike.baidu.com' + tag.select("a")[0]["href"]
            return self
        else:
            return None


    def crawl_baike(self):
        response = HtmlConnect(self.url)
        if response:
            self.html = response.text
            with open(self.name, "w", encoding='utf-8') as f:
                f.write(response.text)
            return self.html


    def contruct_basic_info(self):
        soup = BeautifulSoup(self.html, "html5lib")
        tags1 = soup.select("div.basic-info dt")
        tags2 = soup.select("div.basic-info dd")
        assert len(tags1) == len(tags2)
        for each_tag in tags1:
            keyname = DelSpace(each_tag.get_text().strip())
            inter_index = tags1.index(each_tag)
            value = DelSpace(tags2[inter_index].get_text().strip())
            self.information[keyname] = value
        return self.information
        pass


    def contruct_biglist(self):
```

```
        soup = BeautifulSoup(self.html,"html5lib")
        tags = soup.select("div.main - content > * ")
        for tag in tags:
            self.biglist.append(tag.get_text().strip())
        self.biglist = DelSpace(self.biglist)
        return self.biglist


    def parse_baike(self):
        inter_dict = ParseModel(self.biglist, self.information)
        self.information = inter_dict
        return self


    def contruct_info_dict(self):
        self.information["name"] = self.name
        self.information["keyword"] = self.keyword
        self.information["homepage"] = self.url
        return self
```

下面展示使用类爬取百度百科的程序文件 baike_spider.py，相关代码示例如下：

```
def main():
    name_list = ['葛玉好']
    # name_list = ['葛玉好','A 老师','B 老师']
    persons = []
    html_save_path = r'D:\work\2022\programs\19 爬取百度百科的数据\html'
    os.chdir(html_save_path)
    for each_name in name_list:
        print("现在在爬取 %s 的百度百科资料！" % each_name)
        my_baike = BaiKe(each_name,"人民大学")
        html = my_baike.choose_web()
        if html:
            my_baike.crawl_baike()
            my_baike.contruct_basic_info()
            my_baike.contruct_biglist()
            my_baike.parse_baike()
            my_baike.contruct_info_dict()
            persons.append(my_baike.information)

    doc_save_path = r'D:\work\2022\programs\19 爬取百度百科的数据\output'
    os.chdir(doc_save_path)
    df = pd.DataFrame.from_dict(persons)
```

```
    cols = list(df)
    first_vars = ['name','homepage','edu * ']
    order = FirstPop(first_vars,cols)
    df = df[order]
    df.to_excel('baidubaike.xlsx')


if __name__ = = "__main__":
    main()
```

在爬取百度百科网页的信息时，我们运行的程序文件是 baike_crawl_2. py，它会调用 baike_functions. py 里面的函数。在 baike_crawl_2. py 的 main() 函数中，如果 namel-ist 里面有多位教师的姓名，那就可以爬取多位教师的信息，目前的代码只爬取了作者自己的信息。运行程序时，还需要注意一个问题，如果 PyCharm 的项目不是建立在 baike_crawl_2. py 所在的那个文件夹上，"from baike_functions import * "这条指令可能会报错，此时需要把相关文件夹的名称补全。

综合比较面向过程编程和面向对象编程两种思路，可以发现，针对爬取百度百科的相关信息而言，后者在可读性、逻辑性等方面都优于前者。创建实例 my_baike 后，通过调用实例的几个方法就可以完成爬取网页的过程，而且运行时不需要传递任何参数。在面向对象编程的设计中，主程序文件的编写者主要负责搭建爬取框架，实例方法的编写者主要负责每项具体功能的实现，既能很好地实现分工协作，又有利于代码的相互调用和有针对性地修改。

第 20 章

使用 Scrapy 框架爬取信息

本章将介绍 Scrapy 框架。随着爬取页面数量的增加，爬虫程序越来越受到爬取速度的掣肘。Scrapy 框架支持并发、异步，使运行速度有明显提升，它允许多个任务穿插执行而非顺次执行，举例来说，在等待某个网页返回请求时，它将等待的时间用于解析另一个网页或请求另一个网页。Scrapy 框架尤其适合爬取结构类似的多个网页，本章将要介绍的 51job 网站就符合这一特点，当然，这也意味着它不太适合爬取高校教师信息这类网页结构多变的情况。

下面介绍 Scrapy 的工作原理以及使用 Scrapy 框架爬取 51job 职位信息的方法。

20.1 Scrapy 的工作原理

Scrapy 框架是用于爬取网站数据、提取结构性数据的 Python 框架。一个完整的 Scrapy 框架能够实现连接网页、下载网页、处理数据的功能，开发者只要完善框架的对应部分便能完成复杂的爬虫任务。

Scrapy 框架有五大核心组件，每个组件承担不同的功能，缺一不可。图 20-1 展示了 Scrapy 框架的运行流程，该图摘自 Scrapy 的官方文档（https://docs.scrapy.org/en/latest/topics/architecture.html#data-flow），略有修改。

位于图 20-1 中心的 Engine（引擎）是整个框架的"指挥官"，控制组件间的数据流（data flow），图中实线箭头所示的数据流都是在引擎的指挥下运行的，其余四个组件间不发生直接联系，而是由处于中枢地位的引擎向各组件分派任务。Spiders（爬虫）是编程者自定义的爬虫，它根据目标网页的 URL 构造 Request 对象并递交给引擎，当引擎返回目标网页对应的 Response 对象后由它进行处理，处理的结果分为 Item（项目）和新的 Request 两种。这里说的 Request 对象和 Response 对象分别属于 HTTP 请求和 HTTP 响应，Scrapy 框架定义了对应的 Request 类和 Response 类。Scheduler（调度器）从引擎接受 Request 请求，负责请求的入队、排列、出队，即调度器接受和返回的都是 Request，它不改变 Request 的内容和类型，而是对 Request 进行顺序排列、去重等操作，

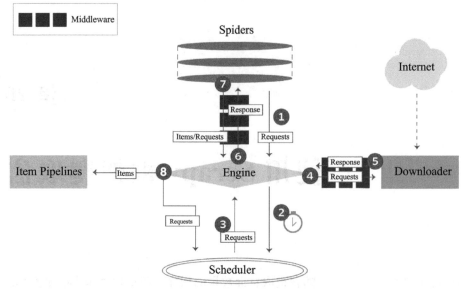

图 20 - 1　Scrapy 框架的运行流程

它相当于 Request 的"候场室"，仅在引擎要求时执行 Request 出队操作，其余 Request 继续在此等待。Downloader（下载器）与互联网相连，负责下载引擎发送的所有 Request 请求，并将其获取到的 Response 交还给引擎，这些 Response 正是爬虫的处理对象。Item Pipelines（项目管道）接收爬虫获取的数据，对数据进行详细分析、过滤、存储等。Scrapy 中主要以 Item 类型返回数据，这是一种类似字典的类型，且比字典的功能更加完善，适用于保存结构性的数据，对大型的网页爬取项目更加友好。

图 20 - 1 中的具体流程为：第 1 步，引擎从爬虫中获得初始 Requests，这些 Requests 由我们指定的种子 URL 封装而成。第 2 步，引擎将 Requests 送入调度器。第 3 步，调度器排序、过滤 Requests，并把处理好的 Requests 返回给引擎。第 4 步，引擎将 Requests 送入下载器。第 5 步，下载器向网页服务器请求网页，若请求成功，则将网页的 Response 交还给引擎。第 6 步，引擎把 Response 送入爬虫。第 7 步，爬虫处理 Response，若提取到数据，则将数据以 Item 类型交还给引擎，若提取到新的 URL，则将其封装后以 Request 形式交还给引擎，继续第 2 步及之后的循环。第 8 步，引擎将 Item 类型的数据传递至项目管道进行加工。当调度器中没有待处理的 Requests 时，程序结束运行。

Scrapy 框架中还有两类中间件，它们能够定制化修改上述流程的部分环节。Downloader middleware（下载中间件）位于引擎与下载器之间，对应上述流程的第 4 步和第 5 步，用于自定义扩展下载功能，例如，在提交 Requests 的环节，进行设置代理 IP、添加 User-Agent、添加 Cookie 等操作；在接收 Response 的环节，进行解码或重新编码 Response 等预处理工作。下载中间件的使用频率较高。Spider middleware（爬虫中间件）位于引擎与爬虫之间，对应上述流程的第 6 步和第 7 步。爬虫中间件处理爬虫程序的各种异常，也负责处理爬虫的解析结果等。

20.2　Scrapy 框架的安装

如果已经安装了 Anaconda3，则在 Anaconda Prompt 窗口中输入如下指令：

```
conda install scrapy
```

接下来，窗口将弹出提示，询问是否安装依赖包，输入 Y 确认安装依赖包。下载完成后，继续输入 conda list 检查是否安装成功。若结果列表中包含 Scrapy，则安装成功。

如果使用官方的 Python，则在 cmd 窗口输入如下指令：

```
pip install scrapy
```

若安装报错，可能是由于没有安装用于依赖包的 Twisted，那么需要先进入安装路径，安装 Twisted 后再安装 Scrapy。

```
cd 安装路径
pip install twisted
pip install scrapy
```

安装成功后，可以在 cmd 窗口或 Anaconda Prompt 窗口输入简单的 Scrapy 指令检验能否运行，例如：

```
scrapy startproject test
```

若指令正常运行，则安装成功。

20.3　Scrapy 框架的应用

应用 Scrapy 框架的步骤包括：第一，创建 Scrapy 项目。第二，修改 settings.py 文件。第三，创建与编写爬虫文件。第四，修改 pipelines.py，保存数据。第五，运行爬虫。如有实际需要，可修改中间件文件。

20.3.1　创建 Scrapy 项目

首先，在工作路径下新建项目。PyCharm 不能直接创建 Scrapy 项目，必须通过终端创建。打开 Anaconda Prompt 窗口或 cmd 窗口，输入如下命令：

```
cd D:\jobpositions
scrapy startproject job51
```

这样就在 D 盘的 jobpositions 文件夹中创建了一个名为 job51 的 Scrapy 项目，类似于在 PyCharm 中新建 project 的过程，读者在练习时需要把上述代码改为自己电脑中的某个文件夹。运行以上代码时，如工作路径不在主分区（C 盘），则无法进入位于扩展分区的路径，可以先输入指定盘符（例如 D:），再输入更改工作路径的指令。

若创建成功，Prompt 窗口将给出如下提示：

```
New Scrapy project 'job51', using template directory 'c:\users\用户名\anaconda3\lib\site - packa-
ges\scrapy\templates\project', created in:
    D:\jobpositions\job51
You can start your first spider with:
    cd job51
scrapy genspider example example.com
```

我们刚刚创建的 Scrapy 项目具体是什么？它是如何运行的呢？继续在 Prompt 窗口输入指令：

```
tree  /f
```

这条系统命令用于显示当前目录每个文件夹中所有文件的名称，注意，tree 后有一个空格。我们观察到 job51 文件夹的树状结构如下：

```
D:.
 └─job51
  │  scrapy.cfg
  │
  └─job51
     │  items.py
     │  middlewares.py
     │  pipelines.py
     │  settings.py
     │  __init__.py
     │
     └─spiders
            __init__.py
```

最顶层的 job51 文件夹下有一个同名文件夹和配置文件 scrapy.cfg，该文件记录了和项目有关的默认信息。第二层的 job51 文件夹下有五个 Python 程序文件和一个名为 spiders 的文件夹。items.py 文件定制爬取的数据；middlewares.py 文件用于编写框架中的下载中间件和爬虫中间件；pipelines.py 处理爬取到的数据，例如数据去重、存入数据库；settings.py 是设置文件，对框架中多个组件及数据流发挥作用，详见 20.3.2 小节；__init__.py 是空文件，供用户对整个项目进行初始化操作。spiders 文件夹下仅包含 __init__.py，这个文件夹用于编写爬虫程序，对应 Scrapy 框架中的爬虫组件。

20.3.2 修改 settings.py 文件

settings.py 文件包含项目中的常用设置。整个爬虫项目都将遵循 settings.py 文件的设置运行。..\job51\job51 下的 settings.py 文件分为以下几部分：文件开头的第一部分给出我们已指定的内容（例如，创建项目时已设置的爬虫名称 BOT_NAME 为 job51），不需要修改；第二部分以注释形式给出了许多默认设置，其形式为定义变量。下面介绍四个常用设置。

1. USER_AGENT

USER_AGENT 是用户代理设置。为了将爬虫伪装成浏览器，我们需要修改该设置，这与使用 Requests 模块时的操作相同。本例中将用户代理修改为：

```
USER_AGENT = 'Mozilla/5.0(Windows NT 6.1; Win64; x64)AppleWebKit/537.36(KHTML,like Gecko)
Chrome/71.0.3578.98 Safari/537.36'
```

修改完后，该定义就会在以后的爬虫程序中生效。

2. ROBOTSTXT_OBEY

ROBOTSTXT_OBEY 是爬虫协议设置。Scrapy 默认为 True。该协议告诉爬虫哪些页面可以抓取，哪些页面不能抓取。如果我们想查看网站是否出示爬虫协议，在网站的根目录域名后加上/robots.txt 就可以了。本例中修改为 False，如果是 True 的话，有些网页可能无法爬取。

```
ROBOTSTXT_OBEY = False
```

3. LOG_LEVEL

LOG_LEVEL 是日志设置。Scrapy 默认输出的日志消息较长，为了避免"刷屏"，我们切换输出日志的条件为 ERROR、WARNING 或 INFO 等，例如只想在出现警示信息时显示日志，可以在 settings.py 中输入如下指令：

```
LOG_LEVEL = 'WARNING'
```

4. DOWNLOAD_DELAY

DOWNLOAD_DELAY 是下载延时，限制爬虫访问速度，防止爬虫被发现。本例中不做修改。

文件的第三部分的设置与 middlewares.py 和 pipelines.py 两个程序文件有关，用于控制框架内的中间件、自定义扩展件、项目管道。settings.py 以注释形式给出了常用的中间件设置，释放相应代码代表开启中间件或激活项目管道。这些设置都是字典对象，字典的键是类名，字典的值可以理解为类与引擎的距离，引擎根据距离远近来确定执行顺序，数字越小，距离引擎越近，执行优先级越高。这一步骤也可以留待爬虫文件编写完后进行。释放下列代码以激活项目管道：

```
ITEM_PIPELINES = {
    'job51.pipelines.Job51Pipeline':300,
}
```

文件的第四部分为其他设置，包括 HTTP 缓存设置、AutoThrottle（自动限速）扩展等,编写高级爬虫时可以自定义这些设置以优化性能。本例中不做修改。

最后,当存在多次请求时,爬虫中间件内置的 referer(位置参考)中间件会自动为请求添加前一次请求的 URL。本例中不需要添加 referer,否则可能无法通过对方服务器的验证,导致第二次请求失败,故禁用该中间件,输入如下指令:

```
REFERER_ENABLED = False
```

20.3.3　创建与编写爬虫文件

1. 分析页面

正式编写爬虫之前,我们先对目标网页展开分析。进入 51job 网站的职位搜索页面(https://search.51job.com/),排序选框的最右侧显示,此时职位信息共有 2 000 页;每页 50 个职位,数据量很大。使用开发者工具观察网页结构,如图 20-2 所示,可发现每个职位的名称、招聘公司、招聘要求等信息保存于 class 属性为 e 的 div 标签中,结构统一。基于以上特点,我们计划根据标签定位职位信息。

```html
▼<div class="e"> == $0
    <input type="checkbox" name="delivery_jobid" jt="0_0" class="checkbox"
    value="136790469" style="display: none;">
    <input type="checkbox" name="delivery_jobid_136790469" jt="0_0" class=
    "checkbox" value="136790469" style="display: none;">
  ▶<div class="e_icons ick">…</div>
  ▼<a href="https://jobs.51job.com/shenzhen-luohuqu/136790469.html?
    s=sou_sou_soulb&t=0_0" target="_blank" class="el">
    ▼<p class="t">
        <span title="Cafe Leitz咖啡饮品师 (实习生)" class="jname at">Cafe Leitz咖
        啡饮品师 (实习生)</span>
        <span class="time">04-05发布</span>
        <!---->
        <!---->
        <!---->
        <!---->
        <!---->
      </p>
    ▼<p class="info">
        <span class="sal">35元/小时</span>
        <span class="d at">深圳-罗湖区　|　无需经验　|　中技/中专</span>
      </p>
    ▼<p title="专业培训 弹性工作" class="tags">
      ▼<span>
          <!---->
          <i>专业培训</i>
          <i>弹性工作</i>
        </span>
      </p>
    </a>
  ▶<div class="er">…</div>
</div>
```

图 20-2　51job 网站职位搜索页的网页结构

2. 创建爬虫文件

分析完页面后,创建爬虫文件,该操作也在终端进行。输入如下指令:

```
cd job51
scrapy genspider job51crawler 51job.com
```

以上代码表示，将工作路径改为 D：/jobpositions/job51/job51，创建名为 job51crawler 的爬虫，爬取域为 51job.com。创建成功后，终端将给出以下提示信息：

```
Created spider 'job51crawler' using template 'basic' in module:
  job51.spiders.job51crawler
```
再次输入"tree　/f"观察文件夹结构可得到如下结果：
```
D:.
|   scrapy.cfg
|
├──.idea
|      略
|
└──job51
    |   items.py
    |   middlewares.py
    |   pipelines.py
    |   settings.py
    |   __init__.py
    |
    ├──spiders
    |   |   job51crawler.py
    |   |   __init__.py
    |   |
    |   └──__pycache__
    |           __init__.cpython-37.pyc
    |
    └──__pycache__
            settings.cpython-37.pyc
            __init__.cpython-37.pyc
```

在 ../job51/job51/spiders 文件夹下，生成了新的程序文件 job51crawler.py，这就是待编写的爬虫文件。

3. 调试爬虫

Scrapy 是一个大型框架，不方便单独调试爬虫程序，为简化操作，在运行 Scrapy 框架爬取之前，我们在 PyCharm 中新建了 test.py 用于调试爬虫程序。

根据图 20-2 中的网页结构，我们尝试使用如下代码获得职位信息：

```
import requests
from bs4 import BeautifulSoup

url = 'https://search.51job.com'
hd = {
    'user-agent':'Mozilla/5.0(Windows NT 10.0; Win64; x64)AppleWebKit/537.36(KHTML, like Gecko)Chrome/75.0.3770.80 Safari/537.36'
}
response = requests.get(url, headers = hd)
response.encoding = 'gbk'
soup = BeautifulSoup(response.text,'html5lib')
jobs = soup.select('div.joblist div.e')
print(jobs)
```

代码运行结果为：

```
[]
```

为什么打印出的结果是空的呢？这意味着，网页上的职位信息可能并非以文本形式存放在网页标签里，而是采用 JavaScript 动态加载的。JavaScript 是一种编程语言，主要功能包括向 html 页面嵌入动态文本等。51job 网站根据检索条件给出职位信息，当检索条件不同时，呈现的职位信息也不同，所以需要使用 JavaScript 动态加载数据。

网页动态加载是如何实现的？我们查看 element 选项卡，果然在网页末尾（源代码 469 行左右，若网站更新可能略有变化）找到了放置于 script 标签中的职位信息，这是一个很长的字符串，图 20-3 中仅展示第一个职位的信息。它属于 JSON 格式数据，此类数据能够在浏览器和服务器之间传输，从而完成职位信息的实时查询。JSON 格式数据对多种编程语言友好，Python 可以直接处理 JSON 格式数据。

```
▼<script type="text/javascript">
  window.__SEARCH_RESULT__ = {"top_ads":[],"auction_ads":[],"market_ads":
  [],"engine_jds":[{"type":"engine_jds","jt":"0_0","tags":
  [],"ad_track":"","jobid":"136790469","coid":"4717456","effect":"1","is_special_job":""
  ,"job_href":"https:\/\/jobs.51job.com\/shenzhen-luohuqu\/136790469.html?
  s=sou_sou_soulb&t=0_0","job_name":"Cafe Leitz咖啡饮品师 (实习生)","job_title":"Cafe
  Leitz咖啡饮品师 (实习
  生)","company_href":"https:\/\/jobs.51job.com\/all\/co4717456.html","company_name":"徕
  卡相机贸易（上海）有限公司","providesalary_text":"35元\/小
  时","workarea":"040200","workarea_text":"深圳-罗湖区","updatedate":"04-
  05","iscommunicate":"","companytype_text":"外资（欧
  美）","degreefrom":"4","workyear":"10","issuedate":"2022-04-05
  12:42:42","isFromXyz":"","isIntern":"","jobwelf":"专业培训 弹性工作","jobwelf_list":["专
  业培训","弹性工作"],"isdiffcity":"","attribute_text":["深圳-罗湖区","无需经验","中技\/中
  专"],"companysize_text":"50-150人","companyind_text":"奢侈品\/收藏品\/工艺品\/珠
  宝","adid":""},{"type":"engine_jds","jt":"0_0","tags":
```

图 20-3 存放职位信息的 script 标签（部分内容）

基于以上分析，我们采取新的思路，首先用正则表达式提取位于“window.__SEARCH_RESULT__=”和“} </script>”之间的有效信息，接着用 Python 的

JSON 模块处理 JSON 格式数据。于是，将 test.py 的代码更新如下：

```
import requests
import json
import re

url = 'https://search.51job.com/'
hd = {
    'user - agent':'Mozilla/5.0(Windows NT 10.0; Win64; x64)AppleWebKit/537.36(KHTML,like Geck-
o)Chrome/75.0.3770.80 Safari/537.36'
}
response = requests.get(url, headers = hd)
response.encoding = 'gbk'
data = re.findall("window.__SEARCH_RESULT__ = (. + )?}</script>", str(response.text))[0]
+ "}"
data = json.loads(data)
jobpositions = [ ]
for result in data["engine_jds"]:
    job = { }
    job["职位名"] = result["job_name"]
    jobpositions.append(job)
print(jobpositions)
```

运行结果为：

包含 50 条职位名的列表

上述代码成功爬取 51job 网站第一页的职位。接下来我们在 Scrapy 框架中编写爬虫文件 job51crawler.py，并根据框架的要求作出必要的调整。

该文件中定义了 Job51crawlerSpider 类，它由基本类 scrapy.Spider 继承而来。Job51crawler Spider 类有三个内置属性，name 是该爬虫的名称，一个 Scrapy 框架可以容纳多个爬虫，它们的名称不能重复，本例中只有一个爬虫；allowed_domains 用于过滤 URL，去除来自爬取域之外的 URL；start_urls 初始化 URL 列表，其元素就是 20.1 节中提到的种子 URL，spider 从该列表中开始爬取。此时，start_urls 应进一步精确到 51job 网站的职位搜索页。下文示例代码中给出的 start_urls 与 test.py 中所使用的有所不同，该 URL 体现了城市、行业、工作要求等筛选条件，以拼接参数的形式向网站后台的数据库请求查询结果，它随筛选条件变化而变，参数中包含了当前页面的页码。

Job51crawlerSpider 类的实例方法 parse() 是解析 Response 对象的函数，在 Spiders 组件工作时被自动调用，它接受一个参数，即网页 Response 对象，这对应图 20-1 的第 6 步，爬虫从引擎中接收 Response 对象。它实现两个功能：第一，获取当前页面的页码并据此生成下一页的 URL。第二，提取当前页面的职位信息，将这些信息从 JSON 格式

数据转换为字典。具体指令如下:

```
import scrapy
import re
import json

class Job51Spider(scrapy.Spider):
    name = 'job51'
    allowed_domains = ['51job.com']
    start_urls = ['https://search.51job.com/list/000000,000000,0000,00,0,99,%2B,2,1.html?
lang = c&postchannel = 0000&workyear = 99&cotype = 99&degreefrom = 99&jobterm = 99&companysize =
99&ord_field = 0&dibiaoid = 0&line = &welfare = ']

    def parse(self,response):

        data = re.findall ( " window. __ SEARCH _ RESULT __ = (. + )?} </script >", str
(response.body.decode('gbk')))[0] + "}"
        data = json.loads(data)
        totalpage = data['total_page']
        reg_pattern = r',2,(\d * ?)\. html'
        cur_page = int(re.search(reg_pattern,response.url).group(1))

        for result in data["engine_jds"]:
            job = {}
            job["工作地点"] = result["workarea_text"]
            job["职位名"] = result["job_name"]
            job["薪资"] = result["providesalary_text"]
            job["发布时间"] = result["updatedate"]
            job["公司名"] = result["company_name"]
            yield job
        if cur_page < totalpage - 1:
            nextpage = str(cur_page + 1)
            next_url = 'https://search.51job.com/list/000000,000000,0000,00,9,99,+,2,%
s.html? lang = c&postchannel = 0000&workyear = 99&cotype = 99&degreefrom = 99&jobterm =
99&companysize = 99&ord_field = 0&dibiaoid = 0&line = &welfare =' % nextpage
            yield scrapy.Request(next_url,callback = self.parse)
```

我们使用 test.py 中的做法提取职位信息,并保存至变量 data 中,再使用 json.loads()
方法将 JSON 格式数据转为 Python 的字典对象。字典 data 中的 engine_jds 键的值是一个
包含 50 条职位数据的列表,每个列表元素是一个字典对象,存储某个职位的全部信息。
故构建 for…in…循环,每次获得一个职位的工作地点、职位名等信息,存储在字典对象

job 中。

字典 data 中 total_page 键的值是页面总数，这个数字随筛选条件而变，我们存储在变量 totalpage 中。当前页面的页码则利用 Response 对象的属性来获取，Response 对象的 url 属性即网页 URL，其中 . html 前的数字表示当前页码。获取当前页面的页码是为了生成下一页的 URL，将当前页码 cur_page 加 1 就得到了下一页的页码，从而生成了下一页的 URL。

上述代码中的 yield 指令会返回不同的实例类型。Scrapy 会根据 yield 返回的实例类型来执行不同的操作。若 yield 返回 scrapy. Item 对象或字典对象，Scrapy 框架会将其传递给 pipelines. py 做进一步处理，本例中使用的是字典对象。若 yield 返回 Request 对象，Scrapy 框架会将其交还给引擎，引擎再将其分配给调度器。

指令 yield job 中，yield 的用法与 return 有相似之处，它返回 parse() 方法提取的数据。不同之处在于二者的返回方式。若使用 return，需要配合 jobs. append（job）的指令，这种一次性生成返回值的做法占用内存更大，而 yield 体现了 Scrapy 框架的优势，for 循环每生成一条数据，parse() 函数就将这条数据送入 pipelines，再继续执行 yield 语句后的指令，占用内存更小，提升效率，即使爬虫中断，报错前生成的所有数据也能保存下来。如果 pipelines 不能正常运行，可能是缺少 yield job 之类的指令语句。

指令 yield scrapy. Request（next_url，callback＝self. parse）中，我们根据 next_url 构造了新的 Request 对象，并以 callback 参数指定回调函数，此处的回调函数是 parse() 方法，Scrapy 使用上述 Request 对象获得相应的Response 对象，在下一次迭代中，该 Response 对象作为参数传递给 parse() 方法，如此循环至结束。

本例使用了正则表达式和 JSON 模块来提取动态网页上的数据，若遇到以树状结构组织的静态网页，可以使用 Scrapy 内置的 Xpath 语法或引入 BeautifulSoup 类来提取网页上的数据。

20. 3. 4　修改 pipelines. py

这一步我们将字典格式的数据保存至 Excel 文件中。pipelines. py 文件中，Scrapy 已创建 Job51Pipeline 类，我们需要编写类的实例方法，并在 settings. py 中开启项目管道，这些方法会在爬虫运行时自动调用。指令如下：

```python
import pandas as pd
class Job51Pipeline(object):
    def __init__(self):
        self.positions = []

    def process_item(self,item,spider):
        self.positions.append(item)
        return item


    def close_spider(self,spider):
```

```
        df = pd.DataFrame(self.positions)
        df.to_excel("job51.xlsx")
```

首先引入相关模块，Job51Pipeline 类的第一个实例方法用于初始化实例属性，第二个方法 process_item() 是必需方法，项目管道默认调用该方法处理爬虫传递过来的数据，它将 Item 类型或字典类型数据添加至列表 positions 中，第三个方法将列表转化为 DataFrame 并保存为 Excel 文件，此处还可以指定文件保存路径。至此，爬虫程序编写完毕。

20.3.5 运行爬虫

在 Anaconda Prompt 窗口或 cmd 窗口输入如下命令：

```
scrapy crawl job51crawler
```

成功运行上述命令后，项目文件夹 job51 下面会生成一个名称为 job51.xlsx 的 Excel 文件，内容是爬取到的 100 000 条职位信息。如果数据量巨大，可以引入相应模块将数据写入 JSON 文件、MongoDB、MySQL 等等。

本章介绍了如何用 Scrapy 框架大规模爬取结构类似的大量网页。Scrapy 框架包揽了爬取网页数据的全部工作，在框架内部实现了连接网页、解析网页、存储数据的全套功能，爬取的速度也大大提升。在爬取 51job 网站时，我们从动态网页上的 JSON 字符串中提取数据，与之相关的 JavaScript 动态加载技术是爬虫程序需要处理的一个难点。感兴趣的读者，可以继续学习 JS 逆向、JS 混淆之类的技术解决相关问题。

图书在版编目（CIP）数据

Python 大数据分析：在劳动科学中的应用/葛玉好
著. -- 北京：中国人民大学出版社，2023.5
ISBN 978-7-300-31501-0

Ⅰ. ①P⋯ Ⅱ. ①葛⋯ Ⅲ. ①软件工具-程序设计
Ⅳ. ①TP311.561

中国国家版本馆 CIP 数据核字（2023）第 036117 号

Python 大数据分析——在劳动科学中的应用
葛玉好　著
Python Dashuju Fenxi——Zai Laodong Kexue Zhong de Yingyong

出版发行	中国人民大学出版社	
社　　址	北京中关村大街 31 号	**邮政编码**　100080
电　　话	010 - 62511242（总编室）	010 - 62511770（质管部）
	010 - 82501766（邮购部）	010 - 62514148（门市部）
	010 - 62515195（发行公司）	010 - 62515275（盗版举报）
网　　址	http://www.crup.com.cn	
经　　销	新华书店	
印　　刷	唐山玺诚印务有限公司	
开　　本	787 mm×1092 mm　1/16	**版　　次**　2023 年 5 月第 1 版
印　　张	20.5 插页 1	**印　　次**　2024 年 12 月第 2 次印刷
字　　数	462 000	**定　　价**　69.00 元

中国人民大学出版社　管理分社

教师教学服务说明

中国人民大学出版社管理分社以出版工商管理和公共管理类精品图书为宗旨。为更好地服务一线教师，我们着力建设了一批数字化、立体化的网络教学资源。教师可以通过以下方式获得免费下载教学资源的权限：

★ 在中国人民大学出版社网站 www.crup.com.cn 进行注册，注册后进入"会员中心"，在左侧点击"我的教师认证"，填写相关信息，提交后等待审核。我们将在一个工作日内为您开通相关资源的下载权限。

★ 如您急需教学资源或需要其他帮助，请加入教师 QQ 群或在工作时间与我们联络。

中国人民大学出版社　管理分社

🔔 **教师 QQ 群：** 648333426（工商管理）　114970332（财会）　648117133（公共管理）
　　教师群仅限教师加入，入群请备注（学校＋姓名）

☎ **联系电话：** 010-62515735，62515987，62515782，82501048，62514760

✉ **电子邮箱：** glcbfs@crup.com.cn

📍 **通讯地址：** 北京市海淀区中关村大街甲 59 号文化大厦 1501 室（100872）

管理书社

人大社财会

公共管理与政治学悦读坊